"十三五"高等教育环境类专业系列教材

现代环境生物技术与实验

王晓红　赵　辉　张小梅　编

化学工业出版社

·北京·

内容简介

现代环境生物技术是现代生物技术与环境科学紧密结合而形成的新兴交叉学科。《现代环境生物技术与实验》结合环境专业学生的生物学基础现状，以在环保领域应用广泛的基因工程和酶工程为主，融理论、专题案例与实验于一体，全面系统地介绍了基因工程和酶工程在环保领域应用的基本原理、典型案例与专题，以及实验原理与方法步骤。本书重点介绍了分子生物学微生物种群鉴定与群落多样性分析，总DNA的提取，16S rDNA-PCR扩增，典型环境污染物高效降解菌的分离筛选与构建，DNA的回收、测序及系统发育树的构建等典型现代环境生物实验技术。书中不仅介绍了现代环境生物技术本身，还介绍了所涉及技术领域的发展、前景、研究方法、实验技术与软件操作步骤。

本书可作为高等院校环境科学与工程专业的教材，以及环境类相关专业高年级本科生及研究生的教材和教学参考用书，也可供相关专业教师及科技人员参考。

图书在版编目（CIP）数据

现代环境生物技术与实验/王晓红，赵辉，张小梅编.
—北京：化学工业出版社，2020.1
"十三五"高等教育环境类专业系列教材
ISBN 978-7-122-35828-8

Ⅰ.①现…　Ⅱ.①王…②赵…③张…　Ⅲ.①环境
生物学-实验-高等学校-教材　Ⅳ.①X17-33

中国版本图书馆 CIP 数据核字（2019）第 275905 号

责任编辑：杨　菁　闫　敏　　　　　　　　文字编辑：汲永臻
责任校对：王素芹　　　　　　　　　　　　装帧设计：张　辉

出版发行：化学工业出版社（北京市东城区青年湖南街 13 号　邮政编码 100011）
印　　装：涿州市般润文化传播有限公司
787mm×1092mm　1/16　印张 15　字数 366 千字　2020 年 7 月北京第 1 版第 1 次印刷

购书咨询：010-64518888　　　　　　　售后服务：010-64518899
网　　址：http://www.cip.com.cn
凡购买本书，如有缺损质量问题，本社销售中心负责调换。

定　　价：49.80 元　　　　　　　　　　　　　　　　版权所有　违者必究

前 言

生物技术在处理环境污染物方面具有速度快、消耗低、效率高、成本低、反应条件温和以及无二次污染等显著优点。随着生物技术研究的进展和人们对环境问题认识的深入，人们已越来越意识到，现代生物技术的发展有望从根本上解决环境问题。目前生物技术应用于环境保护中主要是利用微生物，少部分是利用植物作为环境污染控制的生物。生物技术已是环境保护中应用最广、最为重要的单项技术，其在水污染控制、大气污染治理、有毒有害物质的降解、清洁可再生能源的开发、废物资源化、环境监测、受污染环境的修复和污染严重的工业企业的清洁生产等环境保护的各个方面，都发挥着极为重要的作用。应用环境生物技术处理污染物时，最终产物大都是无毒无害的、稳定的物质，如二氧化碳、水和氮气。利用生物方法处理污染物通常能一步到位，避免了污染物的多次转移，因此它是一种消除污染的安全而彻底的方法。现代生物技术的发展，尤其是基因工程、细胞工程和酶工程等生物高技术的飞速发展和应用，大大强化了上述环境生物处理过程，使生物处理具有更高的效率、更低的成本和更好的专一性，为生物技术在环境保护中的应用展示了更为广阔的前景。

现代环境生物技术是现代生物技术与环境科学紧密结合而形成的新兴交叉学科。本书结合环境专业学生的生物学基础现状，融理论、案例与实验于一体，全面系统地介绍了现代环境生物技术在环保领域应用的基本原理、经典案例和具体操作。本书共5章。第1章绪论。第2章酶工程，主要介绍酶的催化特性、酶促反应动力学、酶的生产与分离纯化、酶分子的修饰以及酶的定向进化、酶的固定化以及酶反应器等。第3章基因工程，主要介绍DNA的变性、复性与杂交，基因工程工具酶与载体，目的基因的获得与导入，重组体的筛选，DNA序列分析。第4章专题，包括建立一个分子生物学实验室所需的仪器，微生物的分子生物学鉴定方法，PCR引物设计以及典型环境污染物修复基因工程菌的构建及应用。第5章实验，包括活性污泥总DNA的提取，活性污泥总DNA的16S rDNA-PCR扩增，DNA琼脂糖凝胶电泳，DNA的回收、测序及系统发育树的构建，DGGE法分析活性污泥微生物多样性，PLFA测定土壤菌群，Biolog法测试土壤微生物多样性，高效石油烃降解菌的分离和筛选，高效脱酚菌的分离和筛选，活性污泥的脱氢酶活性测定，漆酶产生菌的筛选固定化和酶活测定，16S rDNA微生物多样性分析，包埋固定化凝胶小球对废水中染料的吸附特性，质粒DNA分离纯化与鉴定，感受态细菌的制备及细菌的转化等17个实验。

本书由王晓红、赵辉、张小梅编。其中，青岛科技大学王晓红负责编写第1章、第2章第6～8节、第4章、第5章和附录；山东科技大学赵辉负责编写第3章；青岛农业大学张小梅负责编写第2章第1～5节；山东科技大学侯斐斐、毕贞鹏、潘俊潼、孙晓婷在图表绘制、文字校对方面给予了很大帮助。

全书由青岛科技大学匡少平主审。

本书撰写过程中得到青岛科技大学环境与安全工程学院、山东科技大学化学与环境工程学院、青岛农业大学资源与环境学院等的大力支持，谨致谢忱。

由于编者水平有限，书中不足之处在所难免，敬请读者批评指正。

编　者

目 录

1 绪 论

2 酶 工 程

3　基因工程

4　专　　题

5　实　　验

附　　录

参考文献

1

1.1 现代生物技术概论

1.1.1 现代生物技术的基础知识

1.1.1.1 现代生物技术的定义

传统生物技术是以 19 世纪 60 年代法国巴斯德的微生物发酵实验为标志而建立的，是通过微生物的初期发酵来生产抗生素、氨基酸和蛋白质等产品的技术。传统生物技术的主要目标和内容是提高商品的生产效率，难点是发酵过程的优化条件一般都不是微生物的最佳生长条件，其应用主要局限于化学工程和微生物工程领域。相对地，现代生物技术是以 20 世纪 70 年代的分子生物学技术为标志而建立的，是以遗传信息携带者脱氧核糖核酸（DNA）为主要研究对象，以 DNA 重组和克隆为主要研究内容的技术。现代生物技术彻底改变了传统生物技术的研究内容与结构，使人类对生命活动的认识进入了分子水平。

1.1.1.2 现代生物技术的内容

传统生物技术的主要内容包括发酵工程、酶工程、细胞工程三大工程。现代生物技术的主要内容包括酶工程、基因工程、细胞工程、发酵工程四大工程。两者最主要的区别在于基因工程以及其他三大工程是否具有分子生物基础。

1.1.2 现代生物技术的发展历程

1.1.2.1 现代生物技术的发展简介

1944 年，Avery 等证实了 DNA 是遗传物质。1953 年，Watson 等提出了 DNA 的双螺旋结构模型和半保留复制特性。1961 年，M. Nirenberg 等破译了遗传密码，揭示了遗传信息传递给蛋白质的具体过程。12 年后，美国的 Herber Boyer 等完成了基因重组实验，使"克隆"的概念和思想广为传播。

1.1.2.2 现代生物技术的发展标志

自从 1917 年匈牙利工程师 Karl Ereky 第一次使用生物技术这个名词，现代生物技术经历了漫长的发展历程，如表 1-1 所示。

表 1-1 现代生物技术的发展历史

时间	标 志 事 件
1928 年	Flemming 发现青霉素
1944 年	Avery、Macleod 和 McCarty 证明 DNA 是遗传物质
1953 年	Watson 和 Crick 提出 DNA 双螺旋结构模型
1954 年	Crick 提出遗传信息传递规律的中心法则
1956 年	Sober 和 Peterson 将离子交换基因用于蛋白质分离
1959 年	Uchoa 发现了多核苷酸磷酸化酶,合成了核糖核酸,重建了经 DNA 翻译成为蛋白质的整个过程
1961 年	M. Nirenberg 等破译了遗传密码
1965 年	Jacob 和 Monod 提出信使 RNA(mRNA)分子的存在
1967 年	发现了 DNA 连接酶
1970 年	发现了 T4 DNA 连接酶,分离出限制性内切酶
1972 年	Khorana 等合成了转运 RNA(tRNA)基因,Berg 等完成了 DNA 体外重组实验
1972 年	Potter 分离出骨髓瘤,并将其作为常用的融合亲代细胞系
1973 年	Herber Boyer、Stanley Cohen 完成 DNA 重组,提出基因克隆
1975 年	E. M. Southern 创建了 DNA 印迹法(又称 Southern 印迹法)
1976 年	DNA 重组技术、测定技术问世
1977 年	Genentech 公司克隆了人类生长激素基因
1980 年	Botstein、White、Skolnick 和 Davis 建立了人类基因组的框架
1981 年	DNA 自动测序仪诞生
1981 年	Kohler、Milstein 和 Jeme 制备出单克隆抗体,单克隆抗体试剂盒被批准使用
1982 年	Genentech 公司生产并销售重组人胰岛素
1985 年	Mullis 等建立了聚合酶链式反应(PCR)系统
1986 年	Winter 实验室报道了人重构型抗体
1987 年	美国提出了人类基因组计划
1989 年	Huse 报道了用组合抗体库技术制备抗体
1991 年	Winter、Lemer 报道了噬菌体抗体库技术
1993 年	Jespers 等报道了抗原表位定向选择技术,Wolf 等发现了基因免疫
1997 年	克隆绵羊多莉问世
1998 年	克隆牛、克隆鼠问世
2001 年	中国科学院武汉病毒研究所测定出棉铃虫核型多角体病毒(HaSNPV)全序列

1.2　现代环境生物技术概论

1.2.1　现代环境生物技术的基础知识

1.2.1.1　现代环境生物技术的定义

现代环境生物技术是指将现代生物技术应用于环境污染预防与治理过程的技术，特别是以基因工程在环境污染防治中的应用为主。本书重点讲解基因工程和酶工程在环境污染防治中的应用。

1.2.1.2　现代环境生物技术的研究内容

20 世纪 70 年代以来，伴随基因重组技术的发展，以基因工程为代表的现代生物技术成了高新产业的重要标志之一。现代生物技术逐渐成为人们解决粮食、能源等重大问题的重要技术手段。

现代环境生物技术是现代生物技术与环境科学与工程的结合。广义的现代环境生物技术涉及面很广，凡是与环境污染防治有关的一切现代生物技术都可称为现代环境生物技术。例如，污染物的生物去除（bio-elimination），污染场地的生物修复（bio-remediation），无害化、无污染生物产品（如生物可降解材料）的开发应用等。

1.2.2　现代环境生物技术的应用

伴随工业的快速发展、农药的广泛应用、能源的大力开发以及城市化的进一步发展，环境污染日趋严重，污染物属性日趋复杂，生物多样性逐渐减少，现代生物技术逐渐成为环境保护领域的重要技术手段。截至目前，现代生物技术在环境保护领域中的应用，大体包括环境监测与评价、消除污染与改善生态环境、能源资源开发利用、挽救濒危物种及保护生物多样性 4 个方面。

1.2.2.1　现代环境生物技术在环保领域中的应用

（1）环境监测与评价

酶联免疫、PCR、电子显微、生物传感器、基因探针和生物芯片等是利用现代生物技术进行环境监测与评价的关键技术，是国内外科研人员关注的热点。酶联免疫是 20 世纪 90 年代发展起来的一项环境监测新技术。截至目前，国内外已研发出包括各类农药和持久性污染物（如多氯联苯、二噁英等）在内的酶联免疫检测分析法。而且，适用于现场快速分析的酶联免疫试剂盒已被批准商品化，该试剂盒费用较低、特异性强。

PCR 技术已被应用到检测各类环境中的微生物，而且整个分析检测过程只需要几个小时，而传统的分析方法至少需要 10 天。另外，PCR 技术还被应用到跟踪检测环境中基因工程菌当中。伴随 PCR 技术的快速发展，套式 PCR、反向 PCR 和复式 PCR 等方法被相继建立。综上，PCR 技术将在各类环境微生物检测中发挥举足轻重的作用。

目前，生物传感器（biosensor）已成为环境监测领域的强大手段。生物传感器包括分子识别单元和转换部分。根据分子识别单元的敏感材料，生物传感器可以分为酶传感器、微生物传感器、细胞传感器和免疫传感器。截至目前，达到商业化应用水平的有生物需氧量

（BOD）生物传感器、氨生物传感器、亚硝酸盐生物传感器、乙醇生物传感器和甲烷生物传感器等。生物传感器的优点很多，主要包括成本低、测定快、省时等，在环境监测领域具有广阔前景。

（2）消除污染，改善生态环境

现代环境生物技术在消除污染和改善生态环境领域的应用非常广泛，主要包括污染物质的生物去除和场地的生物修复。自20世纪60年代初以来，现代环境生物技术在农药污染及其残留物的去除，特别是农药微生物降解方面，展示了突出的优势。20世纪70年代以来，现代环境生物技术进入突飞猛进的发展阶段，其应用领域也越来越广泛。目前，现代环境生物技术在该领域的应用已经进入高效降解菌株的分离、筛选以及基因工程菌的人工克隆时代。通过基因工程技术手段，可以培养对污染物具有高度抗性的微生物，即超级细菌。超级细菌的应用领域包括石油污染物、持久性有机污染物的降解等。例如：一种包含4种假单胞菌的超级细菌对石油具有突出的降解能力，几小时就能降解自然菌一年多才能降解的浮油中的烃类；包含辛烷（OCT）质粒和抗汞基因的恶臭假单胞菌既能降解烷烃，又能在含高浓度汞的环境中正常生长，还能够降解有机汞。截至目前，通过基因工程技术手段，已经可以培养出具有降解石油及其衍生物、农药、重金属等各类污染物的超级细菌。此外，目前研究的热点还包括能够吸收并积累重金属的超积累植物（hyperaccumulator）。应用转基因超积累植物不但可以修复环境，还可以通过采集该超积累植物的不同部分进行回收处理和综合利用重金属。

（3）开发清洁能源以及资源和能源的综合利用

现代环境生物技术为解决能源危机和资源短缺问题提供了新的途径。当前，现代环境生物技术已经逐渐发展到消除有害污染物、废弃物并将这些物质进行转化和综合利用方面。该领域典型的例子是利用废弃物加工生产单细胞蛋白。世界各国在该领域都进行了大量的研究和应用。例如：德国利用木糖加工生产酵母，逐渐发展成为利用造纸行业产生的亚硫酸废液生产酵母，并将单细胞蛋白作为肉类的替代品来补充蛋白质的缺乏；我国科研人员对味精废水进行再加工生产假丝酵母单细胞蛋白，蛋白含量可高达60％；英国用硬脂噬热芽孢杆菌将稻草等农业废弃物加工生产为乙醇，生产效率比普通酵母菌大大提高。

在资源、能源综合利用方面，我国中科院遗传所和农科院进行了大量的科学研究工作。他们将能够降解三氮苯的基因转入到普通的大豆植株上，经过转基因后的大豆不再继续吸收三氮苯，为人类提供了绿色安全食品。此外，瑞士和美国也进行了大量的研究和应用：他们利用植物研发出了新型的太阳能电池，并利用海藻进行发电；在生物絮凝剂、生物表面活性剂、生物农药等诸多领域也进行了新型能源资源的综合利用。

（4）挽救濒危物种，保护生物多样性

生物多样性主要是指物种的多样化、变异性和生境的复杂性，包括遗传多样性、物种多样性和生态系统多样性三个方面。伴随工业城镇化的加快，地球环境发生了巨大的变化，使得许多物种正濒临灭绝。现在，"克隆"技术手段的快速发展使延续濒危物种成为可能。

自从"多莉"诞生，众多科学家便开始针对濒危物种灭绝这一问题进行大量的研究，他们通过克隆濒危物种使得这些濒危物种得以保存。我国科学家也进行了大量的科学研究。例如，中国科学院水生生物研究所与动物研究所的科学家们分别对白鳍豚和大熊猫的克隆进行了大量的研究，并且取得了众多阶段性的成果。

此外，现代环境生物技术能够大大提高单位土地面积的农产品数量，减轻生物资源过度利用的压力，在很大程度上缓解了生物多样性的减少。而且，现代环境生物技术帮助人们培育出具有独特抗病能力的新农作物品种，使农民可以施用较少的农药和化肥，一方面减轻了农业活动带来的环境污染（特别是面源污染）对生态系统的影响，另一方面提高了食品安全性。另外，现代环境生物技术倡导的以虫治虫、以草治草、以菌治菌等可以大大减少农药使用量，有利于生物多样性的维持和保护。

1.2.2.2 现代环境生物技术对环境的潜在影响

任何一项新的技术，一方面会对人类的生产、生活带来前所未有的推动，具有深远意义；另一方面，它也可能产生诸多未知的风险，特别是当人们不能正确地使用这一新技术时，很有可能产生毁灭性的令人触目惊心的灾难。现代环境生物技术这一迅速发展的高新技术也不例外，具有明显的利弊双重性。一方面，它给人们创造了显著的经济效益、社会效益和环境效益；另一方面，它也可能存在各种安全性风险。事实证明，现代环境生物技术的确会对环境造成诸多反面的影响。例如：用转基因的马铃薯喂养大鼠，结果造成大鼠器官异常，并且破坏了大鼠的免疫系统；用转基因的玉米喂养斑蝶后，导致44%的斑蝶死亡等。可以说，自20世纪70年代基因工程技术发展以来，科学家们始终对现代生物技术可能对人类以及地球环境带来的安全问题给予高度关注，这也是基因工程引起争论的主要焦点。

（1）基因转移扩散问题

在自然环境中，基因转移扩散在许多生物体之间大量存在，如甘蓝型油菜与同属的野草可以在自然条件下进行杂交。但是，在基因工程领域，科学家们必须考虑的一个问题就是标记基因的转移和扩散。标记基因的转移和扩散很有可能对人类生存环境造成严重的威胁。例如，本来用于改良作物的某抗性基因进入环境后，一方面可能导致新的物种（包括新的杂草种类）的出现，另一方面标记基因转移扩散到某些野生植物体后有可能产生对农药具有高耐性的超级杂草，这反而给农业环境带来不利影响。例如：转基因水稻与某一同属的野生水稻同时种植在某区域，结果导致该野生水稻变成了一类超级杂草；转基因萝卜与同属的某一类野生萝卜杂交也产生了一类超级杂草。

（2）生态安全性问题

生态系统是一个动态的平衡系统，它有着自身的演替规律。当转基因生物被引入后，很可能使得原来的生态系统受到干扰。

① 转基因生物会干扰种群结构。例如，将转基因马铃薯喂食给蚜虫后，蚜虫的天敌瓢虫寿命变短，生殖率降低38%，不能孵化率更是高出3倍，结果导致蚜虫泛滥猖獗。

② 转基因生物会干扰生态系统的演替进程。具体表现为，转基因生物可以促进或者加速某些有害生物的进化，从而导致某些更加有害的生物物种的产生。例如，某些抗虫基因就可能具有这种潜在危险性。与此同时，该生态系统中的某些有害生物可能从次要种上升为主要种，改变了生态系统中该物种的生态位，改变了整个生态系统的演替进程。

③ 基因工程作为一门新技术还有很多未知性。目前的科学水平尚不能够精准地预测它可能带来的全部风险，以及转基因生物可能具有的全部生态环境效应。换句话说，在某些环境下某类转基因生物可能具有良好的生态环境效应，但是一旦被引入另一环境中，情况可能完全不同。例如，百慕大草在一些区域是重要的草皮草、饲料，但在美国却是最不受欢迎的杂草。

（3）资源遗传多样性问题

转基因生物通过与自然环境中的原有物种之间的交配和杂交，使得标记基因逐渐渗透到整个地球生态系统的大基因库中。可繁育的转基因个体会改变原有物种之间的种间竞争水平以及整个生态系统中所有种群的遗传进程，进而可能提高基因突变速率和遗传致死速率。换句话说，当某一基因类型的个体比另一基因类型的个体拥有较少的后代时，会导致该基因类型的个体出现遗传致死现象，从而使得某些稀有物种可能具有濒临灭绝的风险，这对遗传多样性是不利的。同时，通过基因工程技术手段培养某些高产或具有独特抗性的优良品种，淘汰原有的大量的老品种，很可能使得生物遗传资源趋于均一化，这从根本上并不利于物种资源多样性的保护。

（4）健康安全性问题

对转基因生物研究的目的是维持生态系统的良性循环和保护遗传资源多样性。但转基因生物具有显著的利弊双重性，导致转基因生物在对生态系统的良性循环和遗传资源多样性起到积极贡献的同时，对人类的生存和健康产生了巨大的潜在的威胁。虽然截至目前，人类尚未发现转基因生物危害人类生存与健康的确切证据，但不能否认这种可能性的存在。例如，具有抗除草剂等某些特性基因的植物通过食物链进入人体后，很可能对人体产生某些有害于遗传或者不利于健康的生命效应，正如美国发现的转基因玉米可以导致蝴蝶的大量死亡一样。这种风险一旦成为现实将是非常可怕的。因此，出于对人类生命安全和健康的考虑，欧盟宣布禁止进口未经许可的转基因玉米。

1.2.2.3　展望

截至目前，现代环境生物技术作为当今世界高新技术领域的重要组成部分，已步入产业化轨道。21 世纪生命领域的科技革命给人类带来了前所未有的发展机遇。同时，人类却从未彻底摆脱食物短缺、能源匮乏以及环境污染导致的生存与发展挑战。现代环境生物技术在解决以上三大问题方面具有巨大的潜力。因此，现代环境生物技术的快速发展必将成为解决食物短缺、能源匮乏和环境污染问题的高效手段，必将给人类的生存和发展带来深远的影响。

思　考　题

1. 现代环境生物技术的定义与研究内容是什么？
2. 现代环境生物技术在环保领域中的应用包括哪些内容？

2

酶工程

2.1 概述

酶（enzyme）是具有生物催化功能的生物大分子。依照分子中起催化作用的主要组分的不同，酶可以分为蛋白类酶（proteozyme，protein enzyme）和核酸类酶（ribozyme，RNA enzyme）两大类别。分子中起催化作用的主要组分为蛋白质的酶称为蛋白类酶，分子中起催化作用的主要组分为核糖核酸的酶称为核酸类酶，也称核酶。

2.1.1 酶的发展历史与特性

2.1.1.1 酶的发展历史

人们对酶的认识起源于生产和生活实践。在我国古代，人们很早就知道利用发酵技术进行酿酒、制作饴糖和酱等。然而受知识所限，人们并不清楚酶为何物，也无法了解其性质，但根据生产和生活经验的积累，已把酶应用到相当广泛的程度。

真正对酶进行大量研究始于 19 世纪。1833 年，Payen 和 Persoz 从麦芽的水抽提物中得到一种热不稳定物质，其具有将淀粉水解成可溶性糖的功能，被称为 diastase，随后人们开始意识到生物细胞中存在一类类似于催化剂的物质。1878 年，Kuhne 首先将这类物质称为 enzyme，按希腊文之意，即"在酵母中"。1926 年，Sumner 从刀豆中分离获得了脲酶结晶，并提出酶的化学本质就是蛋白质。后来，Northrop 等分离得到了胃蛋白酶、胰蛋白酶和胰凝乳蛋白酶的结晶，进一步证实了酶的蛋白质本质。

1982 年，Cech 等发现四膜虫（*Tetrahymena*）细胞的 26S 核糖体核糖核酸（rRNA）前体具有自我剪切功能（self-splicing），表明核糖核酸（RNA）亦具有催化活性，并将这种具有催化活性的 RNA 称为核酸类酶。

1983 年，Altman 等发现组成核糖核酸酶 P（RNase P）的 RNA 部分（M1 RNA）同样具有催化特性，而该酶的蛋白质部分（C_5 蛋白）却没有酶活性。

RNA 具有生物催化活性的发现，颠覆了人们对酶分子传统意义上的理解，被认为是生物科学领域令人鼓舞的发现之一。为此，Cech 和 Altman 共同获得 1989 年度诺贝尔化学奖。

多年来的研究表明，核酸类酶具有完整的空间结构和活性中心，有其独特的催化机制，具有很高的底物专一性，其反应动力学亦符合米氏方程的规律。可见，核酸类酶具有生物催化剂的所有特性，是一类由 RNA 组成的酶。因此，酶是能在体内或体外起同样催化作用的一类具有活性中心和特殊构象的生物大分子。在生物体内，酶参与催化几乎所有的物质转化过程，与生命活动密切相关；在生物体外，酶也可作为催化剂进行工业生产。酶具有催化作用专一、无副反应、便于过程的控制和分离等优点。

2.1.1.2　酶的催化特性

作为生物催化剂的酶，有与一般催化剂相同的催化性质，如：只能催化热力学所允许的化学反应，缩短达到化学平衡的时间，而不改变平衡点；在化学反应的前后，酶本身没有质和量的改变；很少的量就能发挥较大的催化作用；其作用机理都在于降低了反应的活化能（activation energy）等。同时，酶作为生物催化剂，又具有以下明显特征。

（1）极高的催化效率

一般而言，酶促反应速率比非催化反应高 $10^8 \sim 10^{20}$ 倍，比其他催化反应高 $10^7 \sim 10^{13}$ 倍。例如，过氧化氢酶和铁离子都能催化 H_2O_2 的分解（$2H_2O_2 \longrightarrow 2H_2O + O_2$），但在相同的条件下，过氧化氢酶要比铁离子的催化效率高 10^{11} 倍。

（2）高度的专一性

酶对其所催化的底物和反应类型具有严格的选择性，一种酶只作用于一类化合物或一定的化学键，催化一定类型的化学反应，并生成一定的产物，这种现象称为酶的专一性（specificity）或特异性。不同的酶专一性程度不同，酶对底物的专一性又可分为以下几种。

① 绝对专一性　一种酶只作用于一种底物，发生一定的反应，并保持特定的产物，称为绝对专一性（absolute specificity）。如脲酶（urease）只能催化尿素水解成 NH_3 和 CO_2，而不能催化甲基尿素的水解反应。

② 相对专一性　一种酶可作用于一类化合物或一种化学键，这种不太严格的专一性称为相对专一性（relative specificity）。如：脂肪酶可水解多种脂肪，而不管脂肪分子是由哪些脂肪酸组成；磷酸酯酶对一般的磷酸酯的水解反应都起作用。

③ 立体专一性　酶对底物的立体构型的特异要求，称为立体专一性（stereo-specificity）。如：α-淀粉酶只能催化水解淀粉中的 α-1,4-糖苷键，不能催化水解纤维素中的 β-1,4-糖苷键；L-乳酸脱氢酶的底物只能是 L-乳酸，而不是 D-乳酸。

（3）活性的可调节性

由于酶是细胞的组成成分，其不断地进行新陈代谢，酶的催化活性也受多方面的调控。例如，酶的生物合成的诱导和阻遏、激活物和抑制物的调节作用、代谢物对酶的反馈调节、酶的变构调节及酶的化学修饰等，这些调控作用保证了酶在体内的新陈代谢中发挥其恰如其分的催化作用。

（4）不稳定性

大多数酶的本质是蛋白质，酶促反应要求一定的 pH 值、温度等条件。强酸、强碱、有机溶剂、重金属盐、高温、紫外线等任何使蛋白质变性的理化因素都可使酶的活性降低或丧失。

2.1.2　酶工程的发展概况

酶的开发和利用是当代新技术革命中的一个重要课题。酶工程（enzyme engineering）

是酶的生产与应用的技术过程，是将酶、细胞或细胞器置于特定的生物反应装置中，利用酶所具有的生物催化功能，借助工程手段将相应的原料转化为有用物质并应用于社会生产的一门科学技术，其主要包括酶的生产、酶的改性和酶的应用三大部分。

（1）酶的生产

酶的生产（enzyme production）是通过各种方法获得人们所需的酶的技术过程。酶的获取方法主要有提取分离法、生物合成法和化学合成法。

① 提取分离法是采用各种生化分离技术从含酶原料中将酶提取出来，再与杂质分离而得到所需酶的生产方法。该技术早在 19 世纪初就被人们陆续开发利用，是酶生产中最早采用并沿用至今的方法。然而，早期的酶制剂生产和提纯一直停留在由动植物组织或细胞提取酶的生产工艺上，受生产方式、原料的限制，很难进行大规模的工业化生产。

19 世纪，人们以蒸过的稻米为培养基，对霉菌进行固体发酵，得到的酒曲用于酿酒工业，这类生产酒曲的过程成为建立工业化生产真菌淀粉酶的基础。1891 年，Takamine Jokichi 在美国、英国、法国、比利时、加拿大和德国申请了 Taka 酒曲即高效淀粉酶及其制造方法的专利，这是微生物酶产品的首项专利。

② 生物合成法是在人工控制条件的生物反应器中，通过微生物细胞、植物细胞或动物细胞的生命活动而合成所需酶的生产方法，是当今在酶的生产中应用最广泛的方法。

20 世纪 40 年代，液体深层通风发酵技术的成功开发，揭开了好氧微生物工业化规模发酵生产的新局面。1949 年，液体深层发酵法在细菌 α-淀粉酶生产中的成功应用揭开了近代酶工业的序幕。1961 年，Jacob 和 Monod 提出了乳糖操纵子学说，阐明了酶生物合成的转录水平调节机制，为指导优化酶的发酵生产工艺奠定了理论基础。酶生物合成的基本理论即是酶的生物合成及其调节控制理论。目前，人们已可人工设计和改造细胞表达体系，以模式生物为细胞工厂，程序化控制生产任何酶蛋白，这一指导思路将是未来酶蛋白发酵技术的发展方向。

③ 化学合成法是通过化学反应，将各种氨基酸或核苷酸按照特定的顺序连接起来而得到所需酶的方法，由于要求所使用的氨基酸或核苷酸单体有很高的纯度，合成过程复杂，成本高，至今仍未能工业化生产。

（2）酶的改性

酶是具有完整结构的生物大分子，酶的催化特性是由酶的特定结构所决定的，酶的结构一旦改变，将使酶的特性和功能发生某些改变。酶具有专一性强、催化效率高、作用条件温和等显著特点。在酶的应用过程中，人们也发现酶具有稳定性较差、活力较低、游离酶通常只能使用一次、往往只能在水介质中进行催化等弱点。为了克服酶在使用过程中的不足之处，有必要通过化学酶工程和生物酶工程对酶进行改性。酶的改性（enzyme improving），是指通过各种方法改进酶的催化特性的技术过程。酶改性的基本理论基础是酶的结构及其功能间的关系。

化学酶工程主要有化学修饰酶、固定化酶和固定化细胞及化学人工酶等。化学修饰酶是指通过化学方法改造酶蛋白一级结构，提高酶的稳定性、活力以及降低抗原性等。酶的固定化是化学酶工程的重要内容。1953 年，德国科学家首先将聚氨基苯乙烯树脂重氮化，然后将淀粉酶、胃蛋白酶等与这种载体共价结合，制成了固定化酶。1967 年，Updike 对葡萄糖酶电极的成功开发标志着固定化酶产业进一步向分析化学领域拓展。20 世纪 70 年代后期，酶工程领域又出现了固定化细胞（固定化活细胞或固定化增殖细胞）

技术，并推动了微生物传感器的发展。目前，这种有序的定向固定化技术已在各行各业得到了广泛应用。

在生物酶工程方面，人们不断研究，开发出各种酶的特性改进技术。尤其是近年来，相继出现的 DNA 重排（DNA shuffling）技术、高通量筛选（high throughput screening）技术、易错 PCR（error-prone PCR）技术等定向进化（directed evolution）技术，为酶催化特性的进一步改进提供了强有力的手段，进一步推动了酶工程的发展。

（3）酶的应用

酶的应用（enzyme application）是在特定条件下通过酶的催化作用，获得人们所需的产物、除去干扰物质或获得所需信息的技术过程。酶应用的基本理论是酶的催化特性及酶催化作用动力学。在酶的应用过程中，必须选择并设计好酶反应器，控制好酶催化反应的各种条件，使酶充分发挥其催化功能，以达到预期效果。

总之，酶工程的主要任务就是经过预先设计，通过人工操作，获得人们所需的酶；终极目标即是充分发挥酶在人类生活中的催化潜能。当然酶的应用已渗透到人类生活的各个领域，包括工业、农业、医药、能源、环保等。20 世纪 60 年代中期，细菌碱性蛋白酶规模化投放市场，宣告酶制剂应用产业化的重大突破。此后，现代生物技术的出现带动酶制剂应用产业的蓬勃发展。可以相信，在不久的将来，具有人类所需性状并可大量廉价发酵生产的生物酶将在更广阔的行业发挥更重要的作用。

2.2 酶的分类及作用原理

2.2.1 酶的分类与命名

2.2.1.1 酶的分类

酶有蛋白类酶和核酸类酶两大类别，数量已达几千种。为了准确地识别某一种酶，以免发生混乱或误解，要求每一种酶都有准确的名称和明确的分类，为此，必须掌握酶的分类和酶的命名原则。

蛋白类酶和核酸类酶的分类和命名的总原则是相同的，都是根据酶的作用底物（substrate）和催化反应的类型（reaction type）进行分类和命名。

由于蛋白类酶和核酸类酶具有不同的结构和催化特性，所以各自的分类和命名又有所区别，两者分类和命名的显著区别之一是蛋白类酶只能催化其他分子进行反应，而核酸类酶既可以催化酶分子本身也可以催化其他分子进行反应，因此，在核酸类酶的分类中出现了分子内催化核酸类酶、分子间催化核酸类酶、自我剪切酶等名称，这在蛋白类酶中是没有的。

现将六大类蛋白类酶简介如下。

（1）氧化还原酶

氧化还原酶（oxidoreductase）催化底物进行氧化还原反应，如乳酸脱氢酶、琥珀酸脱氢酶、细胞色素氧化酶、过氧化氢酶、过氧化物酶等。例如，乳酸脱氢酶催化乳酸脱氢的反应：

$$\underset{\underset{OH}{|}}{CH_3CHCOOH} + NAD^+ \longrightarrow \underset{\underset{O}{\|}}{CH_3CCOOH} + NADH + H^+$$

（2）转移酶

转移酶（transferase）催化底物之间进行某些基团的转移或交换，如甲基转移酶、氨基转移酶、己糖激酶、磷酸化酶等。例如，谷丙转氨酶催化的氨基转移反应：

$$CH_3CHCOOH + HOOCCH_2CH_2CCOOH \Longrightarrow CH_3CCOOH + HOOCCH_2CH_2CHCOOH$$

（此处分子式下方标注：左侧第一分子下方为 NH_2，第二分子下方为 O；右侧第一分子下方为 O，第二分子下方为 NH_2）

（3）水解酶

水解酶（hydrolase）催化底物发生水解反应，如淀粉酶、蛋白酶、脂肪酶等。例如，脂肪酶（Lipase）催化的脂的水解反应：

$$R-COOCH_2CH_3 \xrightarrow{H_2O} RCOOH + CH_3CH_2OH$$

（4）裂合酶

裂合酶（lyase）催化从底物移去一个基团并保留双键的反应或其逆反应，如碳酸酐酶、醛缩酶、柠檬酸合酶等。例如，延胡索酸水合酶催化的反应：

$$HOOCCH=CHCOOH + H_2O \Longrightarrow HOOCCH_2CHCOOH$$

（右侧分子下方标注 OH）

（5）异构酶

异构酶（isomerase）催化同分异构体之间相互转化，如葡萄糖异构酶、消旋酶等。例如，6-磷酸葡萄糖异构酶催化的反应：

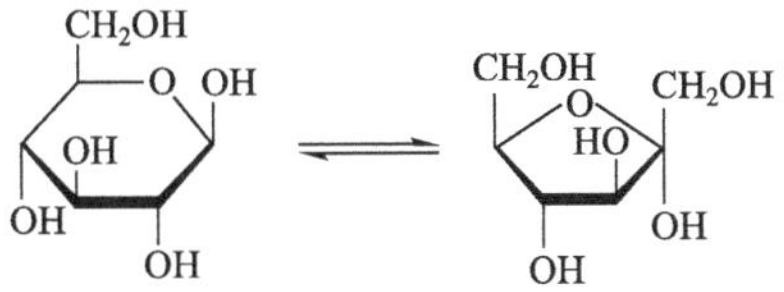

（6）合成酶

合成酶（synthetase）或称连接酶（ligase），催化两分子底物合成为一分子化合物，同时必须由三磷酸腺苷（ATP）［三磷酸鸟苷（GTP）或三磷酸尿苷（UTP）］提供能量，如谷氨酰胺合成酶、DNA聚合酶等。例如，丙酮酸羧化酶催化的反应：

$$丙酮酸 + CO_2 \longrightarrow 草酰乙酸$$

国际系统分类法除按上述六类将酶依次编号外，还根据酶所催化的化学键的特点和参加反应的基团不同，将每一大类又进一步分类。每种酶的分类编号均由四个数字组成，数字前冠以 EC（Enzyme Commission，国际酶学委员会）。编号中第一个数字表示该酶属于六大类中的哪一类；第二个数字表示该酶属于哪一亚类；第三个数字表示亚亚类；第四个数字是该酶在亚亚类中的排序。以乳酸脱氢酶（EC 1.1.1.27）为例，其编号解释如图2-1所示。

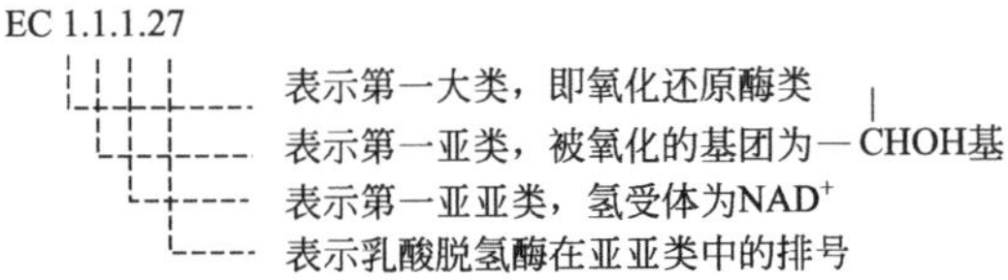

EC 1.1.1.27
表示第一大类，即氧化还原酶类
表示第一亚类，被氧化的基团为—CHOH基
表示第一亚亚类，氢受体为NAD⁺
表示乳酸脱氢酶在亚亚类中的排号

图 2-1 乳酸脱氢酶

2.2.1.2 酶的命名

酶的命名有习惯命名法和系统命名法。习惯命名法多根据酶所催化的底物、反应的性质以及酶的来源而定。系统命名法规定每一种酶均有一个系统名称，它标明了酶的所有底物与

反应性质，底物名称之间以"："分隔。由于许多酶的系统名称过长，为了应用方便，国际酶学委员会又从每种酶的数个习惯名称中选定一个简便实用的推荐名称。现将一些酶的习惯命名和系统命名举例列于表 2-1 中。

表 2-1　几种酶的命名举例

编号	系统命名	习惯命名	催化的反应
EC 1.1.1.27	乳酸：NAD^+ 氧化还原酶	乳酸脱氢酶	乳酸＋NAD^+ ——→ 丙酮酸＋NADH
EC 2.6.1.1	L-天冬氨酸：α-酮戊二酸氨基转移酶	天冬氨酸氨基转移酶	L-天冬氨酸＋α-酮戊二酸 ——→ 草酰乙酸＋L-谷氨酸
EC 3.1.3.9	D-6-磷酸葡萄糖水解酶	6-磷酸葡萄糖酶	D-6-磷酸葡萄糖＋H_2O ——→ 葡萄糖＋H_3PO_4
EC 4.1.2.13	D-果糖-1,6-二磷酸：D-3-磷酸甘油醛裂合酶	醛缩酶	D-果糖-1,6-二磷酸 ——→ 磷酸二羟丙酮＋D-3-磷酸甘油醛
EC 5.3.1.9	D-6-磷酸葡萄糖酮醇异构酶	磷酸己糖异构酶	D-6-磷酸葡萄糖 ⇌ D-6-磷酸果糖

2.2.2　酶的作用原理

2.2.2.1　酶的结构特点

（1）酶分子的一级结构

酶的一级结构是指构成酶蛋白的 20 种基本氨基酸的种类、数目及其排列顺序。组成酶蛋白的氨基酸的数目和种类与其催化的反应性质及酶的来源有关。例如，猪胃蛋白酶在酸性很强的胃液中起催化作用，其分子中酸性氨基酸的数目远大于碱性氨基酸，这是与其催化的环境相适应的。

来源不同的同一种酶或功能相似的酶，氨基酸组成相近，但并不相同，存在生物种间的差异，甚至存在个体、器官、组织间的差异。例如，同是溶菌酶，植物组织中的溶菌酶要比动物组织中的溶菌酶具有更高比例的脯氨酸、酪氨酸和苯丙氨酸。

在一级结构中，有些酶的巯基（—SH）参与组成酶的活性中心，是活性中心最重要基团之一，有些酶的二硫键（—S—S—）对维持酶的活性很重要，或通过—S—S—与—SH 互变表现酶的活性。

（2）酶分子的空间结构

酶分子的空间结构即是维持酶活性中心所必需的构象。酶分子的空间结构包括二级结构、三级结构和四级结构。酶蛋白空间结构的基本结构单位包括螺旋结构、折叠结构、转角结构和卷曲结构等。

蛋白质的空间结构是通过各种副键连接而成的，主要的副键有：氢键、盐键（又称离子键）、二硫键、酯键和金属键等。氢键（ >C=O⋯H— ）是蛋白质空间结构中的主要副键，键长约 0.27nm，键能为 5.6kcal（1cal＝4.1868J）。盐键（—NH_3^+、—COO^-）的结合力较强，是蛋白质空间结构的一个主要稳定因素，在蛋白质分子中数量不多，酸碱条件下易被破坏。二硫键对蛋白质的稳定性起重要作用，二硫键越多，蛋白质的稳定性越好。酯键（R—COO—R′）是由蛋白质分子中酸性氨基酸残基或末端氨基酸残基上的羧基（—COOH）

与氨基酸上的羟基（—OH）脱水缩合而成的，在蛋白质分子中数量不多。金属键是通过金属离子（特别是二价金属离子）与蛋白质分子中的基团连接而成的，在维持蛋白质的空间构象方面起作用。在有四级结构的蛋白质中，金属键将各个亚基连接在一起，一旦金属离子被去除，蛋白质的四级结构就会受到破坏。此外，由蛋白质分子中的一些疏水性较强的侧链基团聚集而成的疏水作用对蛋白质的稳定也起到一定的作用，非极性溶剂会使疏水作用破坏。范德华力是借助静电引力而形成的、键能较小的作用力。

酶分子的肽链以β折叠结构为主，折叠结构间以α螺旋及折叠肽链段相连。β折叠为酶分子提供了坚固的结构基础，以保持酶分子呈球状或椭圆状。

酶分子（或亚基）的三级结构是球状外观。在三级结构构建过程中，β折叠总是沿主肽链方向于右手扭曲，构成圆筒形或马鞍形的结构骨架。α螺旋围绕在β折叠骨架结构的周围或两侧，形成紧密曲折折叠的球状三级结构。由于非极性氨基酸（如苯丙氨酸、亮氨酸、丙氨酸等）在β折叠中出现的概率很大，因此在分子内部形成疏水核心，而表面则多为α螺旋酸性氨基酸残基的亲水侧链所占据。

除少数单体酶外，大多数酶是由多个亚基组成的寡聚体，亚基间的空间排布即是酶的四级结构。亚基之间缔合状态的不同决定了酶的活性高低。亚基间主要依靠疏水作用缔合，范德华力、盐键、氢键等也起到一定作用。亚基数目以双亚基和四亚基居多，排布多以对称型为主，但也有不对称排列。对于多功能酶，全酶由多个亚基组成，不同亚基有不同的功能，其中有的亚基含催化活性部位，但各自催化不同的化学反应。

2.2.2.2 酶的活性中心

酶与其他蛋白质的不同之处在于，酶分子的空间结构上具有特定的有催化功能的区域。对酶分子结构的研究证明，在酶分子上并不是所有氨基酸残基而只是少数氨基酸残基与酶的催化活性有关。这些氨基酸残基虽然在一级结构上可能相距很远，但在空间结构上彼此靠近，集中在一起形成具有一定空间结构的区域，该区域与底物相结合并催化底物转化为产物，这一区域称为酶的活性中心（active center）或活性部位（active site）。

单纯酶中，活性中心常由一些极性氨基酸残基的侧链基团所组成，如组氨酸（His）的咪唑基、丝氨酸（Ser）的羟基、半胱氨酸（Cys）的巯基、赖氨酸（Lys）的ε-氨基、天冬氨酸（Asp）和谷氨酸（Glu）的羧基等。而对于结合酶，除上述基团以外，辅酶或辅基上的一部分结构往往也是活性中心的组成部分。

酶活性中心内的一些化学基团，是酶发挥催化作用及与底物直接接触的基团，称为活性中心内的必需基团（essential group）。就功能而言，活性中心内的必需基团又可分为两种：与底物结合的必需基团称为结合基团（binding group），催化底物发生化学反应的基团称为催化基团（catalytic group）。结合基团和催化基团并不是各自独立的，而是相互联系的整体。活性中心内有的活性基团可同时具有这两方面的功能。酶的活性中心及其必需基团如图2-2所示。必需基团分为亲核性基团和酸碱性基团，如图2-3所示。

需要说明的是，还有一些酶活性中心以外的基团，如结构残基（structure residue），虽然不直接参与酶的催化作用，但对维持酶分子的空间构象及酶活性是必需的，称为活性中心以外的必需基团。

还有一些残基，对酶活性的显示无明显作用，可以由其他氨基酸代替，这类氨基酸称为非贡献残基（non-contributing residues）。它们在酶分子中占很大比例，虽然对酶活性的显示无明显作用，但是并非毫无作用，可能在酶的活性调节、酶的运输转移、防止酶的降解等

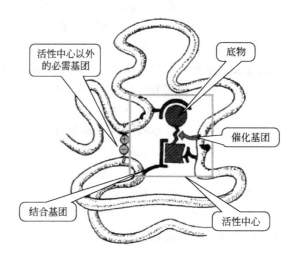

图 2-2 酶的活性中心及其必需基团示意图

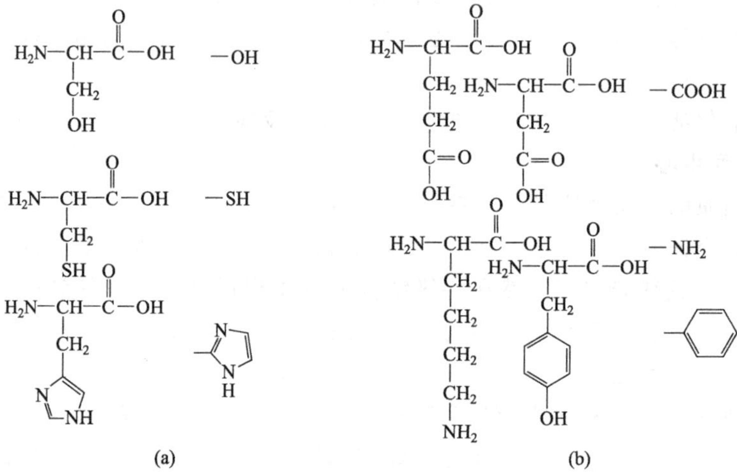

图 2-3 亲核性基团 (a) 和酸碱性基团 (b)

方面起重要作用。

2.2.2.3 酶的结构与催化功能的关系

酶的催化功能是由其特殊的结构决定的，结构改变，催化功能也将改变。

酶的一级结构是酶的基本化学结构，是酶的空间结构的基础。决定酶的空间结构的因素，主要是由酶的一级结构所决定的各种侧链之间的相互作用，包括氢键、二硫键、酯键、盐键、疏水作用、范德华力等。此外，还受到各种环境因素（如溶剂、pH 值、温度、离子强度等）的影响。酶分子的主链包括肽链和核苷酸链。酶一级结构的改变主要是指酶分子主链的断裂。

酶的二级、三级结构是其基本空间结构，二级、三级结构的破坏将使酶的催化活性丧失，这是蛋白质变性的原理。反过来，酶的二级、三级结构发生改变，同样会使酶形成正确的催化部位而发挥其催化功能。底物诱导可引起酶蛋白空间结构发生某些精细的改变，与适应的底物相互作用，从而形成正确的催化部位，使酶发挥其催化功能，这是诱导契合假说的基础。

　　酶的四级结构是由多个亚基连接而成的，有些酶仅仅具有催化功能，如多催化部位的寡聚酶和多酶复合体；而有些酶却具有催化部位和调节部位，具有催化作用和调节作用两种功能，如别构酶等。酶的四级结构受到破坏时，其功能和特性将发生某些改变。如大肠杆菌色氨酸合成酶是一种多酶复合体，由两个 α 亚基和一个 β_2 亚基组成，用变性剂处理后，α 亚基的催化效率只有复合体的 $1/30$，β_2 亚基的催化效率只有复合体的 1% 左右。这说明，具有完整四级结构的多酶复合体可以显著提高催化效率。而对别构酶而言，只有在四级结构完整时才显示其调节作用，分开的调节亚基不具有调节功能。

　　(1) 中间络合产物学说

　　酶是生物催化剂，与非酶催化剂相比，具有专一性强、催化效率高的显著特点。催化剂的作用，主要是降低反应所需的活化能，以相同的能量使更多的分子活化，从而加速反应的进行。

　　酶之所以能降低活化能，加速化学反应，可以用目前比较公认的中间络合产物学说来解释。酶-底物中间复合物假说（即中间络合产物学说），于 1902 年由 V. Henri 提出，他认为，酶促反应是分两步进行的：酶（E）催化某一反应时，首先与底物（S）结合，生成一个不稳定的过渡态中间复合物——酶-底物复合物（ES），此复合物再进行分解，释放出酶和形成产物（P），酶又可再与底物结合，继续发挥其催化功能。其过程可用下式表示。

$$E+S \underset{k_{-1}}{\overset{k_1}{\rightleftharpoons}} ES \overset{k_2}{\longrightarrow} E+P \tag{2-1}$$

式中　　k_1，k_2，k_{-1}——分别为各步反应的速率常数。

　　由于 E 和 S 结合生成 ES，致使 S 分子内部某些化学键发生变化，呈不稳定状态或称过渡态，这就大大降低了 S 的活化能，使反应加速进行。有实验证据表明，酶-底物中间复合物是客观存在的，有些已经被分离得到。例如：D-氨基酸氧化酶与 D-氨基酸结合而成的复合物已被分离并结晶出来。

　　近代研究结果指出，酶除了与一般催化剂一样通过与反应物形成不稳定中间产物而降低反应活化能的机制外，还能通过与底物的相互作用来加速反应。这种相互作用是多方面的，例如：与底物接触时诱导底物扭曲或变形，使底物失去稳定性；触发某些酶的蛋白部分发生构象变化，使其具有更高的催化活性；通过冻结底物的移动或转动，向底物提供熵，以提高催化反应效率等。

　　(2) 锁钥假说

　　锁钥假说（lock and key hypothesis）认为，按照中间络合产物理论，酶催化底物发生反应之前，底物首先要与酶形成中间复合物，然后才转化为产物并使酶重新游离出来。酶的催化活性主要取决于酶的活性中心，活性中心是酶分子的凹槽或空穴部位，是酶与底物结合并进行催化反应的部位。其形状与底物分子或底物分子的一部分基团的形状互补。在催化过程中，底物分子或底物分子的一部分就像钥匙一样，可以契入特定的活性中心部位的某一适当位置，与酶分子形成中间复合物，才能顺利地进行催化反应。这就是锁钥假说或称为一把锁一把钥匙的理论，亦称为刚性模板理论（template theory）。只有可以进入活性中心并与酶分子形成中间产物的底物分子才可被酶作用；不能进入活性中心，或者虽然可进入活性中心但不能与酶分子形成中间复合物的物质，均不能被催化。如图 2-4 所示。

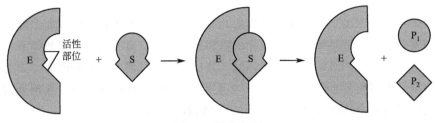

图 2-4　锁钥假说

（3）诱导契合假说

上述锁钥假说认为酶分子的结构是固定不变的，这个理论虽然可以解释酶与底物的结合和催化，但无法解释酶催化的逆反应。1958 年，科斯兰（Koshland）提出诱导契合假说（induced fit hypothesis），该假说认为酶分子的构象不是一成不变的。当底物分子临近酶分子时，酶分子受到底物的诱导，其构象就会发生某些变化，变得有利于与底物结合。X 射线衍射结果表明，绝大多数的酶与底物结合时，其构象均发生某些变化。如羧肽酶 A 由 307 个氨基酸组成，其活性中心部位由第 145 位的精氨酸（Arg_{145}）、第 248 位的酪氨酸（Tyr_{248}）和第 270 位的谷氨酸（Glu_{270}）组成。当该酶与底物甘氨酰酪氨酸结合时，Arg_{145} 移动 0.2nm，Tyr_{248} 移动 1.2nm，Glu_{270} 移动 0.2nm，使之与底物结构互补，有利于与底物分子结合并进行催化。而采用赖氨酰酪酰胺代替甘氨酰酪氨酸时，酶分子的构象不发生变化，所以不能被酶作用。如图 2-5 所示。

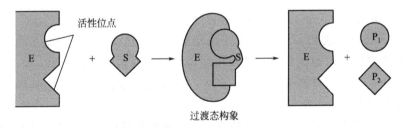

图 2-5　诱导契合假说

（4）多元催化作用

在催化反应中，常常是几个基元催化反应配合在一起共同作用。例如，胰凝乳蛋白酶通过第 102 位的天冬氨酸（Asp_{102}）、第 57 位的组氨酸（His_{57}）、第 195 位的丝氨酸（Ser_{195}）组成的"电荷中继网"催化肽键水解，包括亲核催化和碱催化共同作用。这种多元催化协同作用的结果，是使酶加速的一个因素。

① 酸碱催化　化学反应中，通过瞬时反应向反应物提供质子或从反应物接收质子以稳定过渡态加速反应的机制称为酸碱催化（acid-base catalysis）。在酶的活性中心上，有些基团是质子供体（酸催化基团），可以向底物分子提供质子，称为酸催化（acid catalysis）；有些基团是质子受体（碱催化基团），可以从底物分子上接受质子，称为碱催化（base catalysis）。当酸催化基团和碱催化基团共同发挥催化作用时，可大大提高底物反应速率。在 pH 值接近中性的生物体中，组氨酸的咪唑基一半以酸的形式存在，另一半以碱的形式存在，所以组氨酸既能作为质子供体，又能作为质子受体，因此组氨酸的咪唑基往往成为许多酶的酸碱催化基团。质子供体与质子受体见图 2-6。

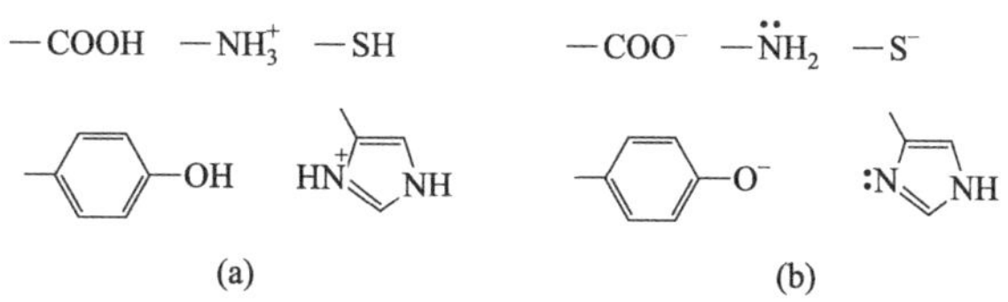

$$-COOH \quad -NH_3^+ \quad -SH$$

$$-COO^- \quad -\ddot{N}H_2 \quad -S^-$$

图 2-6　质子供体（a）与质子受体（b）

② 共价催化　酶在催化反应时，本身能放出或吸收电子并作用于底物的缺电子或富电子中心，与底物形成共价连接的中间复合物，降低反应的活化能，从而加快反应速率，这种催化方式称为共价催化（covalent catalysis）。例如，糜蛋白酶与乙酸对硝基苯酯可结合成为乙酰糜蛋白酶的复合中间物，同时生成对硝基苯酚。在复合中间物中，乙酰基与酶的结合为共价形式。按照酶对底物攻击的基团不同，该催化方式又分为亲核催化（nucleophilic catalysis）和亲电子催化（electrophilic catalysis）。前者是指酶攻击底物的基团是富电子的，这些富电子基团首先攻击底物的亲电子基团（亦称缺电子基团）而形成酶-底物的共价复合物；后者是指酶攻击底物的基团是缺电子的，这些缺电子基团攻击底物分子上富电子基团而形成酶-底物共价中间产物。在酶的共价催化中，亲核催化较为常见，酶分子的氨基酸残基侧链提供了多种亲核中心。

上述降低酶活化能的因素，在同一酶分子催化的反应中并非同时都发挥作用，也并非是单一的机制，而是由多种因素配合完成的。

2.3　酶促反应动力学

酶促反应动力学（enzyme kinetics）研究酶促反应速率的规律以及影响酶促反应速率的各种因素。这些因素主要包括酶浓度、底物浓度、pH 值、温度、抑制剂、激活剂等。由于酶作为生物催化剂的特征就是加快化学反应的速率，因此研究酶促反应的速率规律，是酶学研究的重要内容之一。在实际工作中，为了使酶能最大限度地发挥其催化效率，亦需寻找酶作用的最佳条件。因此，酶促反应动力学的研究具有重要的理论和实际价值。

2.3.1　米氏方程

2.3.1.1　米氏方程的推导

继 1902 年，V. Henri 提出酶-底物中间复合物假说［见式(2-1)］，1913 年，Michaelis 和 Menten 根据中间复合物假说，建立了快速平衡学说。在快速平衡学说中，假设反应 E+S $\rightleftharpoons$ ES 建立平衡后，ES 分解生成产物的反应对平衡的影响可忽略，即 $k_2 \ll k_{-1}$，则平衡常数：

$$K = \frac{[E][S]}{[ES]} \tag{2-2}$$

式中　[E]，[S]——游离酶和游离底物的浓度；

　　　　[ES]——中间复合物的浓度。

当底物的总浓度远大于酶的总浓度时，测定时消耗的底物量极少，因此 $[S]_{游离}=[S]_{总}$。

在任何底物浓度条件下，都可以得到表示酶以 ES 形式存在的部分的比例，即 F 值，$F=\dfrac{[ES]}{[E]+[ES]}$。将 $[ES]=\dfrac{[E][S]}{K}$ 代入，可以得到

$$F=\frac{\dfrac{[E][S]}{K}}{[E]+\dfrac{[E][S]}{K}}=\frac{[S]}{K+[S]} \tag{2-3}$$

酶的总浓度为 $[E]_0$，则 $[ES]=F[E]_0=\dfrac{[E]_0[S]}{K+[S]}$

产物形成速率 $v=k_2[ES]$，则

$$v=\frac{k_2[E]_0[S]}{K+[S]} \tag{2-4}$$

方程 (2-4) 也可以写成 $v=\dfrac{k_{cat}[E]_0[S]}{K+[S]}$

k_{cat} 表示一级反应常数，与 k_2 相等（k_{cat} 通常称为酶的转换数）。方程 (2-4) 说明当 $[S]$ 增大时，v 趋近于一个最大值（见图 2-7）。

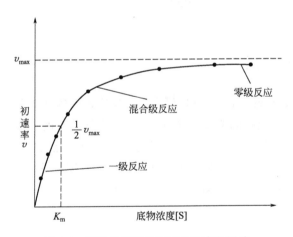

图 2-7　底物浓度对酶反应初速率的影响

当所有的酶都以 $[ES]$ 形式存在时，v 达到最大值，以 v_{max} 表示。且 $v_{max}=k_2[E]_0$，方程 (2-4) 可以记为：

$$v=\frac{v_{max}[S]}{K+[S]} \tag{2-5}$$

从方程 (2-5) 和图 2-7 可以看出，当 $[S]$ 远小于 K 时，反应速率随底物浓度的增加而急剧上升，二者呈正比关系：$v=v_{max}[S]/K$；反应表现为一级反应。随着底物浓度的升高，反应速率增加的幅度变缓，表现为混合级反应。如果继续增加底物浓度，使 $[S]$ 远大于 K 时，反应速率不再增加，表现为零级反应，此时 $v=v_{max}$。也即无论如何提高底物浓度，反应速率都不再增加，酶已被底物饱和。任何酶都有饱和现象，只是达到饱和时所需的

底物浓度不同罢了。

从方程（2-5）还可以看出，当 $v=v_{max}/2$，$[S]=K$。K 值代表反应速率达到最大反应速率一半时的底物浓度，称为米氏常数，记为 K_m。以上方程即被记为：

$$v=\frac{v_{max}[S]}{K_m+[S]} \tag{2-6}$$

该方程称为米氏方程（Michaelis-Menten equation）。

2.3.1.2 K_m 和 v_{max} 的意义

从米氏方程的推导过程可以看出，K_m 的物理意义为酶促反应速率为最大速率一半时的底物浓度，单位是 mol/L。当 pH 值、温度和离子强度等因素不变时，K_m 是恒定的。

K_m 是酶的特征性常数之一，其意义有以下几方面：

① K_m 值的大小，可以近似地表示酶与底物的亲和力。K_m 值大，意味着酶和底物的亲和力小，反之则大。因此，对于一个专一性较低的酶，作用于多个底物时，不同的底物有不同的 K_m 值，K_m 值最小的底物就是该酶的最适底物（或天然底物）。

K_s 底物常数：K_m 是 ES 分解速率与 ES 形成速率的比值，$1/K_m$ 表示 ES 形成趋势的大小；$k_2 \ll k_{-1}$，$K_m=K_s$。当 $[S]<0.01K_m$ 时，反应为一级反应；当 $[S]>100K_m$ 时，$v=v_{max}$，反应为零级反应；当 $0.01K_m<[S]<100K_m$ 时，反应为混合级反应。

$$E+S \underset{k_{-1}}{\overset{k_1}{\rightleftharpoons}} ES \xrightarrow{k_2} E+P$$

$$K_m=\frac{k_{-1}+k_2}{k_1}=K_s \tag{2-7}$$

② 催化可逆反应的酶，当正反应和逆反应 K_m 值不同时，可以大致推测该酶正逆两向反应的速率，K_m 值小的底物所示的反应方向应是该酶催化的优势方向。

③ 有两个酶催化的连锁反应中，如能确定各种酶 K_m 值及相应的底物浓度，有助于寻找代谢过程的限速步骤。在各底物浓度相当时，K_m 值大的酶则为限速酶。

④ 判断在细胞内酶的活性是否受底物抑制。如果测得酶的 K_m 值远低于细胞内的底物浓度，而反应速率没有明显的变化，则表明该酶在细胞内常处于被底物所饱和的状态，底物浓度的小范围提高不会引起反应速率的明显提升。反之，如果酶的 K_m 值大于底物浓度，则反应速率对底物浓度的变化就十分敏感。

⑤ 测定不同抑制剂对某一酶 K_m 及 v_{max} 的影响，可以用于判定该抑制剂是竞争性抑制剂还是非竞争性抑制剂。

⑥ 当 $v=v_{max}/2$ 时，$K_m=[S]$。因此，K_m 等于酶促反应速率达最大值一半时的底物浓度。如图 2-7 所示。

⑦ 可用来确定酶活性测定时所需的底物浓度，当 $[S]=10K_m$ 时，$v=91\% v_{max}$，此时即为最合适的测定酶活性所需的底物浓度。

⑧ v_{max} 可用于计算酶的转换数：当酶的总浓度和最大速率已知时，可计算出酶的转换数，即单位时间内每个酶分子催化底物转变为产物的分子数。

⑨ K_m 值是酶的特征值：在一定条件下，某种酶的 K_m 值是恒定的，因而可以通过测定不同酶（特别是一组同工酶）的 K_m 值，来判断是否为不同的酶。

2.3.1.3 K_m 和 v_{max} 的测定

酶促反应的底物浓度曲线呈双曲线特征，很难从米氏方程直接求出。为此常将米氏方程转变成直线作图，以求得 K_m 和 v_{max}。最常用的是双倒数作图法（double-reciprocal plot，Lineweaver-Burk plot）。将米氏方程两边取倒数，可转化为如下形式：

$$\frac{1}{v} = \frac{K_m}{[S]} \times \frac{1}{v_{max}} + \frac{1}{v_{max}} \tag{2-8}$$

从上式可得到图 2-8，从图 2-8 可知，$1/v$ 对 $1/[S]$ 作图得一直线，其斜率是 K_m/v_{max}，在纵轴上的截距为 $1/v_{max}$，横轴上的截距为 $-1/K_m$。此图除用来求 K_m 和 v_{max} 值外，在研究酶的抑制作用方面也具有重要价值。

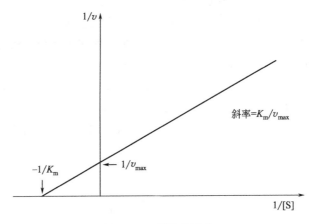

图 2-8　双倒数作图法

Lineweaver-Burk 法是最常用的数据处理方法，其优点在于变量 v 和 $[S]$ 在不同的轴上，但对数据采集中的误差进行分析后发现，Lineweaver-Burk 图上 $1/v$ 和 $1/[S]$ 取值范围内存在着不均衡的误差分布。基于此，将米氏方程进行不同程度的变形，又产生了诸如Eadie-Hofstee 方程、Hanes 方程及直接线性作图等米氏常数的求解方法。此外，目前市场上还出现了很多非线性回归电脑程序（如 Graphpad Prism 等），均可用来计算得到最优 v_{max} 和 K_m 值。

必须指出，米氏方程只适用于单底物的酶促反应过程，不适用于两个或多个底物的酶促反应。在六大类酶中，真正的单底物酶促反应只有异构酶类和裂合酶类。

2.3.2 酶促反应的影响因素

酶促反应速率受多种因素影响，除上节所述底物浓度可一定程度上影响催化反应速率外，酶浓度、温度、pH 值、激活剂浓度、抑制剂浓度等均可对反应速率产生影响。在酶的应用过程中，影响酶催化反应的因素是重要的控制参数，优化环境条件，才能发挥酶的催化效率。

2.3.2.1 pH 值对酶促反应的影响

当酶分子处于最适 pH 值反应介质中时，酶、底物、辅酶的解离情况最适宜于它们互相结合，并发生催化作用，使酶促反应速率达到最大值。当反应介质的 pH 值偏离酶的最适 pH 值时，可影响酶分子，特别是活性中心上必需基团的解离程度和催化基团中质子供体或质子受体所需的离子化状态，也可影响底物和辅酶的解离程度，从而影响酶与底物的结合。当 pH 值发生较大偏离时甚至会引起酶的变性。每一种酶都有其适宜 pH 值范围和最适 pH 值，在酶催化反应过程中，必须控制好 pH 值。如图 2-9 所示。

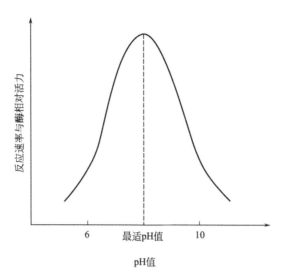

图 2-9　pH 值对酶促反应的影响

2.3.2.2　温度对酶促反应的影响

温度对酶促反应速率的影响表现在两个方面：在一定温度范围内，反应速率随温度升高而加快，一般而言，温度每升高 10℃，反应速率大约增加一倍；超过一定范围，较高的温度会引起酶三维结构的变化，甚至变性，导致催化活性下降，反应速率反而随温度上升而减缓。温度升高影响反应速率的总效应是这两个相反效应之间的平衡。因此，温度对 v 关系的图形将为一条倒 U 形曲线。

2.3.2.3　酶浓度对酶促反应的影响

在底物浓度足够高的条件下，酶催化反应速率与酶浓度成正比，它们之间的关系可用下式表示：

$$v = k[E]$$

式中　v——反应速率；

k——速率常数；

$[E]$——酶浓度。

2.3.2.4　抑制剂对酶促反应的影响

能使酶的活性下降而不引起酶蛋白变性的物质称为酶的抑制剂 (inhibitor)。抑制剂通常对酶有一定的选择性，一种抑制剂只能引起对某一类或某几类酶的抑制。抑制剂虽然可使酶失活，但它并不明显改变酶的结构，也就是说酶并未变性，去除抑制剂后，酶活性又可恢复。

抑制作用不同于失活作用。通常酶蛋白受到一些理化因素的影响，破坏了非共价键，部分或全部地改变了酶的空间结构，从而引起酶活性的降低或丧失，这是酶变性的结果。凡是使酶变性失活（称为酶的钝化）的因素（如强酸、强碱等），其作用对酶都没有选择性，不属于抑制剂。

根据抑制剂与酶分子之间作用特点的不同，通常将抑制作用分为可逆抑制作用和不可逆抑制作用两类。

（1）不可逆抑制作用

不可逆抑制作用（irreversible inhibition），是指抑制剂以共价键方式结合于酶的必需基团，一经结合就很难自发解离，不能用透析或超滤等物理方法解除的抑制作用。其实际效应是降低反应体系中的有效酶浓度。抑制强度取决于抑制剂浓度及酶与抑制剂之间的接触时间。

按其作用特点，不可逆抑制又有专一性抑制及非专一性抑制之分。

① 专一性抑制　此类抑制剂一般是一些具有特定化学结构并带有一个活泼基团的类底物，当与酶结合后，活泼基团可与酶的活性中心或其必需基团进行共价反应，从而抑制酶的活性。如有机汞专一作用于巯基，有机磷农药专一作用于丝氨酸羟基。有机磷杀虫剂能专一地作用于胆碱酯酶活性中心的 Ser，使其磷酰化而破坏酶的活性中心，导致酶的活性丧失。当胆碱酯酶被有机磷杀虫剂抑制后，胆碱能神经末梢分泌的乙酰胆碱不能及时分解，过多的乙酰胆碱会导致胆碱能神经过度兴奋，使昆虫失去知觉，也能使人和畜产生多种严重中毒症状甚至死亡。

有机磷杀虫剂虽属不可逆抑制剂，与酶结合后不易解离，但可用含有肟基（—CH=NOH）的肟化物或羟肟酸（R—CHNOH）衍生物将其从酶分子上取代下来，使酶的活性恢复。这类化合物是有机磷杀虫剂的特效解毒剂，如解磷定等药物可与有机磷杀虫剂结合，使酶与有机磷杀虫剂分离而复活。如图 2-10 所示。

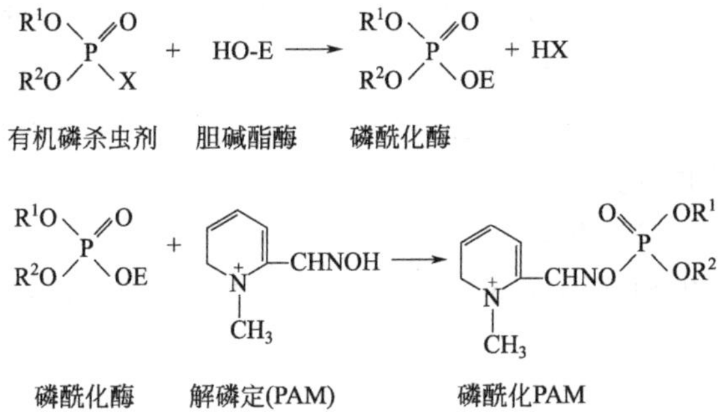

图 2-10　有机磷杀虫剂的专一性抑制

② 非专一性抑制　此类抑制剂可与酶分子结构中一类或几类基团共价结合而导致酶失活。它们主要是一些修饰氨基酸残基的化学试剂，可与氨基、羟基、胍基、巯基等反应，如烷化巯基的碘代乙酸、某些重金属（Pb^{2+}、Cu^{2+}、Hg^{2+}）等，能与酶分子的巯基进行不可逆结合。许多以巯基作为必需基团的酶（通称巯基酶），会因此而遭受抑制。用二巯基丙醇或二巯基丁二酸钠等含巯基的化合物可使酶复活。如图 2-11 所示。

（2）可逆抑制作用

可逆抑制作用（reversible inhibition）的抑制剂与酶的结合以解离平衡为基础，属非共价结合，用超滤、透析等物理方法除去抑制剂后，酶的活性能恢复，即抑制剂与酶的结合是

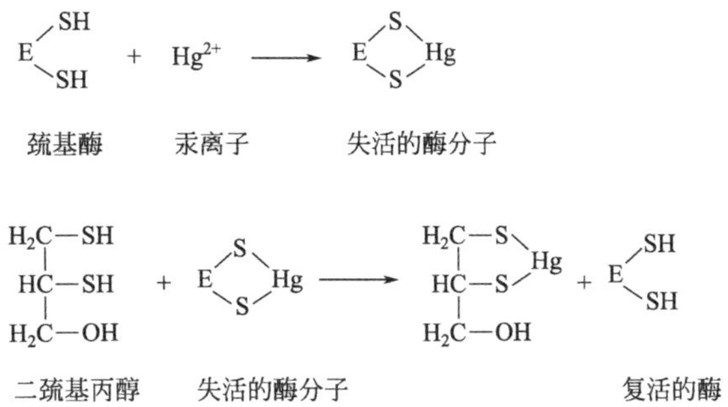

$$E \begin{array}{c} \diagup SH \\ \diagdown SH \end{array} + Hg^{2+} \longrightarrow E \begin{array}{c} \diagup S \diagdown \\ \diagdown S \diagup \end{array} Hg$$

巯基酶　　　　　汞离子　　　　　失活的酶分子

$$\begin{array}{c} H_2C-SH \\ | \\ HC-SH \\ | \\ H_2C-OH \end{array} + E \begin{array}{c} \diagup S \diagdown \\ \diagdown S \diagup \end{array} Hg \longrightarrow \begin{array}{c} H_2C-S \diagdown \\ | \quad Hg \\ HC-S \diagup \\ | \\ H_2C-OH \end{array} + E \begin{array}{c} \diagup SH \\ \diagdown SH \end{array}$$

二巯基丙醇　　　失活的酶分子　　　　　　　复活的酶

图 2-11　巯基酶的抑制与复活

可逆的。这类抑制大致可分为竞争性抑制、非竞争性抑制、反竞争性抑制、混合抑制等。这里重点讲述竞争性抑制和非竞争性抑制。

① 竞争性抑制 （competitive inhibition）

a. 酶的竞争性抑制反应模式。竞争性抑制剂 （I） 一般与酶的天然底物结构相似，与底物竞争性争夺酶的活性中心，能一定程度上降低酶与底物的结合效率，抑制酶的活性。反应模式如图 2-12 所示。

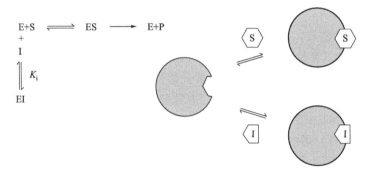

图 2-12　酶的竞争性抑制反应模式

例如，丙二酸、苹果酸及草酰乙酸有与琥珀酸相似的结构，它们是琥珀酸脱氢酶的竞争性抑制剂 （图 2-13）。

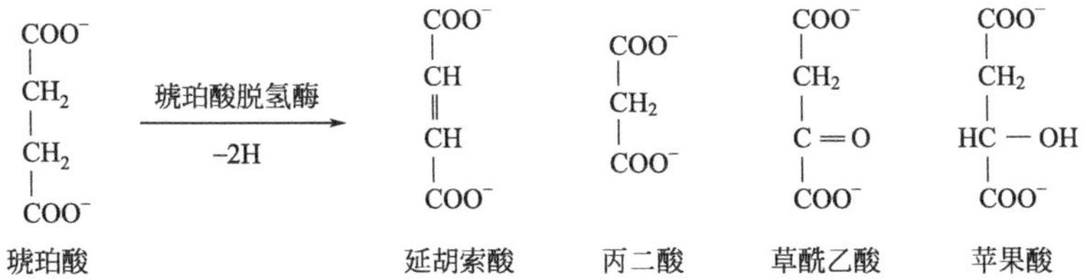

$$\begin{array}{c} COO^- \\ | \\ CH_2 \\ | \\ CH_2 \\ | \\ COO^- \end{array} \xrightarrow[-2H]{\text{琥珀酸脱氢酶}} \begin{array}{c} COO^- \\ | \\ CH \\ \| \\ CH \\ | \\ COO^- \end{array} \qquad \begin{array}{c} COO^- \\ | \\ CH_2 \\ | \\ COO^- \end{array} \qquad \begin{array}{c} COO^- \\ | \\ CH_2 \\ | \\ C=O \\ | \\ COO^- \end{array} \qquad \begin{array}{c} COO^- \\ | \\ CH_2 \\ | \\ HC-OH \\ | \\ COO^- \end{array}$$

琥珀酸　　　　　　　　　延胡索酸　　　丙二酸　　草酰乙酸　　苹果酸

图 2-13　琥珀酸脱氢酶的竞争性抑制剂

由于抑制剂与酶的结合是可逆的，抑制强度的大小取决于抑制剂与酶的相对亲和力以及抑制剂与底物浓度的相对比例。通过增加底物浓度可降低或消除抑制剂对酶的抑制作用，这是竞争性抑制的一个特征。

b. 竞争性抑制的速率方程与图形特征。按米氏方程推导方法，竞争性抑制动力学方程为：

$$v = \frac{v_{\max}[S]}{K_m\left(1 + \frac{[I]}{K_i}\right) + [S]} \tag{2-9}$$

速率方程的双倒数方程为：

$$\frac{1}{v} = \frac{K_m}{v_{\max}} \times \left(1 + \frac{[I]}{K_i}\right) \times \frac{1}{[S]} + \frac{1}{v_{\max}} \tag{2-10}$$

竞争性抑制作用的特征曲线如图 2-14 所示。

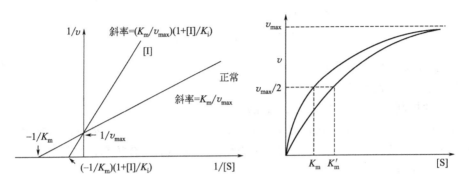

图 2-14　竞争性抑制作用动力学曲线

c. 竞争性抑制的特点。由方程 2-8 和图 2-14 可知，竞争性抑制剂并不影响酶促反应的 $v_{\max}$，只是使 K_m 值（又称表观 K_m）变大。竞争性抑制剂往往是酶的底物类似物或反应产物；抑制剂与酶的结合部位与底物与酶的结合部位相同；抑制剂浓度越大，则抑制作用越大；但增加底物浓度可使抑制程度减小；动力学参数 K_m 值增大，v_m 值不变。

竞争性抑制作用的原理可用来阐明某些药物的作用原理和指导新药合成。磺胺类药物是典型的例子（图 2-15）。某些细菌以对氨基苯甲酸、二氢蝶呤啶及谷氨酸为原料合成二氢叶酸，后者再转变为四氢叶酸，四氢叶酸是细菌合成核酸不可缺少的辅酶。由于磺胺类药物与对氨基苯甲酸具有十分类似的结构，于是成为细菌中二氢叶酸合成酶的竞争性抑制剂，它通过降低菌体内四氢叶酸的合成能力，使核酸代谢发生障碍，从而达到抑菌的作用。

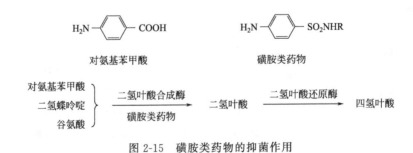

图 2-15　磺胺类药物的抑菌作用

② 非竞争性抑制（non-competitive inhibition）

a. 非竞争性抑制反应模式。有些抑制剂可与酶活性中心以外的必需基团结合，但不影响酶与底物的结合，酶与底物的结合并不影响酶与抑制剂的结合，但形成的酶-底物-抑制剂复合物（ESI）不能进一步释放出产物，致使酶活性丧失。该类抑制剂主要是影响酶分子的空间构象而降低酶的活性。非竞争性抑制作用的反应模式如图 2-16 所示。

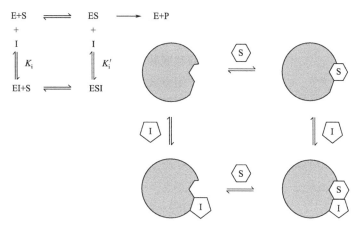

图 2-16　非竞争性抑制作用的反应模式

b. 非竞争性抑制的速率方程与图形特征。按米氏方程推导方法，非竞争性抑制作用动力学方程为：

$$v = \frac{v_{\max}[\mathrm{S}]}{\left(1+\dfrac{[\mathrm{I}]}{K_{\mathrm{i}}}\right)(K_{\mathrm{m}}+[\mathrm{S}])} \tag{2-11}$$

速率方程的双倒数方程为

$$\frac{1}{v} = \frac{K_{\mathrm{m}}}{v_{\max}} \times \left(1+\frac{[\mathrm{I}]}{K_{\mathrm{i}}}\right) \times \frac{1}{[\mathrm{S}]} + \frac{1}{v_{\max}}\left(1+\frac{[\mathrm{I}]}{K_{\mathrm{i}}}\right) \tag{2-12}$$

非竞争性抑制作用的特征曲线如图 2-17 所示。

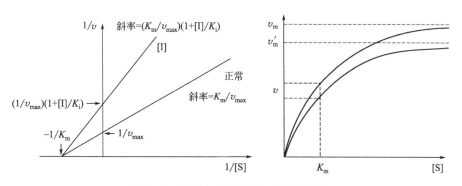

图 2-17　非竞争性抑制作用的特征曲线

c. 非竞争性抑制的特点。非竞争性抑制剂的化学结构不一定与底物的分子结构类似；底物和抑制剂分别独立地与酶的不同部位相结合；抑制剂对酶与底物的结合无影响，故底物浓度的改变对抑制程度无影响；动力学参数 K_{m} 值不变，v_{m} 值降低。有非竞争性抑制剂存在的曲线与无抑制剂存在的曲线共同相交于横坐标 $-1/K_{\mathrm{m}}$ 处，纵坐标截距因抑制剂的存在而变大，说明非竞争性抑制剂的存在并不影响底物与酶的亲和力，而使 $v_{\max}$ 变小。非竞争性抑制剂将 E 和 ES 转变为无活性的形式（分别为 EI 和 ESI），但并不影响它们之间的分配。因此，增加底物浓度并不能消除抑制剂对速率的影响。在单底物反应中，非竞争性抑制作用的例子不如竞争性抑制作用例子常见。在二磷酸果糖激酶的例子中，一磷酸腺苷（AMP）

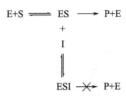

图 2-18　反竞争性抑制
反应模式

是底物 1,6-二磷酸果糖的非竞争性抑制剂；而在多底物反应体系中，有很多非竞争性抑制作用的例子。

③ 反竞争性抑制　反竞争性抑制是指抑制剂不能与酶（E）结合，只能与酶和底物的复合物（ES）结合，进而降低形成产物的数量。其作用方式如图 2-18 所示。

反竞争性抑制的速率方程为：

$$\frac{1}{v} = \frac{1}{v_{\max}} \times \left(1 + \frac{[I]}{K_{ESI}}\right) + \frac{K_{ES}}{v_{\max}} \times \frac{1}{[S]} \tag{2-13}$$

反竞争性抑制作用的特征曲线如图 2-19 所示。

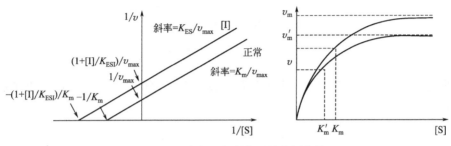

图 2-19　反竞争性抑制作用的特征曲线

可见，抑制剂的化学结构不一定与底物的分子结构类似；抑制剂与底物可同时与酶的不同部位结合；必须有底物存在，抑制剂才能对酶产生抑制作用；抑制程度随底物浓度的增加而增加；动力学参数 K_m 减小，v_m 降低。

在反竞争性抑制作用中，K_m 和 $v_{\max}$ 都受抑制剂的影响，产生平行的直线。反竞争性抑制作用多出现在多底物反应体系中，如从酵母中得到的甲硫氨酸腺苷转移酶催化的反应中，S-腺苷甲硫氨酸就是 ATP 的反竞争性抑制剂。

2.4　酶的生产与分离纯化

2.4.1　酶的生产

酶的生产是指通过各种生物技术的优化与组合获得所需酶的技术过程。它可以分为提取分离法、生物合成法和化学合成法 3 种。提取分离法最早采用并沿用至今，生物合成法是 20 世纪五六十年代以来酶生产的主要方法，而化学合成法至今仍停留在实验室研究阶段。

2.4.1.1　提取分离法

提取分离法是采用各种提取、分离、纯化技术，从动植物的组织、器官、细胞或微生物细胞中将酶提取出来，再进行分离纯化的技术过程。

酶的提取是指在一定条件下，用适当的溶剂处理含酶原料，使酶充分溶解到溶剂中的过程。主要的提取方法有盐溶液提取、酸溶液提取、碱溶液提取和有机溶剂提取等。

在提取酶时，首先应根据酶的结构与性质，选择适当的溶剂。一般而言，亲水性酶要采用水溶液提取，疏水性酶或被疏水物质包裹的酶要采用有机溶剂提取；等电点偏于碱性的酶要采用酸性溶液提取，等电点偏于酸性的酶要采用碱性溶液提取。在提取过程中，要控制好温度、pH 值、离子强度等各种提取条件，以提高提取率并防止酶的变性失活。

酶的分离纯化是采用各种生化分离技术（如离心分离、过滤与膜分离、萃取分离、沉淀分离、色谱分离、电泳分离及浓缩、结晶、干燥等），使酶与各种杂质分离，达到所需浓度和纯度，以满足使用需求。

在选择酶的分离纯化技术时，应重点考虑的因素有：①目标酶分子特性及其物理化学性质；②酶分子与杂质的主要性质差异；③酶的使用目的和要求；④技术实施的难易度；⑤分离成本的高低；⑥是否会引起环境污染等。

提取分离法设备较简单、操作较方便，但必须首先获得含酶的动植物组织或细胞，致使该法受到生物资源、地理环境、气候等的影响；也可先培养微生物，获得微生物细胞后，再从细胞中获得所需的酶，但工艺路线较为复杂。因此，20 世纪 50 年代，随着发酵技术的发展，许多酶都采用生物合成法进行生产。然而，在动植物资源或微生物菌体资源丰富的地区，或对于那些难以用生物合成法生产的酶，从动植物或微生物的组织、细胞中提取所需的酶，仍然有其实用价值，至今仍然使用。例如，从动物的胰脏中提取分离胰蛋白酶、胰淀粉酶、胰脂肪酶或这些酶的混合物——胰酶，从柠檬酸发酵后得到的黑曲霉菌体中提取分离果胶酶等。

酶的分离提取技术不但在酶的提取分离法生产中应用，在酶的其他生产过程中也是不可或缺的技术。此外，该技术在酶的结构与功能、酶的催化机制、酶催化动力学等研究中也具有重要地位。

2.4.1.2 生物合成法

自从 1949 年细胞 α-淀粉酶发酵成功以来，生物合成法就成为酶生产的主要方法。生物合成法，亦称生物转化法，是指利用微生物细胞、植物细胞或动物细胞的生命活动获得所需酶的技术过程。

生物合成法产酶首先要经过筛选、诱变、细胞融合、基因重组等技术获得优良的产酶细胞，然后在人工控制的反应器中进行细胞培养，通过细胞内物质的新陈代谢，生产各种代谢产物，再经过分离纯化获得人们所需要的酶。

尽管最初的商品酶制剂主要以动植物为原料提取，如从牛胃中提取凝乳酶，从胰脏中提取胰酶，从血液中提取凝血酶，从植物材料中提取淀粉酶等。然而它们的生产周期长，易受地域、气候和季节的限制，不适合作为大规模生产工业酶的原料。所以目前人们大多转向利用微生物细胞的生命活动合成所需的酶，也即利用微生物发酵生产获得所需酶制剂。

根据微生物细胞培养方式的不同，微生物发酵法可分为液体深层培养发酵、固体培养发酵、固定化细胞发酵、固定化原生质体发酵等。现在普遍使用的是液体深层发酵技术，如利用枯草芽孢杆菌生产淀粉酶、蛋白酶，利用大肠杆菌生产谷氨酸脱羧酶等。固定化细胞发酵适用于胞外酶等可以分泌到细胞外产物的生产，如固定化枯草芽孢杆菌细胞生产 α-淀粉酶，固定化黑曲霉细胞生产糖化酶、果胶酶等。而固定化原生质体发酵则适用于生产原来存在于细胞内的酶和其他胞内产物，如固定化枯草杆菌原生质体生产碱性磷酸酶等。

生物合成法具有生产周期短，酶的产率高，不受生物资源、地理环境和气候条件等影响的显著特点，但其对发酵设备和工艺条件的要求较高，在生产中必须严格控制。

2.4.1.3 化学合成法

化学合成法是 20 世纪 60 年代中期出现的新技术。1965 年，人工合成胰岛素的成功开创了蛋白质化学合成的先河。现在酶的化学合成多采用合成仪进行。然而，酶的化学合成要求单体达到很高的纯度，合成成本较高，而且只能合成那些搞清楚化学结构的酶。因此，酶的化学合成法受到限制，难以工业化生产。

虽然，利用化学法大规模生产酶制剂没有必要也难以实现，然而，利用化学合成法进行酶的人工模拟和化学修饰，对认识和阐明生物体的行为和规律具有重要的理论意义，也具有发展前景。设计和合成具有酶的催化特点又可克服酶的弱点的高效非酶催化剂等方面已成为人们关注的课题。

随着科学技术的进步，酶的生产技术将进一步发展和完善，人们将可以根据需要生产得到更多更好的酶，以满足经济发展的要求。

2.4.2　酶的分离纯化

酶的分离（separation，isolation）与纯化（purification）是指利用各种生物分离技术将酶从细胞或其他含酶的原材料中提取出来，再与杂质分开，从而获得符合使用要求、有一定浓度和纯度的酶制剂的过程。酶的分离纯化是酶的研究、生产与应用必不可少的环节，具有重要的理论和实践意义。

酶的提取和分离纯化方法多种多样。在实际应用过程中，往往是多种方法联合使用，才能获得较好的效果。本节主要介绍在酶的生产中常用的细胞破碎、提取、沉淀分离、色谱分离、电泳分离、浓缩、干燥与结晶等技术及其原理。

2.4.2.1　细胞破碎方法

酶的种类繁多。除动植物体液中的酶和微生物胞外酶之外，大多数的酶都存在于细胞内部。为获得细胞内的酶，首先要进行细胞破碎，才能进一步进行酶的提取和分离纯化。

由于不同生物体或同一生物体不同组织的细胞其结构差异可能较大，因此，所选用的细胞破碎方法和条件亦可能不同，必须根据具体情况进行适当选择，有时还必须采用2种或2种以上方法联合使用，才能达到预期效果。

常用的细胞破碎方法主要有机械破碎法、物理破碎法、化学破碎法和酶促破碎法。

（1）机械破碎法

机械破碎法是指通过机械运动所产生的剪切力的作用使细胞破碎的方法。按照所使用的破碎机械的不同，可将机械破碎法分为捣碎法、研磨法和匀浆法。

① 捣碎法，即利用捣碎机高速旋转叶片产生的剪切力将组织细胞破碎。捣碎法常用于动物肝脏、植物叶片等较脆嫩组织细胞的破碎，也可用于微生物，尤其是细菌的破碎。

② 研磨法，即利用研钵等研磨器械所产生的剪切力将组织细胞破碎，必要时还可加入精致石英砂、玻璃球、氧化铝等助磨剂。常用于微生物和植物组织细胞的破碎。

③ 匀浆法，即利用匀浆器、高压匀浆机所产生的剪切力将组织细胞破碎。匀浆器常用于破碎那些易于分散、较柔软、颗粒较小的组织细胞。此法破碎程度高，对酶的破坏较小，适用于实验室，难以在工业生产上应用。高压匀浆机适用于细菌、真菌的破碎，处理容量大，适用于工业化生产。

（2）物理破碎法

物理破碎法是指通过各种物理因素（如温度、压力、超声波等）的作用使细胞破碎的方法。该法常用于微生物细胞的破碎，如通过温度差、压力差及超声波等破碎细胞。

① 通过温度的突变，由于热胀冷缩的作用使细胞破碎的方法，称为温度差破碎法。如将冷冻的细胞突然放进较高温度的热水中，或将较高温度的热细胞突然冷冻，都可能使细胞破碎。该法适用于那些较为脆弱、易破碎的细胞，如革兰氏阴性细菌等。在提取酶时不要在过高的温度下操作，以防酶的变性失活，该法难以工业化生产。

② 通过压力的突变，使细胞破碎的方法称为压力差破碎法，常见的有高压冲击法、突然降压法和渗透压变化法等。高压冲击法，指在结实的容器中装入细胞核冰晶、石英砂等混合物，用活塞或冲击锤施以高压冲击（压力可高达 $50\sim500$MPa），从而使细胞破碎。突然降压法，是将细胞悬浮液装进高压容器，加高压后打开出口阀门，使细胞悬浮液迅速流出，出口处的压力突降至常压，细胞迅速膨胀而破碎。突然降压法的另一种形式称为爆炸式降压法，细胞悬浮液装进高压容器后，通入氮气或二氧化碳，加高压振荡，气体扩散入细胞内后，突然排出气体，压力骤降，细胞破碎。渗透压（osmotic pressure）变化法，是利用渗透压的变化使细胞破碎的。如将对数生长期的细胞首先悬浮于高渗透压溶液（20％左右的蔗糖溶液）中充分平衡后，收集菌体迅速置于低渗溶液（如 4℃的蒸馏水）中，由于细胞内外渗透压差别而使细胞破碎。

③ 超声波破碎法（ultrasonication），是指利用超声波发生器所发出的声波或超声波的作用，使细胞膜产生空穴作用（cavitation）而使细胞破碎的方法。超声波破碎的效果与频率、输出功率、破碎时间有密切关系，同时受细胞浓度、溶液黏度、pH 值、温度及离子强度等的影响，必须根据细胞种类和酶的特性加以选择和优化。该法具有简便、快捷、效果好的特点，特别适用于对数生长期微生物细胞的破碎。

（3）化学破碎法

化学破碎法是指通过各种化学试剂对细胞膜的作用而使细胞破碎的方法。常用的化学试剂有甲苯、丙酮、丁醇、氯仿等有机溶剂和特里顿（Triton）、吐温（Tween）等表面活性剂。

有机溶剂可使细胞膜的双层磷脂结构破坏，从而改变细胞膜的通透性，使胞内酶释放到胞外。表面活性剂可以和细胞膜中的磷脂及脂蛋白相互作用，使细胞膜结构破坏，从而增加细胞膜的通透性。表面活性剂有离子型和非离子型两种。离子型表面活性剂对细胞破碎的效果较好，但会破坏酶的空间结构，影响酶的催化活性，因此，在酶的提取方面一般采用非离子型表面活性剂，如吐温、特里顿等。

（4）酶促破碎法

酶促破碎法是指通过存在于细胞内部的酶系或外加酶制剂的作用，破坏细胞的外层结构并使细胞破碎的方法。

将细胞在一定的温度和 pH 值条件下保温一段时间，利用细胞本身酶系的作用，使细胞破碎、细胞内物质释出的方法，称为自溶法。根据细胞外层结构的特点，还可以外加适当的酶作用于细胞，使细胞壁破坏，并在低渗透压的溶液中，使细胞破碎。如纤维素酶、半纤维素酶和果胶酶的混合使用，可使各种植物的细胞壁受到破坏，对植物细胞具有良好的破碎效果。

需要说明的是，无论哪种细胞破碎方法，都需在一定的缓冲液中进行，有时还需加入一定的保护剂（如二甲基亚砜、甘油等），以防酶分子的降解或变性失活。细胞破碎后，纯化胞内酶的第一步是除掉细胞碎片。固液分离是酶分离的中心环节，可用离心、过滤、双水相体系萃取、超滤和沉淀法分离、浓缩目的酶。

2.4.2.2 酶的提取

酶的提取又称为酶的抽提（extraction），是指在一定条件下，用适当的溶剂（或溶液）处理含酶原料，使酶充分溶解到溶剂（或溶液）中的过程。

在酶的提取过程中，首先应根据酶的结构和溶解特性选择适当的溶剂。酶都能溶解于水，通常可用水作为溶剂或配成一定浓度的稀酸、稀碱、稀盐溶液进行提取；有些酶与脂质结合或含有较多的非极性基团，可用有机溶剂抽提。

（1）盐溶液提取

酶蛋白在低浓度盐存在的条件下，溶解度随盐浓度的升高而增加，这称为盐溶现象；而在盐浓度达到一定界限后，酶的溶解度则随盐浓度的升高而降低，这称为盐析现象。通常，酶抽提时盐浓度一般控制在 $0.02\sim0.5\,mol/L$。例如：固体发酵生产的麸曲中的淀粉酶、蛋白酶等胞外酶，用 $0.14\,mol/L$ 氯化钠溶液或 $0.02\sim0.05\,mol/L$ 磷酸缓冲溶液提取；枯草杆菌碱性磷酸酶用 $0.1\,mol/L$ 氯化镁溶液提取等。

（2）酸溶液提取

有些酶在酸性条件下溶解度较大且稳定性较好，宜用酸溶液提取。提取时要注意溶液的 pH 值不能太低，以免使酶变性失活。如胰蛋白酶可用 $0.12\,mol/L$ 硫酸溶液提取等。

（3）碱溶液提取

有些酶在碱性条件下溶解度较大且稳定性较好，宜采用碱溶液提取。如细菌 L-天冬酰胺酶可用 pH 值为 $11\sim12.5$ 的碱溶液提取。操作时要注意 pH 值不能过高，以免影响酶的活性，同时加碱液的过程要一边搅拌一边缓慢加入，以免出现局部过碱现象，引起酶的变性失活。

（4）有机溶剂提取

有些酶与脂质结合牢固或含有较多非极性基团，可以采用与水可以混溶的乙醇、丙酮、丁醇等有机溶剂提取。如琥珀酸脱氢酶、细胞色素氧化酶等采用丁醇提取都能取得良好效果。

在酶的提取过程中，主要受到抽提溶剂的性质、用量以及温度、pH 值等抽提条件的影响。

抽提溶剂的性质对酶的提取影响较大。提取时，应按照"相似相溶"原理选择合适的提取剂。同样，抽提溶剂的用量对酶的提取率和酶的浓度均有影响。增加抽提溶剂的用量，可以提高酶的提取率；但是过量的抽提溶剂，会使酶的浓度降低，对酶进一步分离纯化不利。抽提溶剂的用量一般为原料体积的 $3\sim5$ 倍为宜，最好分几次提取。

抽提时的温度对酶的提取效果有显著影响。适当提高温度，可以提高酶的溶解度；但是温度过高，则容易引起酶的变性失活。因此，提取酶时温度不宜过高。特别是采用有机溶剂抽提时，温度一般应控制在 $0\sim10\,℃$ 的低温条件下。

由于酶分子中含有各种可解离基团，在一定 pH 值条件下，有的可解离为阳离子，有的可解离为阴离子，因此溶液的 pH 值对酶的溶解度和稳定性有显著影响。当溶液的 pH 值为某一特定值时，酶分子所带的正电荷和负电荷相等，整个分子的净电荷为零，此时的 pH 值即为该酶的等电点（isoelectric point，pI），并且此时酶分子的溶解度最小。不同的酶分子有不同的等电点。为了提高酶的溶解度，提取酶溶液的 pH 值应该远离酶的等电点，但是溶液 pH 值不宜过高或过低，以免引起酶的变性失活。

此外，在酶的提取过程中，适当的搅拌有利于提高扩散速率；适当延长提取时间，可以使更多的酶溶解出来，从而提高酶的提取效果。

2.4.2.3 酶的分离

酶的常用分离方法有沉淀法、色谱法、电泳法。

（1）沉淀法

沉淀法是指通过改变某些条件或添加某种物质，降低酶的溶解度，并最终使其从溶液中析出沉淀（precipitation）而与其他溶质分离的技术。常用的方法主要有盐析沉淀法、聚乙二醇（polyethylene glycol，PEG）沉淀法、有机溶剂沉淀法、等电点沉淀法和热变性沉淀法等。

① 盐析沉淀法　盐析沉淀法（salting out precipitation）简称盐析法，是利用不同蛋白质在不同的盐浓度条件下溶解度不同的特性，通过在酶液中添加一定浓度的中性盐，使酶或杂质从溶液中析出沉淀，从而使酶与杂质分离的过程。

蛋白质表面带电氨基酸残基与溶剂分子的相互作用，使其在溶液中保持溶解状态。当加入盐离子时，蛋白质分子周围所带电荷增加，促进了其与溶剂分子的相互作用，溶解度增加，即所谓的"盐溶"。但当盐浓度继续加大时，大量盐离子使水浓度相对降低，蛋白质的水化作用减弱，相互凝聚而沉淀出来，即"盐析"。

在蛋白质的盐析中，通常采用的中性盐有钠、钾、铵的硫酸盐、磷酸盐及柠檬酸盐，其中以硫酸铵最为常用。这是由于硫酸铵在水中的溶解度大且温度系数小（25℃时，溶解度为767g/L；0℃时，溶解度为697g/L），不影响酶的活性，分离效果好且价廉易得。具体进行硫酸铵盐析操作时还应注意两点：一是溶液的 pH 值，硫酸铵略呈酸性，大量加入会改变溶液的 pH 值，一般可用稀浓度氨水进行校正；二是硫酸铵应在搅拌中缓慢加入，避免溶液中硫酸铵局部浓度过高，当然搅拌也需温和，避免产生大量气泡。

由于酶的结构各不相同，盐析时所需的盐浓度就不尽相同。酶的来源、浓度、杂质的成分等均影响盐析时所需的盐浓度。在实际应用中，可根据具体情况通过试验确定。

盐析一般在室温条件下进行，对于温度敏感的酶，则应在低温条件下进行。溶液的 pH 值应调节到欲分离的酶的等电点附近。

通过盐析得到的酶沉淀，含有大量盐分，一般可采用透析、超滤或色谱分离等方法进行脱盐处理，使酶进一步纯化。

② PEG 沉淀法　聚乙二醇（PEG）是一种无电荷的线性分子结构的多糖，为乙二醇的聚合物，有较强的脱水作用。PEG 沉淀剂是常用的复合沉淀剂之一。所谓复合沉淀，是指在酶液中加入某种物质，使其与酶形成复合物沉淀出来而与杂质分离的方法。由于 PEG 等非离子型聚合物无毒、不易燃，而且对大多数蛋白质有保护作用，故复合沉淀法适用于规模化的酶的提纯。

③ 有机溶剂沉淀法　利用酶与其他杂质在有机溶剂中的溶解度不同，通过添加一定量的某种有机溶剂，使酶沉淀析出而与杂质分离的方法称为有机溶剂沉淀法（organic solvent precipitation）。

有机溶剂使酶沉淀析出的原理在于，有机溶剂的存在会使溶液的介电常数降低。如20℃时水的介电常数为80，而82%乙醇水溶液的介电常数为40。溶液的介电常数降低，就使溶质分子间的静电引力增大，互相吸引而易于凝集。同时，对于具有水膜的分子来说，有机溶剂与水互相作用，破坏了溶质分子表面的水膜，也使其溶解度降低而沉淀析出。

乙醇、丙酮、异丙醇和甲醇等是常用的有机溶剂。在利用有机溶剂沉淀酶蛋白时，酶液的 pH 值会对分离效果产生较大影响，一般应将酶液 pH 值调节到欲分离酶的等电点附近。

有机溶剂沉淀法析出的酶沉淀，一般比盐析法析出的酶沉淀易于离心或过滤分离，而且不含无机盐，分辨率也较高；但是有机溶剂沉淀法容易引起酶的变性失活，所以必须在低温条件下操作，而且沉淀析出后要尽快分离，尽量减少有机溶剂对酶活力的影响。

④ 等电点沉淀法　蛋白质、氨基酸等两性电解质都有其特定的等电点（pI）。利用两性电解质在等电点时溶解度最低，以及不同的两性电解质有不同的等电点这一特性，通过调节溶液的 pH 值，使酶或杂质沉淀析出，从而使酶与杂质分离的方法称为等电点沉淀法（isoelectric precipitation）。

在溶液的 pH 值等于溶液中某两性电解质的等电点时，该两性电解质分子的净电荷为零，分子间的静电斥力消除，使分子能聚集在一起而沉淀下来。由于在等电点时，两性电解质分子表面的水化膜仍然存在，使酶等大分子物质仍有一定的溶解性，而沉淀不完全。所以在实际使用中，等电点沉淀法往往与其他方法（如盐析沉淀、有机溶剂沉淀等）一起使用。

需要特别提醒的是，在加酸或加碱调节 pH 值的过程中，要一边搅拌一边慢慢加入，以防止局部过酸或过碱而引起酶的变性失活。

⑤ 热变性沉淀法　如果某些酶相当耐热，则可在严格控制条件下，将酶溶液迅速升温到一定温度（如 50～70℃），并保温一定时间（5～15min），而后迅速冷却，这样常能去除杂蛋白，使酶的比活力显著提高而总活力损失少或不损失。

热变性沉淀法是一种条件剧烈的方法。如果目的酶对热敏感，则不可采用该方法（多数蛋白质都易热变性）；而热稳定酶（如铜锌超氧化物歧化酶、酵母醇脱氢酶等），则可利用这一特性，通过控制一定温度的处理，使大量的杂蛋白变性沉淀而被去除，提纯效果较好。还可以采用添加酶的辅助因子、底物等，使目的酶的热变性温度提高，既可保护目的酶，又可去除更多的杂蛋白。如从动植物材料制备铜锌超氧化物歧化酶，在粗酶液中加铜盐（使 Cu^{2+} 的终浓度为 0.03%），65℃下保温 15min，可去除大部分杂蛋白，使后续的纯化工作更方便。

热处理操作应十分小心，要搅拌均匀，防止局部过热；一般用比变性温度高 10℃的水浴迅速升温；在变性温度下保持一定时间后，用冰迅速冷却。

（2）色谱法

色谱（chromatography）分离利用混合液中各组分的物理、化学性质及生物学特性（主要指吸附能力、溶解度、分子大小、分子带电性质、分子亲和力等）的不同，使各组分以不同比例分布在两相中。其中一个相是固定的，称为固定相；另一个相是流动的，称为流动相。当流动相流经固定相时，各组分以不同的速度移动，从而使不同的组分得以分离。

在酶的实验室研究和规模化提纯中最常用的色谱分离形式是柱色谱。色谱分离可以依据分离的原理不同，分为凝胶过滤色谱（gel filtration chromatography）、离子交换色谱（ion exchangee chromatography）、亲和色谱（affinity chromatography）和高效液相色谱（high performance liquid chromatography）等。

① 凝胶过滤色谱　凝胶过滤色谱，又称为凝胶排阻色谱（gel exclusion chromatography)、分子筛色谱（molecular sieve chromatography）等，是一种利用凝胶将混合物中不同组分按分子量大小顺序进行分离的色谱技术。

　　凝胶的种类很多，常用的有葡聚糖凝胶（如 Sephadex）、琼脂糖凝胶（如 Sepharose）、聚丙烯酰胺凝胶（如生物胶-P，biogel P）等，其共同特点是凝胶内部具有微细的多孔网状结构。

　　在色谱柱中装入具有多孔网状结构的凝胶颗粒，当含有不同组分的样品进入凝胶色谱柱后，比凝胶颗粒孔穴孔径大的分子不能扩散到凝胶颗粒内部的网状孔穴中，完全被排阻在凝胶颗粒外，即只能在凝胶颗粒间的空隙随流动相向下流动，流程短，故首先被洗脱出来；而比凝胶颗粒孔穴孔径小的分子则可以进入凝胶颗粒内部的孔穴中，被洗脱出来需要经历的流程长，故后被洗脱出来（如图 2-20 所示）。由此可见，混合样品经过凝胶色谱柱时，各组分是按照分子量由大到小的顺序依次被洗脱出来，从而达到分离目的的。

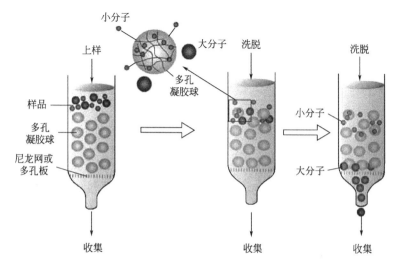

图 2-20　凝胶色谱基本原理

　　② 离子交换色谱　　离子交换色谱是一种利用离子交换剂对混合物中各种离子结合力（或称静电引力）的不同而使混合物中不同组分得以分离的色谱方法。

　　离子交换剂由不溶于水的惰性高分子聚合物基质、电荷基团和平衡离子 3 部分组成。电荷基团与高分子聚合物共价结合，形成一个带电荷的基团；平衡离子是结合于电荷基团上的相反离子，它能与溶液中离子基团发生可逆的交换反应。平衡离子为正电荷的离子交换剂能与带正电荷的离子基团发生交换作用，称为阳离子交换剂；反之，称为阴离子交换剂。离子交换反应可以表示为：

　　阳离子交换反应：$(R{-}X^-)Y^+ + A^+ \rightleftharpoons (R{-}X^-)A^+ + Y^+$

　　阴离子交换反应：$(R{-}X^+)Y^- + A^- \rightleftharpoons (R{-}X^+)A^- + Y^-$

式中　R——离子交换剂的高分子聚合物基质；

X^-，X^+——阳离子交换剂和阴离子交换剂中与高分子聚合物共价结合的电荷基团；

A^+，A^-——溶液中的正离子基团和负离子基团；

Y^+，Y^-——阳离子交换剂和阴离子交换剂上的平衡离子。

　　如果 A 离子与离子交换剂的结合力强于 Y 离子，则提高 A 离子的浓度，或者通过改变其他一些条件，可以使 A 离子将 Y 离子从离子交换剂上置换出来。也即，在一定条件下，溶液中的某种离子基团可以将平衡离子置换出来，并通过电荷基团结合到固定相上，而平衡离子则进入流动相，这就是离子交换色谱的基本置换反应。各种离子与离子交换剂上的电荷基团的结合是由静电力引起的，是一可逆过程。离子交换色谱就是利用样品中各种离子与离子交换剂结合力的差异，通过改变离子强度、pH 值等条件改变各种离子与离子交换剂的结合力，并通过在不同条件下的多次置换反应，从而实现把混合物样品中不同的离子化合物分离的目的。如图 2-21 所示。

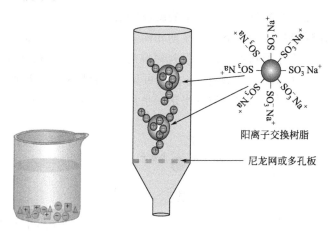

图 2-21 离子交换色谱原理

应用离子交换剂来纯化酶，既可以将目标酶交换吸附于离子交换剂上，然后再洗脱下来；也可以把杂质吸附于离子交换剂上，而使目标酶首先被洗脱出来。

③ 亲和色谱 亲和色谱是利用生物分子与配基之间所具有的可逆的亲和力分离纯化生物分子的技术。

将具有亲和力的两类分子中的一类固定在不溶性基质上，利用分子间亲和力的特异性和可逆性，对另一类分子进行分离纯化。被固定在基质上的分子称为配体，配体和基质是共价结合的，构成亲和色谱的固定相，称为亲和吸附剂。

利用亲和色谱纯化酶时，首先选择与待分离酶有亲和力的底物或可逆抑制剂作为配体，再将配体共价结合在适当的不溶性基质（如常用的 sepharose-4B 等）上，形成亲和吸附剂。然后将制备好的亲和吸附剂装柱平衡。当酶溶液通过亲和色谱柱时，待分离酶分子就与配体发生特异性的结合，从而留在固定相上，而其他杂质不能与配体结合，仍在流动相中，并随洗脱液流出。然后，再通过适当的洗脱液将待分离酶从配体上洗脱下来，这样就得到了纯化的酶。如图 2-22 所示。

亲和色谱的最大优势是分辨率高、纯化倍数大。但亲和吸附剂一般价格昂贵，处理量不大，难以用于酶的规模化提纯。在实验室纯化酶时，一般只在纯化的后期才使用。然而，用固定化染料为配体的亲和色谱已用于很多酶的大规模纯化上，这是因为染料便宜、稳定、吸附剂量高，又易于连到载体上。

④ 高效液相色谱 高效液相色谱（HPLC），又称为高压液相色谱，是在经典液相色谱法的基础上发展而成的分离分析技术，是一种更优化的液相色谱技术。该法引入气相色谱的理论和实验方法，采用了高效固定相、高压输送流动相和高灵敏度的在线检测技术，具有分辨率高、分析速率快、应用范围广和自动化等特点。高效液相色谱仪由输液系统、进样系

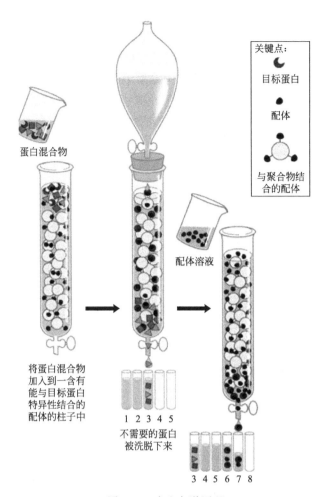

关键点：
目标蛋白
配体
与聚合物结合的配体

蛋白混合物

将蛋白混合物加入到一含有能与目标蛋白特异性结合的配体的柱子中

配体溶液

1 2 3 4 5
不需要的蛋白被洗脱下来

3 4 5 6 7 8

图 2-22　亲和色谱原理

统、分离系统、检测系统和数据处理系统组成。

蛋白质（酶）的种类繁多，理化性质各异，要从复杂的生物物质中分离出某种蛋白质（酶）面临着的问题也就不同。这就要求采用不同类型的色谱柱以满足不同的要求。如在实验室小规模分离分析时，一般使用分析型 HPLC，但分离分析规模扩大时，则必须使用制备用液相色谱仪。制备用的液相色谱仪，其共同特点是柱长和柱径都比较大。柱长和柱径的选择依制备的目的和产量而定。对于大口径柱子，泵系统的输流能力可达 100mL/min。大多数制备用色谱仪配有微电脑控制的自动收集系统，可对样品中的目的成分进行选择性收集。但对含量较大而不复杂的样品，自动收集没有手动收集方便。手动收集还可进行循环纯化操作。

（3）电泳法

带电粒子在电场中向着与其本身所带电荷相反的电极移动的过程称为电泳（electrophoresis）。利用带电粒子在电场中泳动方向和泳动速率的不同，而使组分分离的方法称为电泳法。

1973 年，纸电泳技术首次出现，之后电泳技术迅速发展，已成为分离、鉴定各种带电荷颗粒的重要手段。电泳方法有多种，按其使用的支持体的不同，可以分为纸电泳、薄层电泳、薄膜电泳、凝胶电泳、自由电泳和等电聚焦电泳等。

① 纸电泳　纸电泳（paper electrophoresis）是以滤纸为支持体的电泳技术。

在纸电泳的过程中，首先要选择纸质均匀、吸附力小的滤纸作为支持体，一般采用色谱用滤纸，并根据需要裁剪成一定的形状和长度。再根据欲分离物质的物理化学性质，从提高泳动速率和分辨率出发，选择一定 pH 值和一定离子强度的缓冲液，常用的有 Tris-盐酸缓冲液、巴比妥缓冲液等。然后，在滤纸的适当位置点好样品，点样量随滤纸厚度、原点宽度、样品溶解度、显色方法的灵敏度以及各组分泳动速率的差别而有所不同。点样量要适当，过多易引起拖尾和扩散，过少则难以检测。

点好样的滤纸平置于电泳槽的适当位置，接通电源，在一定的电压条件下进行电泳。电泳过程中，电泳槽要放平，阴极槽和阳极槽的液面应当保持在同一水平，以免虹吸现象发生。经过适宜的时间后，取出滤纸，烘干或吹干后，进行显色或采用其他方法进行分析鉴定。

② 薄层电泳　薄层电泳（thin-layer electrophoresis）是将支持体与缓冲液调制成适当厚度的薄层而进行电泳的技术。常用的支持体有淀粉、纤维素、硅胶、琼脂等，其中以淀粉最常用。

用作薄层电泳的淀粉等支持物，在使用前必须经过精制。淀粉的精制是采用 0.4％～0.5％的酸性酒精（1L 酒精加入 4～5mL 浓盐酸）反复洗涤至酒精洗液不带颜色。

淀粉板薄层电泳所使用的缓冲液可以与纸电泳的缓冲液相同，但是由于淀粉颗粒对离子有一定的吸附作用，所以必须采用离子强度较高的缓冲液，然后洗涤至不含氯离子，60℃烘干备用。

将精制淀粉与所选用的缓冲液混合均匀后，在玻璃板上制成尺寸适宜的淀粉板薄层。加样品时，在淀粉板薄层的适当位置用小刀挖出适量淀粉，与样品液混合均匀后重新填回到原处压平。用纱布条与两电极槽的缓冲液相连，接通电源进行电泳。

电泳完成后，可以用一张与薄层板大小相同的滤纸，用缓冲液浸湿后，平铺在薄层板上，轻轻压平，放置 2～3min 后，取出滤纸，吹干显色。

③ 薄膜电泳　薄膜电泳（film electrophoresis）是以乙酸纤维等高分子物质制成的薄膜为支持体的电泳技术。薄膜电泳的分辨率虽然比不上凝胶电泳和薄层电泳，但是由于薄膜电泳具有简单、快速、区带清晰、灵敏度高、易于定量和便于保存的特点，广泛应用于各种酶的分离。

用于薄膜电泳的薄膜在使用前要经过一定的处理。如乙酸纤维薄膜，需要剪成适当的尺寸，用镊子夹住慢慢放进电泳缓冲液中浸泡 30min 左右，充分浸透至薄膜条上无白点。取出后用滤纸吸去多余的缓冲液，然后将薄膜的两端置于电泳槽的支架上，薄膜的两端可以直接伸进缓冲液中，也可以通过滤纸条与缓冲液相连。

用毛细管或微量注射器将一定量的样品点在薄膜中央，然后接通电源进行电泳。电泳0.5～2h，取出薄膜在染液（氨基黑 10B 或偶氮胭脂红 B 染色液等）中染色 5～10min，再用漂洗液（含 10％乙酸的甲醇溶液）漂洗几次，直至区带清晰。

④ 凝胶电泳　凝胶电泳是以各种具有网状结构的多孔凝胶作为支持体的电泳技术。由于凝胶电泳同时具有电泳和分子筛的双重作用，故具有很高的分辨率。一般用聚丙烯酰胺凝胶作为凝胶电泳时的支持体。聚丙烯酰胺凝胶由单体丙烯酰胺和亚甲基双丙烯酰胺通过自由基催化反应聚合而成。常用的催化聚合方法有化学聚合法和光聚合法。化学聚合时，过硫酸铵（ammonium persulfate，AP）和四甲基乙二胺（TEMED）分别作为催化剂和加速剂。

在加速过程中，TEMED 催化过硫酸铵产生自由基，后者引发丙烯酰胺聚合，同时亚甲基双丙烯酰胺与丙烯酰胺链间产生亚甲基键交联，从而形成三维网状结构，具有分子筛效应。聚丙烯酰胺凝胶电泳（polyacrylamide gel electrophoresis，PAGE）按其凝胶的组成系统可以分成连续凝胶电泳、不连续凝胶电泳、浓度梯度凝胶电泳和 SDS-凝胶电泳 4 种。

a. 连续凝胶电泳。连续凝胶电泳所采用的凝胶是相同的，即采用相同浓度的单体和交联剂，用相同 pH 值和相同浓度的缓冲液制备成连续均匀的凝胶，然后在同一条件下进行电泳。此法配制凝胶时较为简单，但是分离效果较差，适用于组分较少样品的分离。

b. 不连续凝胶电泳。不连续凝胶体系由电泳缓冲液、浓缩胶和分离胶所组成。这种电泳的主要特点是：使用两种不同浓度的凝胶系统；配制两种凝胶的缓冲溶液成分，其 pH 值不同，并且在电泳槽中电极缓冲液的成分、pH 值也不同。上层为浓缩胶，丙烯酰胺浓度较低、孔径较大，凝胶缓冲液为 pH 值为 6.7 的 Tris-HCl；下层分离胶浓度较高、孔径较小，缓冲体系为 pH 值为 8.9 的 Tris-HCl；电极缓冲液是 pH 值为 8.3 的 Tris-甘氨酸。可见，凝胶浓度、成胶成分、pH 值与电泳缓冲系统各不相同，形成了一个不连续系统。不连续凝胶电泳最主要的优点就是能使蛋白质样品经浓缩胶后，形成紧密的压缩层进入分离胶。蛋白质各成分预先分开且压缩成层，可以减少在电泳时成分间由于自由扩散造成的区带重叠所带来的干扰，这样就提高了电泳的分辨能力。由于这个优点，少量的蛋白质样品（1～100μg）也能分离得很好。

c. 浓度梯度凝胶电泳。这种电泳使用的凝胶，其丙烯酰胺浓度由上至下形成由低到高的连续梯度。梯度凝胶内部孔径从上而下逐渐减小。电泳后不同分子量的颗粒停留在与其大小相对应的位置上，故此，浓度梯度凝胶电泳适宜用于测定球蛋白等分子的分子量。

d. SDS-聚丙烯酰胺凝胶电泳。SDS 是十二烷基硫酸钠（sodium dodecyl sulfate）的简称，是一种阴离子表面活性剂。电泳时，SDS 的加入能使蛋白质的氢键和疏水键打开，并结合到蛋白质分子上（在一定条件下，大多数蛋白质与 SDS 的结合比为 1.4g SDS：1g 蛋白质），使各种蛋白质-SDS 复合物都带上相同密度的负电荷，其数量远远超过了蛋白质分子原有的电荷量，从而掩盖了不同种类蛋白质间原有的电荷差别。这样就使电泳迁移率只取决于分子大小这一因素，于是根据标准蛋白质分子量的对数和迁移率所做的标准曲线，可求得未知物的分子量。SDS-聚丙烯酰胺凝胶电泳测蛋白质分子量已经比较成功，此法测定时间短、分辨率高、所需样品量较少（1～100μg），但只适用于球形或基本上呈球形的蛋白质。

需要说明的是，上述 4 种凝胶电泳系统有各自不同的应用目的，在使用时应根据需要加以选择，然后按各自的方法制备好凝胶。

⑤ 自由电泳　自由电泳，又称为自由流电泳（free flow electrophoresis，FFE），由 Barrolier 和 Hannig 于 20 世纪五六十年代相继提出，曾是电泳技术发展早期的主要电泳方法。自由电泳是一种半制备型分离技术，具有可连续分离、分离模式种类多、无固体支持介质和分离条件温和等优势，特别适用于生物材料的分离纯化和制备。

自由电泳的分离原理为：在两块平行板构成的分离室中，电场与溶液流垂直，电泳迁移率不同的组分在电场作用下与液流方向形成不同的偏转角，在分离室末端不同出口位置流出。

自由流电泳有以下四种模式。

a. 自由流区带电泳（ZE-FFE）。使用组成相同的溶液使分离室内保持恒定的 pH 值和电导值。依据分析物的质荷比，增加电压可增大组分的电泳迁移率，减小缓冲液流速可增加组分的偏转角，从而增加分离度并提高分辨率，但可能减小分析通量。

b. 自由流等电聚焦电泳（IEF-FFE）。利用连续流动的两性电解质溶液，在分离室内的电场方向形成线性 pH 值梯度。样品随溶液纵向流动，并在电场作用下发生横向偏转，达到其等电点处不再横向移动，被强制聚焦在某位置，不受扩散和对流的影响，仅在溶液流动方向移动。具有不同等电点的蛋白质或肽等两性物质可通过 IEF-FFE 达到分离。

c. 自由流等速电泳（ITP-FFE）。选用电泳迁移率最高的前导电解液和迁移率最低的尾随电解液在不同的进样口同时进样，因样品中各组分的电泳迁移率均在前导电解质和尾随电解质之间，故不同迁移率的样品组分夹在前导电解质和尾随电解质间并按迁移率大小排列得到分离。

d. 免疫自由流电泳（IMM-FFE）。组分通过特异性免疫反应形成复合体后具有更大的分子量（M_r），且电荷性质发生改变。因此，发生免疫反应的组分具有与未发生免疫反应组分不同的质荷比，二者在分离室内的迁移速率和偏转角度形成差异而得到分离。

自由流电泳是一个复杂的动态分离过程，热效应、流体力学、电动力学、电动流体力学等因素都可能影响其分离。然而，自由流电泳条件温和，同时具有不需基质、连续进样等特性，在生物大分子的分离制备过程中可最大限度地保持生物分子原有活性，缩短分析制备时间，降低生产成本等，目前已在离子、小分子、手性物质、生物大分子等的分离、纯化、检测和鉴定等方面显示了独特的优势。同时，自由流电泳技术用于复杂的蛋白质分离分析具有一定的优势，其作为前处理和预分离技术可与多种色谱和双向电泳等高分辨率分析技术联用，必将在生物物质分离分析方面发挥重要作用。

⑥ 等电聚焦电泳　等电聚焦电泳又称为等电聚焦或电聚焦，是 20 世纪 60 年代后期发展起来的电泳技术。在酶的等电点测定及酶与其他蛋白质的分离中广泛应用。

在电泳系统中，加进两性电解质载体，当接通直流电时，两性电解质载体即形成一个由阳极到阴极连续增高的 pH 值梯度。当酶或其他两性电解质进入这个体系时，不同的两性电解质即移动到（聚焦于）与其等电点相当的 pH 值位置上，从而使不同等电点的物质得以分离。这种电泳技术称为等电聚焦电泳。

等电聚焦电泳的显著特点有：a. 分辨率高，可将等电点仅相差 $0.01 \sim 0.02$ 个 pH 值单位的蛋白质分开；b. 随着电泳时间的延长，区带越来越窄，而其他电泳随着电泳时间的延长和移动距离的增加，由于扩散作用而使区带越来越宽；c. 样品混合液可以加在电泳系统的任何部位，经过电泳，由于电聚焦作用，各组分都可以聚焦到各自等电点 pH 值的位置；d. 浓度很低的样品都可以分离，且重现性好；e. 可以准确地测定酶或其他蛋白质、多肽等两性电解质的等电点。

等电聚焦电泳的缺点主要是：a. 电泳过程要求使用无盐溶液，而有些酶和蛋白质在无盐溶液中溶解度较低，可能会产生沉淀；b. 电泳后样品中各组分都聚焦到各自的等电点，对某些在等电点时溶解度低或可能变性的组分不适用。

2.4.2.4　酶的浓缩、干燥与结晶

（1）酶的浓缩

浓缩是从低浓度酶液中除去部分水或其他溶剂而成为高浓度酶液的过程。

浓缩的方法很多，前面各节所述的沉淀法、离子交换吸附法、凝胶吸附法等都能起到酶

液浓缩的作用。除此之外，用各种吸水剂（如硅胶、聚乙二醇）吸去水分，或通过透析法、超滤法、离心法等也可以达到对酶液浓缩的效果。在此不再赘述，这里主要介绍常用的蒸发浓缩。

蒸发浓缩是通过加热或者减压方法使溶液中的部分溶剂汽化蒸发，使溶液得以浓缩的过程。由于酶在高温条件下不稳定，易变性失活，故酶液的浓缩通常采用真空浓缩。

影响蒸发速率的因素很多，除了溶剂和溶液的特性之外，还有温度、压力、蒸发面积等。蒸发装置多种多样，在酶液浓缩中主要采用各种真空蒸发器和薄膜蒸发器。可以根据实际情况选择使用。

（2）酶的干燥

干燥是将固体、半固体、浓缩液中的水分或其他溶剂除去一部分，以获得含水分较少的固体物质的过程。

在固体酶制剂的生产过程中，为了提高酶的稳定性，便于保存、运输和使用，一般都必须进行干燥。常用的干燥方法有真空干燥、冷冻干燥、喷雾干燥、气流干燥、吸附干燥等。

① 真空干燥　真空干燥是在与真空系统相连接的密闭干燥器中，一边抽真空一边加热，使酶液在较低的温度条件下蒸发干燥的过程。在真空泵之前需要设置水蒸气凝结收集器，以免汽化产生的水蒸气进入真空泵。酶液真空干燥的温度一般控制在 60℃ 以下。

② 冷冻干燥　冷冻干燥是先将酶液降温到冰点以下，使之冻结成固态，然后在低温下抽真空，使冰直接升华为气体，从而得到干燥的酶制剂。

冷冻干燥得到的酶质量较高，结构保持完整，活力损失少，但成本较高，特别适用于对热非常敏感而价值较高的酶类的干燥。

③ 喷雾干燥　喷雾干燥通过喷雾装置将酶液喷成直径仅为几十微米的雾滴，使其分散于热气流中，水分迅速蒸发而得到粉末状的干燥酶制剂。

喷雾干燥由于酶液分散成为雾滴，直径小，表面积大，水分迅速蒸发，只需几秒钟就可以达到干燥。在干燥过程中，由于水分迅速蒸发，吸收大量热量，使雾滴及其周围的空气温度比气流进口处的温度低，只要控制好气流进口温度，就可以减少酶在干燥过程中的变性失活。

④ 气流干燥　气流干燥是在常压条件下，利用热气流直接与固体或半固体的物料接触，使物料的水分蒸发而得到干燥制品的过程。

气流干燥设备简单，操作方便，但是干燥时间较长，酶活力损失较大，需要控制好气流的温度、流速和流向，同时要经常翻动物料，使之干燥均匀。

⑤ 吸附干燥　吸附干燥是在密闭的容器中用各种干燥剂吸收物料中的水分，达到干燥目的的。常用的吸附剂有硅胶、无水氯化钙、氧化钙、无水硫酸钙、五氧化二磷、各种铝硅酸盐的结晶等，可根据需要选择使用。

（3）酶的结晶

结晶是指分子通过氢键、离子键或分子间力形成规则并且周期性排列的一种固体形式。由于各种分子间形成结晶的条件不同，变性蛋白质和酶不能形成结晶，因此，结晶既是一种酶是否纯净的标志，又是一种酶和杂蛋白分离的方法。

① 基本原理　结晶形成的过程是自由能降至最小的过程。当自由能降至最小并逐渐达到平衡状态时，溶质分子开始结晶，平衡状态的热力学和动力学参数取决于溶剂和溶质的理化特性。当溶液处于过饱和状态时，分子间的分散或排斥作用小于分子间的吸引作用，便开始形成沉淀或结晶，由于溶液的过饱和，维持水合物的水分子相对减少而且不足，溶质分子

因相互接触机会增加而聚集。但是，当溶液过饱和的速率过快时，溶质分子聚集太快，便会产生无定形的沉淀。如果控制溶液缓慢地达到过饱和点，溶质分子就能排列到晶格中，形成结晶。所以，在操作上必须注意：要调整溶液，使之缓慢地趋向于过饱和点；调整溶液的性质和环境条件，使尽可能多的溶质分子相互接触，形成结晶。

② 影响因素

a. 酶的纯度。一般来说，酶越纯，越容易获得结晶，一般酶纯度应达到 50% 以上。

b. 酶蛋白的浓度。对大多数酶来说，蛋白质浓度在 3～50mg/mL 较好。一般来说，酶蛋白浓度越高，越有利于分子间相互碰撞而聚合，但是酶蛋白浓度过高，往往形成沉淀；酶蛋白浓度过低，不易形成晶核。

c. 晶种。有些不易结晶的酶，需加入微量的晶种才能形成结晶。

d. 温度。结晶温度一般控制在 0～4℃范围内，低温条件不仅使酶溶解度降低，有利于酶结晶的生成，而且酶不易变性。

e. pH 值。pH 值是酶结晶的一个重要条件，选择 pH 值应在酶的稳定范围内，一般选择在被结晶酶的 pI 附近。

f. 金属离子。许多金属能引起或有助于酶的结晶，不同酶宜选用不同金属离子。

不同酶蛋白的结晶条件往往不同，为了获得某种酶蛋白的结晶，往往需要进行一些适当的预备实验探索。

③ 结晶的主要方法

a. 盐析法。在适当条件下，保持酶的稳定性，慢慢改变盐浓度进行结晶。其中最常用的盐是硫酸铵和硫酸钠。一般是将盐加入到比较浓的酶溶液中至溶液浑浊，然后放置，并缓慢增加盐浓度。

b. 有机溶剂法。有机溶剂结晶是在接近饱和的酶液中慢慢加入某种有机溶剂，使酶的溶解度降低而析出酶晶体的过程。在有机溶剂结晶的过程中，首先要将经过纯化的酶液浓缩至接近饱和状态，将酶液的 pH 值调节到酶稳定性较好的范围，用冰浴降温至 0℃左右，然后缓慢滴入有机溶剂，并不断搅拌，当酶溶液微微浑浊时，在冰箱中放置几小时后，便有可能获得结晶。

c. 透析平衡法。透析平衡法是将酶溶液装入透析袋中，对一定的盐溶液或有机溶剂进行透析平衡，酶溶液可缓慢达到饱和而析出结晶。

d. 等电点法。酶蛋白在其等电点时溶解度最小，通过改变 pH 值可以使酶溶液缓慢地达到过饱和而析出酶蛋白结晶。

除了上述结晶方法以外，还可以采用温度差结晶法、金属离子复合结晶法等进行酶的结晶。温度差结晶法是利用酶在不同的温度下溶解度不同的特性，通过改变温度使酶的浓度达到过饱和状态而析出结晶的方法。金属离子复合结晶法是在酶液中加进某些金属离子，使之与酶结合生成复合物而析出结晶的方法。

2.5 酶分子修饰

酶作为生物催化剂，它具有底物专一性强、催化效率高和反应条件温和等显著特点，是其他催化剂所无法比拟的。但是酶作为蛋白质，其异源蛋白的抗原性、易受蛋白水解酶水解、半衰期短、热稳定性差、不能在靶部位有效聚集及对酸碱敏感等缺点严重影响酶的应用范围和效果，有时甚至无法正常使用。越来越多的研究者开始关注如何提高酶的稳定性、如何解除酶的抗原性、如何根据需要对酶的催化性质做相应改变以扩大其应用范围等。酶的分子修饰就是要使酶发挥更大的催化效能，以适应各种不同需求。

2.5.1 酶分子修饰的基础知识

通过各种方法使酶分子的结构发生某些改变，从而改变酶的某些特性和功能的技术过程，称为酶分子修饰。由于酶是由氨基酸聚合而成的蛋白质，具有完整的化学结构和复杂的空间构象，酶的结构决定了它的功能和性质。如果使酶的结构发生某些改变，就有可能使酶的某些特性和功能发生相应的改变，如提高酶的活力，增强酶的稳定性，降低或消除酶的抗原性等。因此，酶分子修饰可以有效改善酶的催化性质、扩大其使用范围并提高其应用价值。

酶的分子修饰可以简单地理解为在分子水平上通过主链的"切割""剪接"和侧链基团的"化学修饰"对酶蛋白进行分子改造，以改变其理化性质及生物活性，这种应用化学方法对酶分子施行种种"手术"的技术，称为酶分子的化学修饰。酶分子的化学修饰是化学酶工程的重要内容。一般地，把改变酶蛋白一级结构的过程称为改造，而把侧链基团的共价变化称为化学修饰。自然界本身就存在着酶分子改造修饰过程，如酶原激活、可逆共价调节等，这是自然界赋予酶分子的特异功能和提高酶活力的措施。从广义上说，凡涉及共价键的形成或破坏的转变都可看作是酶的化学修饰；从狭义上说，酶的化学修饰则是指在较温和的条件下，以可控制的方式使酶同某些化学试剂发生特异反应，从而引起单个氨基酸残基或其功能基团发生共价的化学改变。

通过酶分子修饰，可以研究和了解酶分子中主链、侧链、组成单位、金属离子和各种物理因素对酶分子空间构象的影响，还可进一步探讨其结构与功能间的关系，所以酶分子修饰在酶学和酶工程研究方面具有重要意义。

酶分子修饰技术不断发展，修饰方法多种多样。然而，归纳起来，酶分子改造有以下几种措施：

① 酶蛋白主链经水解酶限制性（部分）水解去掉部分非活性部位主链，有时酶活性会上升，酶稳定性提高；或置换掉一级结构上某些氨基酸残基，使活性部位构象发生一些变化，从而达到改性目的。

② 用双功能基团试剂戊二醛、聚乙二醇（PEG）等将酶蛋白分子之间、亚基之间或分子内不同肽链部分之间进行共价交联，可使分子活性结构加固，并可提高其稳定性。

③ 利用小分子或大分子物质对活性部位或活性部位之外的侧链基团进行共价化学修饰，可以改变酶学性质。

④ 辅因子置换有时可增强酶活力。例如，添加，Ca^{2+}取代淀粉酶分子中其他金属离子可使酶稳定性上升。

20 世纪 80 年代以来，已将酶分子修饰与基因工程技术结合在一起，通过改变 DNA 中的碱基序列，使酶分子的组成和结构发生改变，从而获得具有新的特性和功能的酶分子。由于酶分子被修饰的信息储存在 DNA 分子中，通过基因克隆和表达，就可通过生物合成不断获得具有新的特性和功能的酶，使酶分子修饰展现出更加广阔的前景。

2.5.2 酶分子修饰的基本要求和原则

酶分子修饰的基本原则是充分利用修饰剂所具有的各类化学基团的特性，或直接或经过一定的活化过程与酶分子上某种氨基酸残基（一般尽量选择非酶活必需基团）产生化学反应，对酶分子结构进行改造。在酶化学修饰过程中，需要考虑以下因素。

（1）对酶性质的了解

对被修饰的酶应有较全面的了解，其中包括：①酶活性部位情况；②酶的稳定条件，酶反应最适条件；③酶分子侧链基团的化学性质及反应活泼性等。

（2）反应条件的选择

修饰反应一般总是尽可能在酶稳定的条件下进行，尽量少破坏酶活性功能的必需基团。反应的最终结果是要得到酶和修饰剂的高结合率和高酶活回收率。因此，选择反应条件时要注意：反应体系中酶与修饰剂的分子比例；反应体系的溶剂性质、盐浓度和 pH 值条件；反应温度及时间。以上的反应条件随修饰反应的类型不同而不同，需要经过大量实验才能确定。

蛋白质修饰时，修饰剂和修饰反应条件的选择至关重要，直接影响修饰反应的专一性。因此，为获得满意的修饰结果，首先要对修饰剂和修饰条件进行选择。

① 修饰剂的选择　在选择修饰剂时要考虑：a. 修饰剂的分子量、修饰剂链的长度对蛋白质的吸附性；b. 修饰剂上反应基团的数目和位置；c. 修饰剂上反应基团的活化方法与条件。一般情况下，要求修饰剂具有较大的分子量、良好的生物相容性和水溶性、修饰剂分子表面有较多的反应活性基团及修饰后酶活的半衰期较长。

根据修饰目的和专一性的要求来选择试剂。例如，对氨基的修饰可有几种情况：修饰所有氨基，而不修饰其他基团；仅修饰 α-氨基；修饰暴露的或反应活性高的氨基以及具有催化活性的氨基等。修饰的部位和程度可通过选择适当的试剂和反应条件来控制。如果要改变蛋白质的带电状态或溶解性，则必须选择能引入最大电荷量的试剂，用顺丁烯二酸酐可将中性的巯基和酸性条件下带正电荷的氨基转变成在中性条件下带负电的衍生物；如果要修饰的蛋白质对有机溶剂不稳定，必须在水介质中进行反应，则应选择在水中有一定溶解性的试剂。在选择试剂时，还必须考虑反应生成物容易进行定量测定。如果引入的基团有特殊的光吸收光谱或者在酸水解时是稳定的，则可测定光吸收的变化或做氨基酸全分析，这是最简便的。试剂的大小也要注意。试剂体积过大，往往由于空间障碍而不能与作用的基团接近。一般来说，试剂的体积小一些为宜，这样既能保证修饰反应顺利进行，又可减少因空间障碍而破坏蛋白质分子严密结构的危险。

用于修饰酶活性部位的氨基酸残基的试剂应具备以下一些特征：选择性地与一个氨基酸残基反应；反应在酶蛋白不变性的条件下进行；标记的残基在肽中稳定，很容易通过降解分离出来，进行鉴定；反应的程度能用简单的技术测定。当然，不是单独一种试剂就能满足所有这些条件。一种试剂可能在某一方面比其他试剂优越，而在另一方面则较差。因此，必须根据实验目的和特定的样品来决定使用什么样的试剂。

② 反应条件的控制　蛋白质与修饰剂作用时，控制合理的反应条件，对于顺利进行蛋白质的修饰非常重要。反应时，首先不能造成蛋白质的不可逆变性，其次是有利于专一性修

饰蛋白质。因此，反应条件应尽可能在保证蛋白质特定空间构象不变或少变的情况下进行。反应的温度、pH 值都要小心控制。另外，反应介质和缓冲液组成对于修饰蛋白质也很重要。缓冲液可改变蛋白质的构象或封闭反应部位，而影响修饰反应。例如：磷酸盐是某些酶的竞争性抑制剂，因而该离子的结合可能封闭修饰部位；碳酸酐酶的酯酶活力能被氯离子抑制，因而修饰反应缓冲液不应含有氯离子。

在蛋白质化学修饰研究中，反应的专一性非常重要。若修饰剂专一性较差，除控制反应条件外，还可通过利用蛋白质分子中某些基团的特殊性、选择不同的反应 pH 值、利用产物的稳定性差异、利用蛋白质状态的差异及利用亲和标记和差别标记等途径来实现修饰的专一性。

2.5.3 酶分子的修饰方法

酶分子的修饰方法归纳起来主要包括金属离子置换修饰、大分子结合修饰、侧链基团修饰、肽链有限水解修饰、氨基酸置换修饰和酶分子的物理修饰等。

2.5.3.1 金属离子置换修饰

许多酶的催化作用需要辅因子的帮助，辅因子分为有机辅因子和无机辅因子两大类。无机辅因子主要是各种金属离子，这些金属离子往往是酶活性中心的组成部分，对酶催化功能的发挥有重要作用。把酶分子中的金属离子换成另一种金属离子，使酶的特性和功能发生改变的修饰方法称为金属离子置换修饰（metal ion substitute modification）。金属离子置换修饰的过程主要包括如下步骤。

① 酶的分离纯化　首先将欲进行修饰的酶经过分离纯化，除去杂质，获得具有一定纯度的酶液。

② 除去原有的金属离子　在经过纯化的酶液中加入一定量的金属螯合剂［如乙二胺四乙酸（EDTA）等］，使酶分子中的金属离子与 EDTA 等形成螯合物。通过透析、超滤、分子筛色谱等方法，将 EDTA-金属螯合物从酶液中除去。此时酶往往成为无活性状态。

③ 加入置换离子　于去离子的酶液中加入一定量的另一种金属离子，酶蛋白与新加入的金属离子结合，除去多余的置换离子，就可以得到经过金属离子置换后的酶。

金属离子置换修饰只适用于那些在分子结构中本来含有金属离子的酶。用于金属离子置换修饰的金属离子一般都是二价金属离子，如 Ca^{2+}、Mg^{2+}、Mn^{2+}、Zn^{2+}、Co^{2+}、Cu^{2+}、Fe^{2+} 等。

通过金属离子置换修饰，不仅可了解各种金属离子在酶催化过程中的作用，而且有些酶通过金属离子置换修饰后还可显著提高酶活力或稳定性。例如：α-淀粉酶分子中大多数含有 Ca^{2+}，有些则含有 Mg^{2+}、Zn^{2+} 等其他离子，所以一般的 α-淀粉酶是杂离子型的。如果将其他杂离子都换成 Ca^{2+}，则可以提高酶活力，并显著增强酶的稳定性。因此，在 α-淀粉酶的发酵生产、保存和应用过程中，添加一定量的 Ca^{2+}，有利于提高和稳定 α-淀粉酶的活力。再如，铁型超氧化物歧化酶（Fe-SOD）分子中的 Fe^{2+} 被 Mn^{2+} 置换，成为锰型超氧化物歧化酶（Mn-SOD）后，其对过氧化氢的稳定性显著增强，对叠氮钠（NaN_3）的敏感性显著降低。

此外，经金属离子置换修饰后的酶，其动力学性质也可能改变。如酰基化氨基酸水解酶的活性中心含有 Zn^{2+}，用 Co^{2+} 置换后，其催化 N-氯乙酰丙氨酸水解的最适 pH 值从 8.5 降至 7.0。同时，该酶对 N-氯乙酰蛋氨酸的米氏常数（K_m）增大，亲和力降低。

2.5.3.2 酶的大分子结合修饰

采用水溶性大分子与酶的侧链基团共价结合，使酶分子的空间构象发生改变，从而改变酶的活性与功能的方法称为大分子结合修饰。

（1）修饰剂的选择

大分子结合修饰是目前应用最广泛的酶分子修饰方法。大分子结合修饰所采用的修饰剂是水溶性大分子，如聚乙二醇（PEG）、右旋糖酐、蔗糖聚合物（ficoll）、葡聚糖、环状糊精、肝素、羧甲基纤维素、聚氨基酸等。要根据酶分子的结构和修饰剂的特性选择适宜的水溶性大分子。

在众多的大分子修饰剂中，分子量为 1000～10000 的 PEG 应用最为广泛。因为它溶解度高，既能够溶解于水，又能够溶于大多数有机溶剂，通常没有抗原性，也没有毒性，生物相容性好。其分子末端具有两个可以被活化的羟基，可以通过甲氧基化将其中一个羟基屏蔽起来，成为只有一个可被活化羟基的单甲氧基聚乙二醇（MPEG）。

（2）修饰剂的活化

作为修饰剂使用的水溶性大分子含有的基团往往不能直接与酶分子的基团进行反应而结合在一起。在使用前一般需要经过活化，才能使活化基团在一定条件下与酶分子的某侧链基团进行反应。

例如：常用的大分子修饰剂单甲氧基聚乙二醇可以用多种不同的试剂进行活化，制成可以在不同条件下对酶分子上不同基团进行修饰的聚乙二醇衍生物。用于酶分子修饰的主要聚乙二醇衍生物如下。

① 聚乙二醇均三嗪衍生物　单甲氧基聚乙二醇的羟基与均三嗪（三聚氯氰）在不同的条件下反应，制得活化的聚乙二醇均三嗪衍生物 $MPEG_1$ 和 $MPEG_2$。通过这些衍生物分子上活泼的氯原子，可以对天冬酰胺酶等酶分子上的氨基进行修饰。

② 聚乙二醇琥珀酰亚胺衍生物　单甲氧基聚乙二醇的羟基与琥珀酰亚胺类物质反应，生成 MPEG 琥珀酰亚胺琥珀酸酯（SS-MPEG）、MPEG 琥珀酰亚胺琥珀酸胺（SSA-MPEG）、MPEG 琥珀酰亚胺碳酸酯（SC-MPEG）等衍生物。这些衍生物可以在 pH 值为 7～10 的条件下对酶分子的氨基进行修饰。

③ 聚乙二醇马来酸酐衍生物　聚乙二醇与马来酸酐反应生成具有蜂巢结构的聚乙二醇马来酸酐共聚物（PM）。共聚物中的马来酸酐可以通过酰胺键对酶分子上的氨基进行修饰。

④ 聚乙二醇胺类衍生物　单甲氧基聚乙二醇上的羟基与胺类化合物反应，生成的聚乙二醇胺类衍生物，可以对酶分子上的羧基进行修饰。

右旋糖酐可以用高碘酸（HIO_4）进行活化处理等。

（3）修饰

将带有活化基团的大分子修饰剂与经过分离纯化的酶液，以一定的比例混合，在一定的温度、pH 值等条件下反应一段时间，使修饰剂的活化基团与酶分子的某侧链基团以共价键结合，对酶分子进行修饰。例如：右旋糖酐可经过高碘酸（HIO_4）活化处理，然后与酶分子的氨基共价结合（图 2-23）。

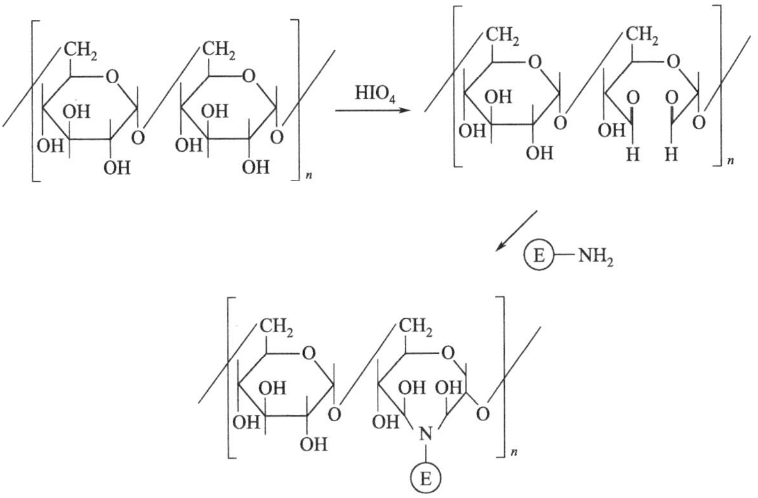

图 2-23　右旋糖酐修饰酶分子的过程

（4）分离

酶经过大分子结合修饰后，不同酶分子的修饰效果往往有差别，有的酶分子可能与一个修饰剂分子结合，有的酶分子则可能与两个或多个修饰剂分子结合，还可能有的酶分子没有与修饰剂结合。为此，需要通过凝胶色谱等方法进行分离，将具有不同修饰度的酶分子分开，从中获得具有较好修饰效果的修饰酶。

2.5.3.3　酶的侧链基团修饰

采用一定的方法（一般为化学法）使酶的侧链基团发生改变，从而改变酶的催化特性的修饰方法称为侧链基团修饰（side residues modification）。

以蛋白类酶为例，由于蛋白类酶主要由蛋白质组成，酶蛋白的侧链基团是指组成蛋白质的氨基酸残基上的功能团，主要包括氨基、羧基、巯基、胍基、酚基、咪唑基、吲哚基等。这些基团可以形成各种副键，对酶蛋白空间结构的形成和稳定有重要作用，侧链基团一旦改变，将引起酶蛋白空间构象的改变，从而改变酶的特性和功能。

通过酶分子的侧链基团修饰，可以研究各种基团在酶分子中的作用及其对酶的结构、特性和功能的影响，并可以用于研究酶的活性中心中的必需基团。如果某基团修饰后不引起酶活力的显著变化，则可以认为此基团属于非必需基团；如果某基团修饰后使酶活性显著降低或丧失，则此基团很可能是酶催化的必需基团。

酶蛋白侧链基团修饰可以采用各种小分子修饰剂，如氨基修饰剂、羧基修饰剂、巯基修饰剂、胍基修饰剂、酚基修饰剂、咪唑基修饰剂及吲哚基修饰剂等；也可以采用具有双功能团的化合物（如戊二醛、己二胺等）进行分子内交联修饰；还可以采用各种大分子与酶分子的侧链基团形成共价键而进行大分子结合修饰。

（1）羧基修饰

采用各种羧基修饰剂与酶蛋白侧链的羧基进行酯化、酰基化等反应，使蛋白质的空间构象发生改变的方法称为羧基修饰。

可与蛋白质侧链上的羧基发生反应的化合物称为羧基修饰剂，常用的有碳化二亚胺、重氮基乙酸盐、乙酸-盐酸试剂和异噁唑盐等。水溶性的碳二亚胺类可特定修饰酶的羧基，已成为应用最普遍的修饰剂，用此修饰法可以定量测定酶分子中的羧基数目。

$$E—C—OH + R—N=C=N—R' == E—C—O—C—N—R$$

$$\underset{O}{\|} \qquad \qquad \qquad \underset{O}{\|} \quad \underset{NH—R'}{|}$$

（酶） 　　　　（碳二亚胺） 　　　　（酶-碳二亚胺衍生物）

（2）氨基修饰

采用某些化合物使酶分子侧链上的氨基发生改变，从而改变酶蛋白的空间构象的方法称为氨基修饰。

可供利用的修饰剂有很多。2,4,6-三硝基苯磺酸（TNBS）即是一种常用的氨基修饰剂，它可与酶分子中的 Lys 残基上的氨基反应，生成共价键结合的酶-三硝基苯衍生物。

$$E—NH_2 + TNBS == E—NH—TNB + H_2SO_3$$

（酶） 　　（三硝基　　（酶-三硝基苯
　　　　 苯磺酸）　　衍生物）

酶-三硝基苯衍生物在 420nm 和 367nm 处能够产生特定的光吸收，据此可以快速准确地测定酶蛋白中 Lys 的数量。

在蛋白质序列分析中，氨基的化学修饰非常重要。用于多肽链 N 末端残基测定的化学修饰方法中最常用的还有 2,4-二硝基氟苯（DNFB）法（DNFB 法又称为 Sanger 反应）、丹磺酰氯（DNS）法、苯异硫氰酸酯（PITC）法等。

（3）巯基修饰

蛋白质分子中半胱氨酸残基的侧链含有巯基。巯基在许多酶中是活性中心的催化基团，巯基还可以与另一巯基形成二硫键，所以巯基对稳定酶的结构和发挥催化功能有重要作用。

采用巯基修饰剂与酶蛋白侧链上的巯基结合，使巯基发生改变，从而改变酶的空间构象、特性和功能的修饰方法称为巯基修饰。

巯基的亲核性很强，是酶分子中最容易反应的侧链基团之一。通过巯基修饰，往往可以显著提高酶的稳定性。

常用的巯基修饰剂有酰化剂、烷基化剂、马来酰亚胺、二硫苏糖醇、巯基乙醇、硫代硫酸盐、硼氢化钠。

其中烷基化试剂（如碘乙酸等）是一种重要的巯基修饰剂，经过烷基化修饰的酶分子相当稳定，且经过荧光检测技术很容易检测其修饰结果。现在已经开发出许多含有碘乙酸的荧光试剂。

$$E—SH + ICH_2COOH == E—S—CH_2COOH + HI$$

（酶）　　　（碘乙酸）　　　（酶-乙酸衍生物）

N-乙基马来酰亚胺（NEM）能与酶分子的巯基形成稳定的衍生物：

$$E—SH + NEM == E—S—NEM$$

（酶）　（*N*-乙基马来　（修饰酶）
　　　　酰亚胺）

修饰酶在 300nm 波长处有一个最大吸收峰，故可以通过光学检测技术对分子中的游离巯基进行定量分析。

（4）胍基修饰

蛋白质分子中的精氨酸残基的侧链含有胍基，采用二羰基化合物与胍基反应生成稳定的杂环，从而改变酶分子的空间构象的方法称为胍基修饰。

用作胍基修饰剂的二羰基化合物主要有丁二酮、1,2-环己二酮、丙二醛、苯乙二醛等。它们可以在中性或者弱碱性的条件下，与精氨酸残基上的胍基反应，生成稳定的杂环类化合物。

（5）酚基修饰

蛋白质分子的酪氨酸残基上含有酚基，通过修饰剂的作用使酶分子上的酚基发生改变，从而改变酶蛋白的空间构象和特性的修饰方法称为酚基修饰。

酚基修饰主要包括酚羟基的修饰和苯环上的取代修饰。除了某些专一修饰酚羟基的修饰剂以外，一般的酚羟基修饰剂对苏氨酸和丝氨酸残基上的羟基也可以进行修饰，生成的修饰产物比酚羟基修饰产物稳定性更好。

经过酚基修饰，可以改变酶的某些动力学性质，提高酶的催化活性，增强酶的稳定性等。

酚基修饰的方法主要有碘化法、硝化法、琥珀酰化法等。其中四硝基甲烷（TNM）可以高度专一性地对酚羟基进行修饰。

（6）咪唑基修饰

蛋白质分子中的组氨酸含有咪唑基，咪唑基是许多酶活性中心上的必需基团，在酶的催化过程中起重要作用。

通过修饰剂与咪唑基反应，使酶分子中的组氨酸残基发生改变，从而改变酶分子的构象和特性的修饰方法称为咪唑基修饰。

常用的咪唑基修饰剂有碘乙酸、焦碳酸二乙酯（DPC）等。其中，焦碳酸二乙酯在近中性的条件下对组氨酸残基上的咪唑基具有较好的特异修饰能力，且修饰产物在 240nm 处有最大吸收峰，可以通过修饰得知分子中咪唑基的数量。

（7）吲哚基修饰

蛋白质分子中的色氨酸含有吲哚基，通过改变酶分子上的吲哚基而使酶分子的构象和特性发生改变的修饰方法称为吲哚基修饰。

色氨酸残基由于其疏水性较强，通常位于酶分子的内部，而且比较不活泼，其反应性比较差，所以一般的试剂难以对吲哚基进行修饰。

N-溴代琥珀酰亚胺（NBS）可以对吲哚基进行修饰，但是酪氨酸也可以与它反应，产生干扰作用。

2-羟基-5-硝基苄溴（HNBB）和 4-硝基苯硫氯可以比较专一地对吲哚基进行修饰，但是它们也可以与巯基反应，所以在应用这两种修饰剂对吲哚基进行修饰时，要对巯基进行保护。

2.5.3.4　酶的肽链有限水解修饰

肽链为蛋白类酶的主链，由基本组成单位氨基酸通过肽键连接而成，再通过盘绕折叠形成完整的空间结构。肽链是酶分子结构的基础，蛋白类酶活性中心的肽段对酶的催化作用是必不可少的，而活性中心以外的肽段则起到维持酶空间构象的作用。因此，肽段一旦改变，酶的结构、特性及功能将随之发生某些改变。

在肽链的限定位点进行水解，使酶的空间结构发生某些精细的改变，从而改变酶的特性的方法，称为酶分子的主链修饰或肽链有限水解修饰（peptide chain limit hydrolysis modification）。

酶分子的肽链被水解以后，可能出现下列三种情况：若肽链的水解引起酶活性中心的破坏，酶将丧失其催化功能；若肽链的一部分被水解后，仍然可以维持酶活性中心的空间构象，则酶的催化功能可以保持不变或损失不多，但是其抗原性等特性将发生改变；若肽链的水解有利于酶活性中心的形成，则可使酶分子显示其催化功能或使酶活力提高。

　　酶蛋白的肽链有限水解修饰通常使用某些专一性较高的蛋白酶或肽酶作为修饰剂。有时也可以采用其他方法使酶的主链部分水解，达到修饰的目的。如枯草杆菌中性蛋白酶经 EDTA 处理，再经过纯水或稀盐缓冲液透析，部分水解，可得到仍然具有蛋白酶活性的小分子片段，将其用作消炎剂，不产生抗原性，表现出良好的治疗效果。由于酶蛋白的抗原性与其分子大小有关，大分子的外源蛋白往往有较强的抗原性，而小分子的蛋白质或肽段的抗原性较低或无抗原性。因此，通过肽链有限水解修饰，可以在基本保持酶活力的同时，使酶的抗原性降低或消失。

　　此外，通过肽链有限水解修饰，还可以使酶蛋白从无活性变为有活性或使原有的活性增加。例如：胰蛋白酶原经胰蛋白酶修饰，从 N 端切去一个六肽，显示出胰蛋白酶的催化功能；天冬氨酸酶通过胰蛋白酶修饰，从其羧基末端切除 10 个氨基酸残基的肽段，酶活力提高了 4～5 倍。胰蛋白酶原的激活如图 2-24 所示。

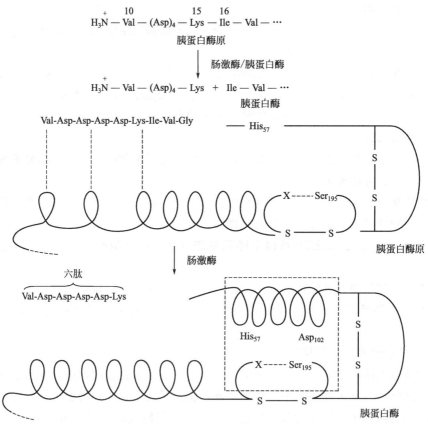

图 2-24　胰蛋白酶原的激活

2.5.3.5　酶的氨基酸置换修饰

　　酶蛋白的基本组成单位是氨基酸，将酶分子肽链上的某一个氨基酸替换成另一个氨基酸的修饰方法，称为氨基酸置换修饰（amino acid substitute modification）。

　　氨基酸的置换修饰可以采用化学修饰的方法。如 Bender 和 Kosland 成功地用化学方法将枯草杆菌蛋白酶活性中心的丝氨酸转化为半胱氨酸，经修饰后，该酶对蛋白质和肽的水解能力消失，但却出现了催化硝基苯酯等底物水解的活性。用化学方法对氨基酸进行置换，难度较大，受到诸多限制，难以工业化生产。

运用基因突变技术在基因水平上对其编码的酶蛋白分子进行改造，是有目的地对酶蛋白进行改进的强有力的方法之一。定点突变技术（site directed mutagenesis）是 20 世纪 80 年代发展起来的一种基因操作技术，是指在 DNA 序列中的某一特定位点上进行碱基的改变（添加、删除、点突变等），从而获得突变基因的操作技术，是蛋白质工程和酶分子组成单位置换修饰中的常用技术。定点突变技术为氨基酸的置换修饰提供了先进、可靠、行之有效的手段，同时也为研究特定氨基酸残基、特定结构元件在蛋白质结构形成和功能表达中的作用提供了可能。

应用基因定点突变技术修饰酶的主要步骤为：①根据已知酶的化学结构、空间结构及特性，确定欲置换的氨基酸及其位置；②根据预得到的酶的氨基酸序列，确定其所对应的突变基因上的核苷酸序列；③根据预得到的突变基因的核苷酸序列及需要置换的核苷酸位置，首先合成有一个或几个核苷酸被置换了的寡核苷酸，再用此寡核苷酸为引物，通过定点突变技术（如寡核苷酸介导的定点突变、PCR 定点突变及盒式突变等），获得所需的突变基因；④将突变基因插入到合适的基因载体中，转化或转导到宿主细胞中，在适宜条件下表达，经过筛选得到氨基酸置换后的新酶。

目前已通过定点突变技术对天然酶蛋白的催化活性、抗氧化性、底物特异性、热稳定性等进行了成功改造，拓宽了酶促反应的底物范围，改进了酶的别构效应。然而需要说明的是，定点突变只能对天然酶蛋白中的少数氨基酸残基进行替换、删除或插入，不改变酶蛋白的高级结构，因而对酶功能的改造较有限。大量定点突变实验表明，蛋白质功能和性质的改变来自于许多小的内部修饰的积累，这些小的修饰或突变分布于较大的序列空间内。定点突变的成功实施需要建立在对酶蛋白结构、功能、催化机理及活性位点充分了解的基础上，因此前期对目标酶蛋白的分析工作非常重要；而对于那些结构、功能、催化机理等还不被充分了解的酶基因，定点突变就无能为力了，这时就需要选择其他修饰策略。

2.5.3.6 酶分子的物理修饰

通过各种物理方法使酶分子的空间构象发生某些改变，从而改变酶的某些特性和功能的方法，称为酶分子的物理修饰（physical modification）。

通过酶分子的物理修饰，可以了解在不同物理条件下（特别是在高温、高压、高盐、低温、真空、失重、极端 pH 值、有毒环境等极端条件下），由于酶分子空间构象的改变而引起的酶特性和功能的变化情况。极端条件下酶催化特性的研究，对于探索太空、深海、地壳深处以及其他极端环境中，生物的生存可能性及其潜力有重要的意义。

酶分子物理修饰的特点在于不改变酶的组成单位及其基团，酶分子中的共价键不发生改变。只是在物理因素的作用下，副键发生某些变化和重排，使酶分子的空间构象发生某些改变。例如：用高压方法处理纤维素酶，该酶的最适温度有所降低，在 $30\sim40℃$ 的条件下，高压修饰的纤维素酶比天然酶的活性提高 10% 等。

酶分子空间构象的改变还可以在某些变性剂的作用下，首先使酶分子原有的空间构象破坏，然后在不同的物理条件下，使酶分子重新构建新的空间构象。例如：首先用盐酸胍使胰蛋白酶的原有空间构象破坏，通过透析除去变性剂后，再在不同的温度条件下，使酶重新构建新的空间构象。结果表明，在 20℃ 的条件下，重新构建的胰蛋白酶与天然胰蛋白酶的稳定性基本相同；而在 50℃ 的条件下，重新构建的酶的稳定性比天然酶提高 5 倍。

2.5.4　酶修饰后的性质变化

经过化学修饰的酶，在性质方面较天然酶有许多显著的变化。

2.5.4.1　修饰酶的稳定性提高

酶的稳定性的提高包括酶的热稳定性和耐蛋白水解酶稳定性的提高。许多修饰分子存在多个活性反应基团，因此，常与酶形成多点交联，在空间可固定酶的构象，增强酶的耐温、耐酶解稳定性。各种天然蛋白酶在经过修饰后的稳定性变化数据比较如表 2-2 所示。

表 2-2　天然酶和修饰酶的热稳定性比较

酶	修饰剂	天然酶		修饰酶	
		温度/时间	保持酶活/%	温度/时间	保持酶活/%
腺苷脱氢酶	右旋糖酐	37℃/100min	80	37℃/100min	100
β-淀粉酶	右旋糖酐	60℃/5min	50	60℃/175min	50
胰蛋白酶	右旋糖酐	100℃/30min	46	100℃/30min	64
过氧化氢酶	右旋糖酐	50℃/10min	40	50℃/10min	90
溶菌酶	右旋糖酐	100℃/30min	20	100℃/30min	99
α-糜蛋白酶	右旋糖酐	37℃/6h	0	37℃/6h	70
β-葡萄糖苷酶	右旋糖酐	60℃/40min	41	60℃/40min	82
尿酸酶	人血清白蛋白	37℃/48h	50	37℃/48h	95
α-葡萄糖苷酶	人血清白蛋白	55℃/3min	50	55℃/60min	50
L-天冬酰胺酶	人血清白蛋白	37℃/4h	50	37℃/40h	50
尿激酶	人血清白蛋白	65℃/5h	25	65℃/5h	85
尿激酶	聚丙烯酰胺-丙烯酸	37℃/2d	50	37℃/2d	100
糜蛋白酶	肝素	37℃/6h	0	37℃/24h	80
L-天冬酰胺酶	聚乳糖	60℃/10min	19	60℃/10min	63
葡萄糖氧化酶	聚乙烯酸	50℃/4h	52	50℃/4h	77
糜蛋白酶	聚 N-乙烯吡咯烷酮	75℃/117min	61	75℃/117min	100
L-天冬酰胺酶	聚丙氨酸	50℃/7min	50	50℃/22min	50

2.5.4.2　修饰酶的抗原性降低

许多外源蛋白酶能引起免疫抗原性反应，从而影响其正常发挥酶催化活力。当酶被修饰以后，酶分子表面上许多抗原决定簇在反应过程中被修饰剂结合，在空间结构上使这些抗原决定簇被屏蔽，从而降低了酶分子的抗原性或抗原抗体的结合能力。大量研究表明，聚乙二醇（包括其衍生物）和人血清白蛋白在消除酶的抗原性上效果明显（表 2-3）。

表 2-3　修饰酶的抗原性变化

酶	修饰剂	抗原性
胰蛋白酶	PEG	消除
过氧化氢酶	PEG	消除
精氨酸酶	PEG	消除

酶	修饰剂	抗原性
尿激酶	PEG	消除
腺苷脱氨酶	PEG	消除
超氧化物歧化酶	白蛋白	消除
α-葡萄糖苷酶	白蛋白	消除
尿激酶	白蛋白	消除
核糖核酸酶	聚 DL-丙氨酸	减弱
L-天冬酰胺酶	聚 DL-丙氨酸	消除
胰蛋白酶	聚 DL-丙氨酸	消除

2.5.4.3 修饰酶的半衰期延长

许多酶在经过化学修饰后，由于增强了抗蛋白水解酶、抗抑制剂和抗失活因子的能力以及对热稳定性的提高，所以其半衰期都比天然酶长，这对于保持药用酶的体内疗效具有很重要的意义。经过修饰，一些酶的半衰期改变的情况见表 2-4。

表 2-4　天然酶和修饰酶的体内半衰期对比

酶	修饰剂	半衰期	
		天然酶	修饰酶
精氨酸酶	PEG	1h	12h
腺苷脱氨酶	PEG	30min	28h
L-天冬酰胺酶	PEG	2h	24h
过氧化氢酶	PEG	6h	8h
尿酸酶	PEG	3h	3h
氨基己糖苷酶 A	PVP	5min	35min
尿酸酶	白蛋白	4h	20h
超氧化物歧化酶	白蛋白	6min	4h
α-葡萄糖苷酶	白蛋白	10min	3h
尿激酶	白蛋白	20min	90min
L-天冬酰胺酶	聚丙氨酸	3h	21h
羧肽酶 C	右旋糖酐	3.5h	17h
精氨酸酶	右旋糖酐	1.4h	12h
α-淀粉酶	右旋糖酐	2h	2h

2.5.4.4 修饰酶的最适 pH 值改变

有些酶经过化学修饰后，最适 pH 值发生变化。如猪肝尿激酶的最适 pH 值为 10.5，而在 pH 值为 7.4 的生理环境中仅剩 5%～10% 的酶活，用白蛋白修饰后，最适 pH 值范围扩大，当在 pH 值为 7.4 时仍保留 60% 的酶活，这有利于酶在体内发挥作用。解释这一现象的假设是修饰酶的微环境更为稳定。当酶在 pH 值为 7.4 时，酶活性部位仍能在相对偏碱的环境内行使催化功能，或者是修饰酶被"固定"于一个更活泼的状态，并且当基质 pH 值下降时，酶仍能保持这种活泼状态使催化功能不受影响。一些修饰酶的 pH 值改变情况见表 2-5。

表 2-5 天然酶和修饰酶的最适 pH 值对比

酶	修饰剂	最适 pH 值	
		天然酶	修饰酶
猪肝尿激酶	白蛋白	10.5	7.4～8.5
糜蛋白酶	肝素	8.0	9.0
吲哚-3-链烷羟化酶	聚丙烯酸	3.5	5.0～5.5
尿激酶	PEG	8.2	9.0
产朊假丝酵母尿酸酶	PEG	8.2	8.8

2.5.4.5 修饰酶的动力学性质改变

绝大多数酶经过修饰后，最大反应速率（v_{max}）并没有变化。但有些酶在修饰后，米氏常数（K_m）会增大。这主要是交联于酶上的大分子修饰剂造成空间障碍，影响了底物对酶的接近和结合。尽管如此，人们认为修饰酶抵抗各种失活因子的能力增强和体内半衰期的延长能够弥补 K_m 增加带来的缺陷，而不影响修饰酶的应用价值。某些酶经修饰后，其 K_m 改变结果见表 2-6。

表 2-6 天然酶和修饰酶的 K_m 对比

酶	修饰剂	K_m	
		天然酶	修饰酶
苯丙氨酸解氨酶	PEG	6.0×10^{-5}	1.2×10^{-4}
猪肝尿酸酶	PEG	2.0×10^{-5}	7.0×10^{-5}
产朊假丝酵母尿酸酶	PEG	5.0×10^{-5}	5.6×10^{-5}
L-天冬酰胺酶	白蛋白	4.0×10^{-5}	6.5×10^{-5}
	聚丙氨酸		不变
精氨酸酶	PEG	6.0×10^{-3}	1.2×10^{-2}
	右旋糖酐		不变
胰蛋白酶	白蛋白	3.5×10^{-5}	8.0×10^{-5}
尿酸酶	右旋糖酐	3.0×10^{-5}	7.0×10^{-5}
腺苷脱氨酶	聚顺丁烯二酸	2.4×10^{-6}	3.4×10^{-6}
吲哚-3-链烷羟化酶	聚丙烯酸	2.4×10^{-6}	7.0×10^{-6}

2.5.5 生物酶工程

生物酶工程，又称为高级酶工程，是近年来发展起来的新的学科领域，是酶学与以基因重组技术为主的现代分子生物学技术相结合的产物，属于酶工程的上游技术。

生物酶工程的发展得益于酶学和分子生物学的研究进展。重组 DNA 技术的建立，使人们可以将克隆到的各种各样的天然酶基因在微生物或其他生物系统中高效表达，很大程度上摆脱了对天然酶源的依赖。特别是当从天然材料获得酶极其困难时，重组 DNA 技术更显示出其独特的优越性。近些年来，基因工程的发展使得人们可以较容易地克隆出各种各样天然的有实用价值的酶基因，通过一定的载体（如质粒）导入能够大量繁殖的微生物体内并使之高效表达，就可以获得大量的用传统手段很难获得的酶。将这种利用 DNA 重组技术（基因工程技术）而大量产生的酶，称为克隆酶。克隆酶的生产包含以下几步。

2.5.5.1　目的基因的获得

要获得酶的基因一般有下述几种方法：

① 从生物材料中制备包括目的基因在内的总 DNA，用限制性核酸内切酶将总 DNA 切割，可得到长度不等的各种 DNA 片段，通过凝胶电泳或蔗糖梯度离心之后，不同长度的 DNA 片段便会按大小顺序彼此分开，然后筛选目的基因，并从电泳凝胶的相应谱带上或蔗糖密度梯度的相应部位中收集目的基因。

② 从 mRNA 出发，应用反转录酶合成欲克隆酶的基因。

③ 应用蛋白质抗原抗体反应法获得特异性探针，从互补脱氧核糖核酸（cDNA）文库中筛选出目的酶基因。

2.5.5.2　载体的选择

目的基因直接进行转化，效率一般很低，真核基因尤其如此。外源 DNA 片段要进入受体细胞，并在其中进行复制与表达，必须有一个适当的运载工具将其带入细胞，并载着外源 DNA 一起进行复制与表达，这种运载工具称为载体（vector）。载体要具备下列条件：

① 在受体细胞中，载体可以独立地进行复制。所以，载体本身必须是一个复制单位，称复制子（replicon），具有复制起点，而且插入外源 DNA 后不会影响载体本身的复制能力。

② 易于鉴定与筛选，即载体本身带有可选择的遗传标记（如抗药性标记），能指示重组体（recombinant，对称重组子）的转入，以便将带有外源 DNA 的重组子与不带外源 DNA 的载体区别开来。

③ 易于引入受体细胞。

④ 具有少数的限制性核酸内切酶酶切位点，使外源基因能够插入。

目前，常用的载体有以下几类：细菌和酵母的质粒（plasmid）、噬菌体（常用的有 λ 噬菌体和 M_{13} 噬菌体）和病毒。

2.5.5.3　目的基因与载体 DNA 分子的连接

（1）黏性末端连接

许多限制性核酸内切酶切割 DNA 后可形成黏性末端。可用同一种酶切割外源 DNA，并将拟插入的片段用凝胶电泳分离出来，再用同一种酶去切割载体 DNA。这样，外源 DNA 与载体 DNA 就可以通过黏性末端彼此连接起来。

（2）平头末端连接

有些限制性核酸内切酶切割 DNA 后形成平头末端，可采用平头末端连接酶（如 T4 DNA 连接酶）连接，但需要较高的酶和底物浓度。目前，在基因克隆实验中，常用的平头末端 DNA 片段连接法主要有同聚物加尾法、衔接物连接法及接头连接法。

2.5.5.4 重组 DNA 的转化

外源 DNA 进入受体细胞并使它获得新遗传特性的过程称为转化。进行重组子转化时，首先必须选择适当的受体细胞。这种细胞应具有下述特点：①所选定的寄主细胞必须具备使外源 DNA 进行复制的能力；②应该能够表达由导入的重组体分子所提供的某种表现型特征，这样才有利于转化细胞的选择与鉴定。

为了提高转化的频率，可采用一些必要的措施，抑制那些不带有外源 DNA 插入片段的噬菌体 DNA 或质粒 DNA 分子形成转化子。应用碱性磷酸酶处理法，可以阻止不带有 DNA 插入片段的载体分子发生自身再环化作用，从而破坏它们的转化功能。另外，在转化之后，用环丝氨酸富集法，使那些只带有原来质粒载体的细菌致死，同样也可以抑制那些不含有 DNA 插入片段的载体分子形成转化子。

2.5.5.5 克隆酶基因的表达系统

克隆酶基因最终是要在一个选定的宿主系统中表达产生相应的有生物活性的酶蛋白。为了获得高产率的基因表达产物，人们通过综合考虑控制转录、翻译、蛋白质稳定性及向胞外分泌等诸多方面的因素，设计出了许多具有不同特点的表达载体，以满足表达不同性质、不同要求的目的基因的需要。

（1）原核生物基因表达系统

绝大多数已进行商业生产的重要的目的基因都是在大肠杆菌中表达的，这主要是由于以下几方面原因：

① 长期以来人们对大肠杆菌做了大量的研究工作，对其遗传学背景和分子生物学、生物化学以及生理学等方面的了解较为深入。

② 多目的基因在大肠杆菌中都能迅速而有效地表达出相应的蛋白质。

③ 大肠杆菌的培养条件易于控制，培养费用低廉。

从理论上讲，针对在大肠杆菌中大量表达外源基因而采用的方法也同样可以应用于其他原核表达系统，只是所用的表达载体、转化方法以及培养和纯化的程序各不相同而已。

（2）真核生物基因表达系统

对于在细菌中合成生产的真核生物的蛋白质，由于翻译后加工过程的缺陷，可能导致产物生物活性很低。其主要原因是在原核生物表达系统中，无法进行特定的翻译后修饰，为此人们构建了真核表达载体。

① 酵母表达载体　啤酒酵母是单细胞真核生物，长期以来人们对其遗传学和生理学的研究较为深入。其含有较强的启动子；可以对蛋白质进行多种翻译后修饰；自然分泌的蛋白质很少，重组蛋白易于分离纯化等。这些都使得啤酒酵母表达系统成为一种很好的真核细胞基因表达系统。当然，啤酒酵母表达系统对外源蛋白的表达量低，同时也有其他一些缺陷。

② 昆虫细胞表达系统　杆状病毒是表达哺乳动物蛋白、外源重组蛋白的理想载体。杆状病毒属于杆状病毒科（Baculoviridae），能够广泛侵染包括许多昆虫在内的无脊椎动物。更为有趣的是，昆虫和哺乳动物的翻译后加工相类似，产生的蛋白质与天然蛋白质几乎完全相同或极其相似。

③ 哺乳动物细胞表达系统　早期的哺乳动物细胞表达系统主要用于研究基因的功能与调控，许多载体都源于动物病毒，如 SV40、多瘤病毒（*polyoma virus*）、疱疹病毒（*Herpes virus*）和牛乳头状瘤病毒（*Bovine papilloma virus*）等。目前，正致力于改进原

有的载体和开发新的载体，使哺乳动物细胞能够成为新的生物反应器。

与酶基因表达相关的另一个问题是基因产物的分泌。为了使生成的酶或蛋白质能分泌出来，必须满足两个条件，一是在产物的 N 末端有一段由 20～30 个氨基酸组成的信号肽，二是要赋予该产物一种分泌蛋白的性质。

还有一个与酶基因表达相关的问题，即异源蛋白在受体细胞内易分解。现在已知，在大肠杆菌体内至少有 8 种以上的蛋白酶可以分解酪蛋白、胰岛素等异源蛋白。有三种方法可以控制异源蛋白的分解：一是选择蛋白酶基因缺失的变异株作为受体细胞，如 Lon 变异株；二是将蛋白酶抑制剂基因（如 T4 的 pin 基因）克隆引入受体细胞；三是促进基因产物加速分泌，缩短其在细胞内的停留时间。

通过 DNA 重组技术生产克隆酶，在生产实践中主要有两个方面的作用：一是提高微生物中原有酶的产量，二是可使动物或植物的酶基因在微生物中表达生产。克隆酶基因目前主要是集中在食品用酶、医用酶和工业用酶上。总之，酶基因的克隆和表达技术的应用，使人们有可能克隆各种天然的蛋白基因或酶基因。

2.5.6 酶的定向进化

从理论上讲，蛋白质分子蕴藏着很大的进化潜力，很多功能有待开发，这是酶的体外定向进化的基本先决条件。所谓酶的体外定向进化（directed evolution of enzyme in vitro），又称实验分子进化，属于蛋白质的非理性设计，它是指在不需事先了解酶的空间结构和催化机制的前提下，利用易错 PCR（sequential error-prone PCR）、DNA 改组（DNA shuffling）等技术，对编码酶的基因进行突变和体外重组，人工模拟自然进化过程，并经高通量筛选获得性能更优良的酶或全新酶的技术。酶的体外定向进化技术极大地拓展了蛋白质工程学的研究和应用范围，特别是能够解决酶的定点突变等理性设计策略所不能解决的问题，为酶的结构与功能研究开辟了崭新的途径，并且正在工业、农业和医药等领域逐渐显示其生命力。

2.5.6.1 定向进化的基本原理

在自然条件下，物种通过 DNA 复制发生突变或者重组，产生遗传多样性，蛋白质的进化是物种在环境压力下朝着适应生存环境的方向发展，是一个漫长而缓慢的自然选择过程。为了提高蛋白质进化的目的性和有效性，科学家在实验室内通过人为地创造特殊的进化条件，模拟自然进化机制（随机突变、基因重组和自然选择），在体外改造酶基因，筛选出所需性质的突变酶，有效地完成酶的改性和功能完善。定向进化可以将自然界需上亿年才能完成的进化缩短至几个月，而且，由于筛选的条件是人为设计的，因此，可以生产出自然界不存在而人类需要的酶。

相对于传统蛋白质的"理性设计"，酶分子的定向进化属于蛋白质的"非理性设计"范畴。它不需要事先了解蛋白质的三维结构信息和作用机制，而是在体外模拟自然进化过程中使基因发生大量变异，并定向选择出所需性质或功能，在较短时间内完成漫长的自然进化过程。定向进化的实质是达尔文进化论在分子水平上的延伸和应用，是在体外模拟突变、重组和选择的自然进化，使进化朝着人们需要的方向发展。

2.5.6.2 定向进化的策略

酶分子的定向进化策略：通过模拟自然进化机制，在体外对基因进行随机突变，获得所要的突变基因，将上述基因的突变文库转换成对应的蛋白质突变库，最后通过高通量筛选程序，检出由于基因突变而引起的蛋白质性状变化，确定并表达性状优良的突变体。因此，定向进化的基本规则是"获取你所筛选的突变体"。定向进化过程可简单理解为随机突变＋选择。前者是人为引发的，后者虽相当于环境，但只作用于突变后的分子群，起着选择某一方向的进化而排除其他方向突变的作用，整个进化过程完全是在人为控制下进行的。

定向进化有两项工作最为重要：一是突变文库的构建，构建的突变文库直接关系到实验结果的好坏；二是定向筛选，即从构建好的突变文库中筛选具有优良性质的酶。为了保证突变文库中有足量的突变体分子，库容量一般会比较大，所以在进行定向进化研究时，必须要设计合适的筛选策略以加快筛选速率。

（1）突变文库的构建

突变文库的构建直接影响着进化研究的效率，文库构建的方法主要有以下几种。

① 易错 PCR　易错 PCR 是非重组型构建突变文库的方法，属于无性进化，是发生在单一分子内部的突变，在扩增目的基因的同时引入碱基错配，导致目的基因随机突变。在 PCR 扩增体系条件改变的情况下，如在 *Taq* 酶进行 PCR 扩增目的基因时，通过调整反应条件（如提高 Mg^{2+} 浓度或选用 Mn^{2+} 代替 Mg^{2+}、改变 4 种 dNTP 的浓度或采用低保真 *Taq* 酶等），向目的基因中以一定频率引入突变构建突变库，然后筛选或选择需要的突变体。

② DNA 改组　DNA 改组是对一组基因群体（进化上相关的 DNA 序列或曾筛选出的性能改进序列）进行重组创造新基因的方法。其目的是创造将基因群中的突变尽可能组合的机会，以致更大的变异，从而获得具有最佳突变组合的酶。

③ 交错延伸技术　交错延伸技术（staggered extension process，StEP）是一种简化的 DNA 改组方法，它不是由短片段组装全长基因，而是在 PCR 反应中，将含不同点突变的模板混合，随之进行多轮突变、短暂复性及延伸反应，在每一轮中，那些部分延伸的片段可以随机地杂交到含不同突变的模板上继续延伸，通过模板转换而实现不同模板间的重组，如此反复直至获得全长基因片段。

（2）定向筛选

一旦突变文库构建完成，所用的筛选条件就成为蛋白质预期特征的进化方向，建立有效搜索蛋白质文库的方法是影响定向进化成功与否的关键。筛选方法必须灵敏，常用的筛选方法有如下两种。①利用某些蛋白质的固有性质（如基于生色底物或荧光显色），以及产物的一些物理化学性质等进行筛选。如 Reymond 等建立了一种通用的水解酶荧光底物筛选方法，由不同前体水解产生氨基和二醇，高碘酸钠原位氧化，再以牛血清白蛋白催化 β-消除反应，产生荧光产物。这种方法的用途很广，各种酰胺水解酶、磷酸酯酶、脂肪酶、酯酶和环氧化物水解酶都可以用这种方法检测。②高通量筛选（high throughput screening，HTS）技术。高通量筛选为从基因改组和杂交实验得到的众多突变体中找到性能改良的生物催化剂提供了可能。目前常用的高通量筛选技术主要有：标记基因介导的筛选技术、噬菌体表面展示技术、酵母表面展示技术等。

酶的定向进化是改造酶分子切实有效的方法，它是人们在基因水平改造自然的强大工具。定向进化技术已成功地在工业、农业、科研、医药和环保等领域相关酶分子的改造方面取得重要成果。

2.6 酶固定化

2.6.1 酶固定化的方法

酶的固定化在酶工程中占有重要地位，它的出现促进了酶的工业化应用。本文将重点阐述酶固定化方法，尤其是一些较新的方法，同时对酶固定化中的载体及应用做简单介绍，并谈谈酶固定化前景和发展趋势。

酶具有许多优点，如反应速率快、反应条件温和、底物专一性强等，但其一些缺点又限制了其在工业生产中的规模化应用，如稳定性差、从细胞中分离出来后活性降低、在水溶液中与产物分离困难、难回收利用等。在此情况下，酶的固定化技术在20世纪60年代应运而生。酶的固定化主要是用某些固体材料将酶束缚或者限制在一定空间区域内，然后进行催化反应，进而可以回收加以重复利用的技术。该项技术使得酶除了具有高效、专一、温和等酶促反应特性和优势以外，还具有易分离回收、可重复使用、操作连续等更多的优点。酶的固定化技术大大地促进了酶的工业化应用。在接下来的几十年里人们又不断进行研究，在固定化方法、固定载体以及固定化酶的应用等方面都取得了不少新成果。目前，固定化酶技术已应用于食品工业、医学分析、环保技术、"三废"处理等领域，并取得了较好的经济效益。

2.6.1.1 固定化酶的制备方法

固定化酶的主要模式如图2-25所示。细胞器和微生物的固定化与固定化酶在本质上是相同的，亦应尽量在温和条件下进行。

（1）吸附法

吸附法包括物理吸附法、离子吸附法。吸附法的优点是操作较为简便、酶活损失较小，缺点是酶与固定化载体之间的相互作用力较小，比较容易脱落。

图 2-25　固定化酶的主要模式

物理吸附法主要通过非特异性物理吸附，将酶固定到某些载体表面。物理吸附载体的种类很多，主要包括多孔玻璃、活性炭、高岭土、氧化铝、硅胶、膨润土、羟基磷灰石、磷酸钙、陶瓷、金属氧化物、淀粉、大孔树脂、丁基或己基-葡聚糖凝胶、纤维素及其衍生物、甲壳素及其衍生物等。

离子吸附法主要是指将酶和含有离子交换基的水不溶性的载体通过静电作用相互结合的方法。离子吸附法的载体主要包含阴离子交换剂和阳离子交换剂两大类。

（2）包埋法

包埋法包括网格型包埋、微囊型包埋。包埋法的优点是操作较为简单、酶活回收率较高，缺点是发生化学反应时比较容易失活。因此，常应用一些惰性材料作为载体。此外，包埋法的适用范围较小，只适合底物和产物为小分子的酶。

网格型包埋是指将酶包埋在高分子凝胶的细微网格中的方法。网格型包埋的载体材料主要包括聚丙烯酰胺、聚乙烯醇、明胶、壳聚糖、海藻酸钠和角叉菜胶等。微囊型包埋是指将酶包埋在高分子半透膜中的方法。微囊型包埋的载体材料主要包括硝酸纤维素、聚苯乙烯、聚甲基丙烯酸甲酯、尼龙膜、聚酰胺等。

（3）共价结合法

共价结合法分为载体共价结合法、非载体共价结合法。共价结合法的优点是与载体结合比较牢固，所以不易脱落；缺点是反应条件苛刻，操作比较复杂，而且酶活回收率低，甚至底物专一性也可能发生变化。载体共价结合法包括两种：第一种是先把载体的有关基团活化，然后与酶的相关基团发生共价偶联反应，需要的载体主要包括多糖类衍生物、氨基酸共聚体、聚丙烯酰胺、聚苯乙烯、多孔玻璃、陶瓷或卤异丁烯基衍生物等；第二种是先在载体上共价连接一个双功能试剂，然后把酶共价偶联到双功能试剂上，需要的载体主要包括氨基乙基纤维素、琼脂糖氨基衍生物、壳聚糖、氨基乙基聚丙烯酰胺等。

非载体共价结合法又称交联法，是通过双功能或多功能试剂，使得酶与酶互相交联的一类方法。这类方法不需要载体，而作为交联功能需要的双功能或者多功能试剂最常用的是戊二醛，此外还包括双重氮联苯胺、三羟甲基氨基甲烷（Tris）等。

（4）结晶法

结晶法是利用酶的结晶实现的酶的固定化的一类方法，所需的载体正是酶蛋白自身。结晶法的优点是酶的浓度较高，从而大大提高了单位体积的酶活。因此，结晶法对于酶活较低的酶具有独特的优越性。缺点是在使用过程中，酶会逐渐被消耗，所以固定化酶的浓度会逐渐减小。

（5）分散法

分散法是将酶分散到水不溶相之中实现酶的固定化的一类方法，主要是指在水不溶的有机相中实现酶的固定。该类固定化方法中最简单的方法是将酶干粉悬浮于有机溶剂中。缺点是如果酶分布得不好会引起传质，致使酶活降低。

（6）热处理法

热处理法是将含酶细胞高温加热一段时间，使得酶被固定在菌体内的一类方法。这类方法只适合于热稳定性较好的酶。应该注意的是，在高温加热时，一定要掌握好温度和时间，避免酶的变性和失活。

（7）其他方法

除了以上六大类方法外，还有一些固定化方法，包括纳米技术处理法、超声波处理法、磁处理法、电处理法、辐射处理法、等离子体处理法等。简述如下。

① 纳米技术处理法　纳米技术处理法是指通过将酶和纳米材料相结合，制备纳米固定化酶的方法。该类方法的优点是：纳米材料独有的理化特性，使得纳米固定化酶的酶活提高，酶的理化性质得以优化，酶的稳定性得以提高等，从而使得纳米固定化酶的利用率和生产率大大提高。

② 超声波处理法　超声波处理法利用超声波使得高分子链断裂，产生自由引发功能性单体，然后再聚合成嵌段共聚物载体，来进行酶的固定化。

③ 磁处理法　磁处理法首先需要有磁性载体。通常的做法是先将四氧化三铁（Fe_3O_4）和聚苯乙烯、含醛基聚合物等一起混合溶解，然后再除去溶剂，从而获得磁性载体。此外，磁性高分子微球（即内部含有磁性金属或金属氧化物的超细粉末），也是磁性载体的绝好材料。磁处理法固定化酶的优点是利用磁性载体的磁性，可以通过外部磁场进行固定化酶的回收利用。

④ 电处理法　电处理法的应用目标主要是生物医学检测。电处理法需要以电聚合物作为酶固定化的载体。该类方法在酶电极类生物传感器的制备领域具有重要作用。

⑤ 辐射处理法　辐射处理法的原理是 γ 射线引发丙烯醛与聚乙烯膜接枝聚合，其中的活性醛基可以通过共价方式固定化葡萄糖氧化酶。

⑥ 等离子体处理法　等离子体处理法是用经过等离子体活化处理过的聚丙烯膜接枝丙烯酸后，对酶进行固定化的方法。该类方法可以用在胰蛋白酶的固定化领域。同时，等离子体引发的丙烯酰胺聚合还可以包埋固定葡萄糖氧化酶。

此外，固定化酶的方法还包括制备光敏载体、温敏载体、阵列式微囊载体等。总的来说，各种方法各有利弊。日常应用中经常将两种或者多种方法结合起来使用，如吸附-交联、包埋-交联等。

2.6.1.2　固定化酶的优缺点

（1）固定化酶的优点

与游离酶相比，固定化酶具有很多优点，例如：稳定性提高，对温度和酸碱度的适应性提高，对抑制剂与蛋白酶的敏感性降低，反应条件更加温和或者更加容易控制，分离、纯化、回收以及循环重复利用操作更为简单，还可以实现批量或连续性操作使用，更加适用于产业化、连续化、自动化生产。

（2）固定化酶的缺点

具有许多优点的同时，固定化酶也存在一些缺点，如酶活损失，较适于底物和自身为小分子的酶，不适于多种酶的复杂反应体系等。

2.6.2　固定化酶反应条件的变化

游离的酶经固定化后引起酶性质的改变，一般认为其原因可能有以下几种：①酶分子构象的改变；②微环境的影响；③底物在载体和溶液间存在着分配效应；④扩散效应。

2.6.2.1　基础动力学

（1）包埋于载体的酶

包埋于载体的酶，浸入底物溶液中，其有关原理如图 2-26 所示。

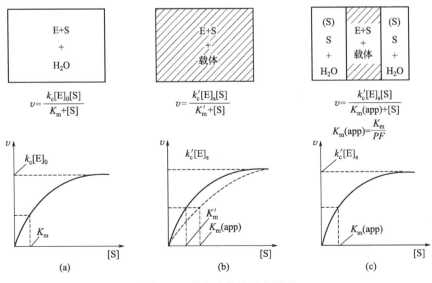

图 2-26　酶与底物的反应原理

图 2-26(a) 所示为底物和酶存在于自由溶液中，假定酶总浓度为 $[E]_0$，底物浓度为 $[S]$，其酶促反应速率符合 Michaelis-Menten 方程：

$$v = \frac{k_c [E]_0 [S]}{K_m + [S]} \tag{2-14}$$

式中　k_c——催化常数；

　　　K_m——米氏常数。

这两个常数在特定的机制中是单个速率常数的函数。

图 2-26(b) 所示为酶和底物存在于载体（如凝胶）中，因为酶和底物的构象发生变化，米氏常数也可能随之改变，并且反应在不同的环境中进行，催化常数与米氏常数也将不同于自由溶液，现分别以 k_c' 和 K_m' 表示。假如酶促反应速率受到某种程度扩散限制的影响，其结果如图中虚线所示，米氏常数以 $K_m(app)$ 表示（表观米氏常数），则 $K_m(app) > K_m'$。

图 2-26(c) 所示为酶包埋于载体、浸入底物溶液中，这类酶-底物系统在实践中经常出现。存在于外溶液中的底物必须扩散进入载体才能和酶分子接触，如果固定化酶是圆柱状，底物可从圆柱体圆盘两边进入载体。因此扩散速率是一个重要的因素。底物在溶液中和载体之间的分配效应是另一个影响因素。例如：底物分子中含有非极性（疏水的）基团，载体也带有疏水基团，这时底物在载体内比在水溶液中更为可溶，其分配系数 $P > 1$，这就产生增加速率的效果。图 2-26(c) 中曲线所示分配系数 $P < 1$，载体内底物浓度比外溶液低，结果使速率降低。这个酶-底物系统的稳态方程不能获得精确的解，Sundaram 等提出了一个有用的近似处理，其速率方程可表达为：

$$v = \frac{k_c' [E]_s [S]}{K_m(app) + [S]} \tag{2-15}$$

$$K_m(app) = K_m' / (PF) \tag{2-16}$$

式中　P——分配系数（载体表面底物浓度与溶液底物浓度之比）；

　　　F——Thiele 函数，通常出现在扩散起重要作用的反应中。

$$F = \frac{\tanh rl}{rl} \tag{2-17}$$

式中　l——膜（圆盘）厚度；

　　　h——Thiele 模数；

　　　r——膜（圆盘）半径。

函数 F 的构成具有重要意义，当 rl 很小时，函数 F 接近于 1，此时 $K_m(app) = K_m' / P$，K_m' 值为分配系数修饰，而与扩散无关。式(2-17)中乘积 rl 在下述的条件下，趋向于变小。

① 当 l（膜厚度）很小时，这时底物易于接近酶，在其极限 $l = 0$ 时，酶处于自由溶液中。

② 当 D（底物扩散常数）很大时，底物也易于到达酶分子。

③ 当 $[E]$ 很小时，这时催化作用足够慢，扩散速率不影响酶促反应速率。

④ 当 k_c'/K_m' 很小时，这时催化作用很慢，反应速率的限制因素是化学过程，而不是扩散速率。

rl 值较高时，函数 $F < 1$，当 $rl > 2$ 时，F 可由下式精确给定，这是 Thiele 函数的一个重要性质。

$$F = 1 / (rl) \tag{2-18}$$

$F < 1$ 的 rl 值区域对应于反应的扩散控制程度。表 2-7 总结了扩散控制的各种条件。

表 2-7　固定化酶系统的扩散控制条件一览表

固定化酶系统	条件
固定基质（载体）	高酶浓度，$[E]_0$ 低底物浓度，$[S]$ 大的膜厚度，l 低底物扩散常数，D 高酶催化常数，k'_c 小的米氏常数，K'_m
管	低底物流速，v_t 低底物浓度，$[S]$ 大的管半径，r 大的管长度，L 低底物扩散常数，D

F 随 rl 变化，就反应速率和酶浓度关系而论，可得一个重要结果。从式(2-15)、式(2-16)看，如果 F 近似于 1，反应速率将和 $[E]_s$ 成正比，圆盘厚度足够薄（低 rl 值），$F \approx 1$。一般来说，式(2-15)、式(2-16) 在表示低底物浓度下，速率可由下式表示：

$$v \propto [E]_s F \tag{2-19}$$

当 $rl > 2$，函数 F 和 rl 成反比，在此条件下，结合式(2-18) 得

$$v \propto [E]_s/(rl) \propto [E]_s^{1/2} \tag{2-20}$$

这说明，当厚度 l 增加时，rl 从小变大，反应速率对酶浓度一次幂的关系转变为平方根的关系。上述各种关系适用于固定在圆柱状载体的酶，稍经改变也可应用于其他形状的颗粒。例如：球状颗粒，引入与动力学有关的类似参数 F、扩散参数和球面半径，所得结论和圆盘非常相似。

（2）结合于管内表面的酶

酶固定于管内表面，底物溶液经管内流过，其动力学原理非常复杂，下面简要介绍其主要结论。这个系统如图 2-27 所示。酶以单分子层存在于管内表面，因此不涉及载体内扩散效应。但流经管道的底物溶液的扩散应加考虑，在某些情况下，对动力学具有很重要的影响。为了说明方便，图中画出了想象的扩散层，并表示出层内底物浓度变化，在管的中心部位，底物浓度是恒定的，但在扩散层浓度低，这是由于在管表面，底物和酶接触，不断被作用消去所致的。

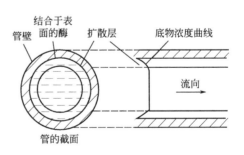

图 2-27　固定化酶管的两个截面

Kobayashi 等认为下列两个因素对固定于管壁的酶的动力学具有重要的作用：底物到表面的传质，表面扩散层内的扩散速率。

扩散层的厚度取决于传质系数 K_L 的大小，K_L 表示底物通过扩散层的速率，由下式给定：

$$K_L = \frac{3}{2} \times \frac{12^{1/3}}{\Gamma(1/3)} \left(\frac{D^2 v_t}{rL} \right)^{1/3} \tag{2-21}$$

式中　D——底物扩散常数；

　　　v_t——流速；

r——管的半径；

L——管的长度；

Γ——伽玛函数，$\Gamma(1/3)=2.67$。

式(2-21) 可写为：

$$K_{\mathrm{L}}=1.29[D^2 v_{\mathrm{t}}/(rL)]^{1/3} \tag{2-22}$$

由式(2-22) 可知，增加流速可加快底物扩散到表面的速率，这是由于随着流速增加，扩散层的有效厚度被缩减而出现的效应。因此，在非常高的流速下，几乎不存在扩散控制，底物很快到达管表面，产物生成的速率取决于表面酶和底物的相互作用。在低流速下，扩散层形成。底物到达表面很慢，出现相当大的扩散控制，动力学性质与自由溶液中的酶有所不同。这一理论导出近似的 Michaelis-Menten 方程，其 $K_{\mathrm{m}}(\mathrm{app})$ 可表达为：

$$K_{\mathrm{m}}(\mathrm{app})=K'_{\mathrm{m}}+0.39k'_{\mathrm{c}}[\mathrm{E}]_{\mathrm{s}}\left(\frac{rL}{D^2}\right)^{1/3}v_{\mathrm{t}}^{-1/3} \tag{2-23}$$

从式(2-23) 可以看出，$K_{\mathrm{m}}(\mathrm{app})$ 随流速的立方根倒数而变化。在很高流速下，式(2-23)中第二项可忽略，$K_{\mathrm{m}}(\mathrm{app})=K'_{\mathrm{m}}$，扩散层厚度非常小，扩散效应几乎没有。在低的流速下，扩散层较厚，$K_{\mathrm{m}}(\mathrm{app})$ 较大，速率就较小。

这一处理的另一重要结果是，在扩散控制几乎不存在的条件下，预示管内产物形成速率等于管内表面面积（$2\pi rL$）乘以单位表面积反应速率，所以管内产物形成速率为：

$$v_0=2\pi rLv \tag{2-24}$$

底物流经管的线速度 v_{t}，乘以截面积可得体积流速（$\pi r^2 v_{\mathrm{t}}$）。在管的出口底物浓度 $[\mathrm{P}]_0$ 可由下式给出：

$$[\mathrm{P}]_0=\frac{v_0}{\pi r^2 v_{\mathrm{t}}}=\frac{2L}{rv_{\mathrm{t}}}v=\frac{2L}{rv_{\mathrm{t}}}\times\frac{k'_{\mathrm{c}}[\mathrm{E}]_{\mathrm{s}}[\mathrm{S}]}{(K'_{\mathrm{m}}+[\mathrm{S}])} \tag{2-25}$$

另外，在完全扩散控制条件下，此理论导出管内产物形成速率为：

$$v_{\mathrm{D}}=8.06(v_{\mathrm{t}}D^2 r^2 L^2)^{1/3}[\mathrm{S}] \tag{2-26}$$

管出口产物浓度为

$$P_{\mathrm{D}}=2.56[DL/(r^2 v_{\mathrm{t}})]^{2/3}[\mathrm{S}] \tag{2-27}$$

式(2-25)、式(2-27) 可很方便地用来确定扩散控制的程度。

2.6.2.2 温度影响

酶固定于载体，浸入底物溶液，在低底物浓度时，其速率方程为：

$$v_1=\frac{k'_{\mathrm{c}}[\mathrm{E}]_{\mathrm{s}}[\mathrm{S}]}{K_{\mathrm{m}}(\mathrm{app})} \tag{2-28}$$

式(2-28) 又可写为：

$$v_1=\frac{k'_{\mathrm{c}}[\mathrm{E}]_{\mathrm{s}}[\mathrm{S}]PF}{K'_{\mathrm{m}}} \tag{2-29}$$

假定 rl 很小，$F\approx 1$，不存在扩散控制。k'_{c} 和 K'_{m} 按下式随温度变化：

$$k'_{\mathrm{c}}=A'_{\mathrm{c}}\exp(-E'_{\mathrm{c}}/RT) \tag{2-30}$$

$$K'_{\mathrm{m}}=A'_{\mathrm{m}}\exp(\Delta E'_{\mathrm{m}}/RT) \tag{2-31}$$

式中 E'_{c}、$\Delta E'_{\mathrm{m}}$——分别为 k'_{c} 和 K'_{m} 对应的活化能。

在这些条件下，反应速率与温度的关系，可表达为：

$$v_1\propto\exp[-(E'_{\mathrm{c}}+\Delta E'_{\mathrm{m}})/RT] \tag{2-32}$$

观测的反应活化能相当于 $E'_c + \Delta E'_m$。

如果 $rl > 2$，$F = 1/(rl)$，则：

$$v_1 = \frac{k'_c P[E]_s[S]}{K'_m rl} = \left(\frac{4k'_c[E]_s D}{K'_m l^2}\right)^{1/2} P[S] \tag{2-33}$$

假定 D 与温度关系为：

$$D = A_D \exp[-E_D/(RT)] \tag{2-34}$$

最后可得：

$$v_1 \propto \exp[-(E'_c + \Delta E'_m + E_D)/(2RT)] \tag{2-35}$$

在高底物浓度时，其速率方程可简化为：

$$v_h = k'_c[E]_s = [E]_s A'_c \exp[-E'_c/(RT)] \tag{2-36}$$

观测的反应活化能相当于 E'_c。

酶结合于管内表面的温度影响很复杂，某些极限的情况能用于实验结果。在高流速、高底物浓度下，$K_m(app)$ 接近于 K'_m，速率由式(2-24)给出，活化能为 E'_c，对应于酶底物配合物的分解。在另一端，低流速、低底物浓度下，速率由式(2-26)给出，此式只有扩散而未涉及酶促反应，测定的活化能为扩散过程值的 2/3。

2.6.2.3 pH 值的影响

氢离子在溶液和固定化酶之间的分配效应，对反应速率具有重要影响，如果酶反应产生或消耗酸，又会出现另一些效应。

图 2-28 为 lg$v$-pH 值曲线，在低底物浓度下，速率随 pH 值的改变取决于游离酶的 pK；在高底物浓度下，则取决于酶-底物配合物的电离作用。

如果载体带有电荷基团，pK 将发生改变，若以—B—H 表示存在于酶活性中心的一个可解离的基团，则其解离情况为：

$$—B—H \xrightleftharpoons{K_a} —B^- + H^+ \tag{2-37}$$

在—B—H 基邻近又存在负电荷基团，其解离情况可表示如下：

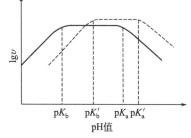

图 2-28 lg$v$-pH 值曲线

实线——游离酶；虚线——酶固定于带负电荷载体后 pK' 变大，曲线向右移动。反应中产酸，也可使曲线向右移动

$$\begin{matrix} —B—H \\ —COO^- \end{matrix} \xrightleftharpoons{K'_a} \begin{matrix} —B^- \\ —COO^- \end{matrix} + H^+ \tag{2-38}$$

由于—COO$^-$ 基吸引解离的 H$^+$，解离常数 $K'_a > K_a$，p$K'_a >$ pK_a。lg$v$-pH 值曲线向右移动，如图 2-28 虚线所示。带正电荷基团的载体将向左移动，这种类型的影响，已有许多实例。

在固定化酶产酸或碱的情况下，pH 值曲线会发生显著的变化。例如：固定于膜的酶，在反应中产酸，酸向外扩散，水溶液中缓冲剂向内扩散，结果溶液 pH 值大于酶分子附近 pH 值，因此 pH 值曲线向右移动。脲酶在反应中产碱，表观最适 pH 值向较低 pH 值移动。许多 pH 值移动可能来自这种效应。

2.6.2.4 稳定性

酶经固定化后，其稳定性会发生变化，可能变得更稳定，也可能变得不稳定，或者没有变化。从有关报道看，许多酶经固定化后稳定性得以提高，这一点对固定化酶的实际应用具有重要意义。固定化酶的稳定性一般用半衰期来表示。半衰期是指固定化酶的酶活下降至原始酶活一半时所需要的时间。半衰期的测定方法一般是通过长时间使用固定化酶来实现的，但也可以通过短时间使用固定化酶加以推算。具体方法是假定酶活的损失与时间呈指数的关系，则半衰期：

$$t_{1/2} = \frac{0.693}{K_d} \qquad\qquad (2\text{-}39)$$

$$K_d = \frac{2.303}{t} \lg \frac{E_0}{E} \qquad\qquad (2\text{-}40)$$

式中　　K_d——衰减常数；

　　　　E_0——初始酶活；

　　　　E——t 时残留的酶活。

迄今为止，人们对固定化酶的稳定性进行了多方面的研究，但还不能彻底阐明其稳定性的作用机理。

2.6.2.5　影响固定化酶性能的因素

固定化酶制备物的性质取决于所用的酶及载体材料的性质。酶和载体之间的相互作用使固定化酶具备了化学、生物化学、机械及动力学方面的性质。因此，要考虑许多方面的参数，较重要的参数见表 2-8。

表 2-8　固定化酶的特征参数

成分	参　　数
酶	生物化学参数：分子量、辅基、蛋白质表面的功能基团、纯度（杂质的失活或保护作用）； 动力学参数：专一性，pH 值及温度曲线，活性及抑制性的动力学参数，对 pH 值、温度、溶剂、去污剂及杂质的稳定性
载体	化学特征：化学组成、功能基、膨胀行为、基质的可及体积、微孔大小及载体的化学稳定性； 机械性质：颗粒直径、单颗粒压缩行为、流动抗性（固定床反应器）、沉降速率（流体床）、对搅拌罐的磨损
固定化酶	固定化方法：所结合的蛋白质、活性酶的产量、内在的动力学参数（即无质量转移效应的性质）； 质量转移效应：分配效应（催化剂颗粒内外不同的溶质浓度），外部或内部（微孔）扩散效应，这些给出了游离酶在合适反应条件下的效率 稳定性：操作稳定性（表示为工作条件下的活性降低）、储藏稳定性 效能：生产力（产品量/单位活性或酶量）、酶的消耗（酶单位数/千克产品）

2.6.3　固定化酶的特性

将酶固定化制成固定化酶后，固定化酶的特性可能会发生这样或那样的变化。在固定化酶的使用过程中，必须逐项了解这些变化，并对固定化酶使用操作的条件给予适度调整。

2.6.3.1 稳定性

固定化酶的稳定性一般比游离酶的稳定性好，主要表现在以下几个方面：一是固定化酶对热的稳定性提高，可以耐受较高的温度而不变性或失活；二是固定化酶更加容易保存，可以在指定条件下保存更长的时间；三是固定化酶对蛋白酶的抵抗性大大提高，不太容易被蛋白酶水解；四是固定化酶对某些变性剂的耐受性得以提高，如在有机溶剂等变性剂的作用下，固定化酶仍然可以保持较高的酶活。

2.6.3.2 最适温度

一般情况下，固定化酶的最适温度与游离酶相差不大，活化能变化也不大。但是，部分固定化酶的最适温度有比较显著的变化。例如：重氮法制备的固定化胰蛋白酶和胰凝乳蛋白酶的最适温度比游离酶提高了 $5\sim10℃$；以共价结合法固定化的色氨酸酶的最适温度比游离酶高提了 $5\sim15℃$。此外，哪怕是同一种酶，采用不同的固定化方法或者采用不同的固定化载体都会导致固定化酶最适温度的不同。例如：当氨基酰化酶用降脂 3 号树脂（DEAE）-葡聚糖凝胶离子结合法固定化后，其最适温度比游离酶提高了 $12℃$；而用 DEAE-纤维素固定化的氨基酰化酶的最适温度比游离酶仅提高了 $7℃$，两者相差了 $5℃$；但是，用烷基化方法固定化的氨基酰化酶的最适温度比游离酶却有所降低。因此，固定化酶的最适温度与固定化方法有关，也与固定化载体有关。

2.6.3.3 最适 pH 值

一般情况下，固定化酶的最适 pH 值也与游离酶不同。一般认为，影响固定化酶最适 pH 值的因素有两个：一是载体性质；二是产物性质。

（1）载体性质对最适 pH 值的影响

一般情况下，载体性质对固定化酶最适 pH 值有明显的影响。总的来说，采用带有负电荷的载体固定化后酶的最适 pH 值比游离酶升高；相反地，采用带正电荷的载体固定化后酶的最适 pH 值比游离酶降低；采用不带电荷的载体固定化后酶的最适 pH 值一般不会改变，或者说即使发生改变，也不是因为载体的带电特性导致的改变。

（2）产物性质对最适 pH 值的影响

一般情况下，酶催化反应产物性质对固定化酶的最适 pH 值有一定影响。总的来说，当产物为酸性时，固定化酶的最适 pH 值比游离酶的要高；相反地，当产物为碱性时，固定化酶的最适 pH 值比游离酶的要低；而当产物为中性时，固定化酶的最适 pH 值一般没有改变。之所以产生这样的结果，是因为固定化载体使得催化反应产物的扩散受到限制。当产物为酸性时，催化反应产物容易积累在固定化酶所在的催化区域内，使得催化区域的 pH 值降低，因此，必须通过提高反应环境的 pH 值，才能达到其需要的 pH 值。因此，此时的最适 pH 值比游离酶要高。相反地，当产物为碱性时，催化反应产物的积累导致固定化酶所在的催化区域的 pH 值升高。因此，必须通过降低反应环境的 pH 值，才能达到其需要的 pH 值。所以固定化酶的最适 pH 值比游离酶的要低。

2.6.3.4 底物特异性

一般情况下，固定化酶的底物特异性的变化与底物分子量的大小有关。一般地，适用于小分子底物的酶经固定化之后，其底物特异性并不会发生显著变化。如氨基酰化酶、葡萄糖氧化酶、葡萄糖异构酶等，固定化酶的底物特异性与游离酶的底物特异性相同。而既适用于大分子底物又适用于小分子底物的酶经固定化之后，其底物特异性可能会发生显著变化。例如：胰蛋白酶既可作用于大分子的蛋白质，又可作用于小分子的二肽或多肽，固定在羧甲基纤维素上的胰蛋白酶，对二肽或多肽的作用保持不变，而对酪蛋白的作用仅为游离酶的 3％左右；以羧甲基纤维素为载体经叠氮法制备的核糖核酸酶，当以核糖核酸为底物时，催化速率仅为游离酶的 2％左右，而以环化鸟苷酸为底物时，催化速率可达游离酶的 50％～60％。

一般认为，载体的空间位阻改变是导致固定化酶底物特异性改变的本质原因。酶、细胞、原生质体被固定化到载体上以后，大分子底物很难跟酶分子接近，所以导致其催化速率大幅降低；相反地，小分子底物很容易跟酶分子接近，所以几乎不受空间位阻的影响，固定化后其底物特异性与游离酶没有明显不同。

2.6.4　固定化酶的应用

2.6.4.1　在废水处理中的应用

污水的处理方法一般分为物理法、化学法与生物法。物理法、化学法的处理成本较高，而且使用的化学药剂还会对环境造成二次污染。相对地，生物法在废水处理中因具有独特的优势而被越来越广泛地采用。固定化酶技术属于生物法废水处理中的重要组成部分，目前逐渐成为废水处理领域的热点。跟传统的污水处理方法相比，固定化酶技术具有很多优点。一是固定化酶技术在去除其他方法难以去除的有机污染物方面具有独特的优势；二是固定化酶技术处理速率比较快，具有较高的污水处理效率，能在较短的时间内达到较好的去除效果；三是固定化酶技术的污水处理过程操作简单，比较容易控制。此外，其在微污染废水处理领域具有独特优势，即废水中很低浓度的有机污染物，通用的很多方法都不能将其去除，而固定化酶技术却具有比较良好的去除效率。这些微污染物已被证实或被怀疑是环境内分泌干扰物（EED），它们会破坏人类和其他生物体的内分泌调节系统。因为酶具有良好的专一性和较高的底物特异性，所以在低浓度微污染物（包括低浓度难降解农药）废水领域具有良好效果。

废水处理中常用到的酶主要有辣根过氧化物酶、漆酶和酪氨酸酶等。

① 固定化的辣根过氧化物酶对含酚类、苯胺类污染物的废水具有非常高效的催化氧化处理作用。而且辣根过氧化物酶具有很多优点，如价格非常便宜，制备方法容易，对污染物浓度适应性强等。因此，辣根过氧化物酶在酚类废水处理中应用广泛。鲍腾等曾将辣根过氧化物酶固定化在凹凸棒石黏土基颗粒上，这些颗粒是由凹凸棒石黏土、可溶性淀粉和工业水玻璃制备而成的，然后将固定化的辣根过氧化物酶用于酚类废水处理中。事实证明，该类固定化的辣根过氧化物酶在一定条件下循环使用多次后，仍具有良好的处理效果。此外，王翠等曾利用纳米氧化硅固定辣根过氧化物酶，并用固定化的辣根过氧化物酶降解处理苯酚废水，降解去除效率高达 70％。

② 固定化漆酶一方面延长了漆酶的使用寿命，同时提高了漆酶的稳定性、耐受性，也降低了它的处理成本，使漆酶在造纸废水、酚类废水、农药废水等领域具有传统物理化学法所没有的独特优势，所以固定化漆酶作为一种高效的绿色催化剂，具有广阔的应用领域。

漆酶最大的优势在于，可以在非常温和的条件下选择性地降解木质素，却不产生任何其他有毒有害物质；而且，还可以用于降低废水中的化学需氧量（COD）、生化需氧量（BOD）和色度。因此，漆酶在催化降解造纸废水领域潜力巨大。例如：以尼龙网作为固定化载体，以戊二醛作为固定化交联剂，固定化后的真菌漆酶催化降解 COD 初始浓度约3000mg/L 的造纸废水，降解处理 26h 后，COD 降低了 35％；固定化于某类磁性复合材料上的漆酶 1h 即可去除 78％的苯酚以及 84％的对氯苯酚；固定化在介孔二氧化硅球上的漆酶，对双酚等微污染物具有良好的降解效果；以戊二醛为交联剂，以壳聚糖为载体固定化后的真菌漆酶，降解处理微量农药氯苯嘧啶醇的处理效率可以达到 30%，而且，壳聚糖载体本身也对氯苯嘧啶醇具有吸附作用。

③ 酪氨酸酶是广泛存在于各类生命体（包括哺乳动物、植物和微生物）中的一类生物酶。酪氨酸酶的催化特性是可以催化单酚化合物，并将其经过一系列反应转化生成醌类化合物，最后通过聚合反应生成大分子沉淀物质。研究表明，利用海藻酸钠/二氧化硅杂化凝胶固定化后的酪氨酸酶对苯酚的去除率可高达 89.5%。而且，反应后的固定化酪氨酸酶方便回收利用，且酶活降低极少。这些都为固定化酪氨酸酶处理含酚废水奠定了坚实的理论基础。

伴随固定化酶技术的不断发展，越来越多种类的固定化酶被应用到废水处理领域。例如：以聚丙烯负载二氧化钛膜为载体固定化的农药降解酶，降解甲基对硫磷的效率高达 70% 以上；以海藻酸钠为载体固定化的有机磷降解酶对有机磷农药的降解处理效率很高；以聚乙烯醇-海藻酸钠固定化的胞外氧化酶，能够有效降低造纸废水的 COD 并对其进行脱色。同时，该类方法不需对反应后的酶进行分离提纯，而且是多种酶的共同作用。因此，该类型固定化酶用于废水处理的操作步骤较为简单，降解处理时间较短，降解处理效果较高，可以实现连续生产。

2.6.4.2 在环境监测中的应用

随着环境污染日益加重，对各类污染物的监测变得非常迫切。传统的环境监测方法（如色谱法、光谱法）虽然灵敏度较高，但是非常耗时且监测费用非常昂贵。在这种情况下，由固定化酶制成的酶反应器、酶传感器和酶电极等环境检测技术解决了传统环境监测方法面临的诸多困难。固定化酶法的优点很多，如简单快速、特异性高、灵敏度高、便携易操作等。例如：通过固定化的过氧化氢酶制备的过氧化氢传感器，可以高效快速地检测低浓度剂量的过氧化氢。在环境监测领域，最受关注的生物传感器是用于农药检测的乙酰胆碱酯酶传感器。固定化的乙酰胆碱酯酶与酶标仪等检测设备一起，可以快速准确地检测各类残留的农药污染物。目前问世的生物传感器包括基于有机磷水解酶的电化学传感器和基于酪氨酸酶的酶抑制型传感器等。

2.6.4.3 在清洁生产中的应用

随着工业化的快速发展和产业化的不断升级，清洁生产受到广泛关注，已然成为环境保护领域的重要突破口。截至目前，固定化酶技术因其具有反应条件温和等诸多优点，已经在清洁生产工艺中得到广泛使用。例如：固定化的木聚糖酶和漆酶在纸浆漂白领域得到广泛应用，而且该方法可以有效避免传统造纸工艺所产生的难生物降解的多种氯代有机物，从而大幅度减少了漂白过程所产生的大量环境污染物；利用微生物氧化还原酶、脂肪酶、腈水解酶可以催化生成 R-扁桃酸，该合成方法属于无毒、无污染的清洁生产新工艺；固定化的南极假丝酵母脂肪酶可以高效催化生成蔗糖乙酯，这类方法有效避免了传统化学法生产蔗糖乙酯工艺中有毒有害溶剂的大量使用，在清洁生产和节能环保领域具有很大的发展潜力；目前，我国科学家已成功研制了利用固定化大肠杆菌生产 6-氨基青霉烷酸等的多种清洁生产新工艺。

2.6.4.4 在大气治理中的应用

伴随化石能源的大量消耗使用，大气中 CO_2 含量越来越高，使得温室气体 CO_2 等引起的温室效应也越来越严重。因此，如何有效地综合利用温室气体 CO_2，成为全球亟待解决的重要环境问题。利用新型海藻酸杂化凝胶包埋固定的 3 种脱氢酶可以催化 CO_2 转化成甲醇；碳酸酐酶可以通过催化 CO_2 的水化反应减少大气中的 CO_2；将固体废物碳酸化以固定

CO_2 是一种全新的减少 CO_2 温室效应的方法；此外，利用聚丙烯酰胺载体固定化的甲醛脱氢酶和甲酸脱氢酶可以吸收空气中的甲醛，被固定化的这两种酶将来可以被开发成治理甲醛污染的环保新型产品。

2.6.4.5 在土壤修复中的应用

固定化酶应用于污染土壤修复也受到广泛的关注。例如：采用纳米纤维固定化的漆酶可以降解去除污染土壤中的多种持久性有机污染物，如多环芳烃、苯并 [a] 蒽和苯并 [a] 芘等；以海藻酸钠和聚阴离子纤维素为载体固定化的阿特拉津降解酶，对阿特拉津污染土壤可以进行良好的修复。

2.6.4.6 在合成生物柴油方面的应用

生物柴油具有绿色环保、可再生的突出优势，被认为是未来替代石化能源的最具发展前景的新能源。因此，合成生物柴油在大气污染防治综合策略中具有举足轻重的地位和意义。目前，与工业合成化学法相比，酶法合成生物柴油具有清洁无污染、条件温和、产物易分离等很多优势，越来越受到人们的关注。例如：脂肪酶可以催化高酸值油和脂肪酸生成生物柴油，采用大孔树脂和阴离子交换树脂固定化的脂肪酶催化黄连木黄连籽油转化生成生物柴油的产率高达 94%；采用固定化的扩展青霉脂肪酶催化废油脂生成甲基酯的效率高达 90% 以上。天然存在的大量微生物为我们提供了多种的天然脂肪酶，是人类合理开发、高效利用固定化酶生成生物柴油的重要来源。综上，利用固定化酶合成生物柴油是人类寻找替代能源的重要途径之一。

2.6.4.7 其他

当前，固定化酶在废水处理、污泥处置、污水生物处理领域具有广阔的市场前景。例如，一方面采用土壤固化酶可以将城市污水厂排出的脱水污泥制备成防渗材料，进而用于固体废物等垃圾填埋场中；另一方面，采用固定化溶菌酶溶解城市污泥，还可以大大提高污泥消化效率，大幅减少最终污泥量。实验证明，经过固定化酶制备而成的防渗材料能够明显提高抗渗性能；利用固定化酶的剩余污泥处理技术跟传统技术相比具有很多优势，如处理周期短、成本低等。此外，实践表明，大孔树脂固定化酶在水解酸化反应池对黄浆废水处理效果良好，因为该新型反应池采用了固定化酶作为生物载体的水解酸化相和驯化后的高温厌氧污泥产甲烷相，处理效果比传统水解酸化反应池大大提高。

2.6.4.8 展望

固定化酶技术具有广阔的发展前景，它具有明显的独特优势。一是固定化酶在降解处理难以去除的有毒有害物质和微量污染物方面具有突出的优势，这是因为它具有高度的底物特异性；二是固定化酶在环境监测和传感器领域具有明显优势，如高效、灵敏等；三是固定化酶的使用减少了有毒有害试剂的使用，因为它非常容易与底物分离，从而可获得纯度较高的终产物，简化了许多生产加工工艺；四是固定化酶的经济节约性，主要在于其可以高度循环重复利用，使得成本大大降低；五是固定化酶绿色环保，且操作简单容易控制；六是固定化酶的连续操作可行性，因为其可以在搅拌方式下在各类反应器中使用，所以可以投入连续生产中。

此外，新的固定化方法正在不断地被开发和采用。固定化酶正在环境监测、评价、污染修复等各领域发挥越来越大的作用。伴随着固定化技术的不断发展，固定化酶技术也在不断发展，固定化酶技术必将为人类解决资源、能源、污染等各类问题提供高效、环保、安全的解决途径。

2.7 酶反应器

2.7.1 酶反应器的概念和要求

酶与固定化酶在进行各类催化反应时，都需要在一定的容器中，这样可以方便控制各类酶催化反应的反应条件和反应速率，用于各类酶催化反应的容器及其附属设备叫作酶反应器。

理想的酶反应器需要满足以下条件：

① 催化剂必须具备较高的比活和浓度，产品转化率较大；

② 可以使用电脑进行自动检测与调控，以获得最佳反应条件；

③ 需要具有良好的底物与产物传质性能；

④ 应该具备最佳的无菌条件。

2.7.2 酶反应器的类型

酶反应器有很多种类，总的来说可分为搅拌罐式、填充床式、流化床式、鼓泡式和膜反应器等（表2-9），按照操作方式分为分批式反应器、连续式反应器和流加分批式反应器。也可以将反应器的结构与操作方式相互结合进行命名，如连续搅拌罐式、分批搅拌罐式等。

表 2-9 常用的酶反应器类型

反应器类型	适用的操作方式	适用的酶	特　点
搅拌罐式反应器	分批式、流加分批式、连续式	游离酶、固定化酶	由反应罐、搅拌器和保温装置组成。设备构造简单，操作比较容易，混合均匀，传质阻力较小，反应条件容易调节
填充床式反应器	连续式	固定化酶	设备简单、操作方便、单位体积酶密度大、应用广泛
流化床式反应器	分批式、流加分批式、连续式	固定化酶	混合均匀、传质好、传热好、温度和酸碱度容易调节、不易堵塞
鼓泡式反应器	分批式、流加分批式、连续式	游离酶、固定化酶	结构简单，操作容易，剪切力小，混合效果好，传质、传热效率高，适合于有气体参与的反应
膜反应器	连续式	游离酶、固定化酶	膜反应器结构紧凑，集反应与分离于一体，利于连续化生产,但是容易发生浓差极化而引起膜孔阻塞，清洗比较困难
喷射式反应器	连续式	游离酶	通入高压喷射蒸汽，实现酶与底物的混合,进行高温短时催化反应，适用于某些耐高温酶的反应

2.7.2.1 搅拌罐式反应器

搅拌罐式反应器是有搅拌装置的一种反应器（图2-29、图2-30），在酶催化反应中是最常用的反应器。它由反应罐、搅拌器和保温装置组成。搅拌罐式反应器可以用于游离酶的催化反应，也可以用于固定化酶的各种催化反应。搅拌式反应器的操作方式根据需要可以分为分批式、流加分批式和连续式3种，与之对应的有分批搅拌罐式反应器和连续搅拌罐式反应器。

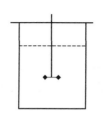 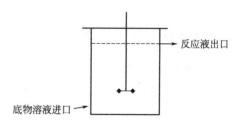

图 2-29　分批搅拌罐式反应器　　　　图 2-30　连续搅拌罐式反应器

（1）分批搅拌罐式反应器

采用分批式反应时，是将酶（固定化酶）和底物溶液一次性加到反应器中，在一定条件下反应一段时间，然后将反应液全部取出。分批搅拌罐式反应器如图 2-29 所示。分批搅拌罐式反应器的优点很多，主要包括设备简单、操作容易、传质阻力较小、反应条件易控等。分批式反应器用于游离酶催化反应时，反应后产物和酶混合在一起，酶难以回收利用；用于固定化酶催化反应时，酶虽然可以回收利用，但是反应器的利用效率较低，而且可能对固定化酶的结构造成破坏。分批搅拌罐式反应器也可以用于流加分批式反应。流加分批搅拌罐式反应的装置与分批罐式反应的装置相同。只是在操作时，先将一部分底物加到反应器中，与酶进行反应，随着反应的进行，底物浓度逐步降低，然后再连续或分次地缓慢添加底物到反应器中进行反应，反应结束后，将反应液一次全部取出。流加分批式反应也可以用于游离酶和固定化酶的催化反应。

某些酶的催化反应，会出现高浓度底物的抑制作用，即在高浓度底物存在的情况下，酶活力会受到抑制作用。通过流加分批的操作方式，可以避免或减少高浓度底物的抑制作用，以提高酶催化反应的速率。

（2）连续搅拌罐式反应器

连续搅拌罐式反应器的结构如图 2-31 所示。连续搅拌罐式反应器只适用于固定化酶的催化反应。在操作时固定化酶置于罐内，底物溶液连续从进口进入，同时，反应液连续从出口流出。在反应器的出口处装上筛网或其他过滤介质，以截留固定化酶，避免固定化酶的流失。也可以将固定化酶装在固定于搅拌轴上的多孔容器中，或者直接将酶固定于罐壁、挡板或搅拌轴上。

连续搅拌式反应器具有结构简单、操作简便、反应条件的调节和控制较容易、底物与固定化酶接触较好、传质阻力较低、反应器的利用效率较高等优点，是一种常用的固定化酶反应器。但要注意控制好搅拌速度，因为搅拌速度过快容易导致固定化酶的结构遭到破坏。

2.7.2.2　填充床式反应器

填充床式反应器是一种用于固定化酶进行催化反应的反应器，如图 2-31 所示。填充床式反应器中的固定化酶是固定不动的，物质的传递与混合是通过底物溶液按照一定的方向、以一定的速度流动来实现的。

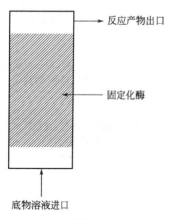

图 2-31　填充床式反应器

填充床式反应器的优点主要包括设备构造简单、操作较为方便、单位体积酶浓度大、使用广泛等。

填充床底层的固定化酶颗粒所受到的压力较大，容易引起固定化酶颗粒的变形或破碎。为了减小底层固定化酶颗粒所受到的压力，可以在反应器中间用托板分隔。

2.7.2.3　流化床式反应器

流化床式反应器是一种适用于固定化酶进行连续催化反应的反应器，如图 2-32 所示。流化床式反应器在进行催化反应时，固定化酶颗粒置于反应容器内，底物溶液连续地以一定的速度从下而上流过流化床反应器，而且同时反应液将会连续地流出来。因此，固定化酶就不断地在翻动状态下进行各类催化反应。

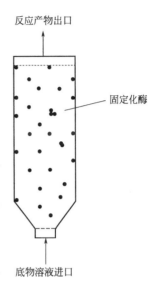

图 2-32　流化床式反应器

在操作时，要注意控制好底物溶液和反应液的流动速度，流动速度过低时，难以保持固定化酶颗粒的悬浮翻动状态；流动速度过高时，则催化反应不完全，甚至会使固定化酶的结构受到损坏。为了保证一定的流动速度，并使催化反应更为完全，必要时，流出的反应液可以部分循环进入反应器。

所采用的固定化酶颗粒不应过大，同时应具有较高的强度。流化床反应器具有很多优点，如混合均匀、传质好、传热好、温度和酸碱度容易调节、不易堵塞等。

但是，由于固定化酶不断处于悬浮翻动状态，流体流动产生的剪切力以及固定化酶的碰撞会使固定化酶颗粒受到破坏。此外，流体动力学变化较大，参数复杂，放大较为困难。

2.7.2.4　鼓泡式反应器

在鼓泡式反应器中，有大量气体从反应器底部通入，从而产生大量气泡，大量气泡在上升过程中使得反应底物充分混合，所以该类反应器中没有搅拌装置，如图 2-33 所示。

鼓泡式反应器一方面可以用于游离酶的各类催化反应，另一方面也可用于固定化酶的各类催化反应。鼓泡式反应器中存在固、液和气三相，所以又称为三相流化床式反应器。

鼓泡式反应器可以用于连续反应，也可以用于分批反应。

鼓泡式反应器具有结构简单、操作容易、剪切力小、物质与热量的传递效率高等优点，是有气体参与的酶催化反应中常用的一种反应器。例如：氧化酶催化反应需要供给氧气，羧化酶的催化反应需要供给二氧化碳等。

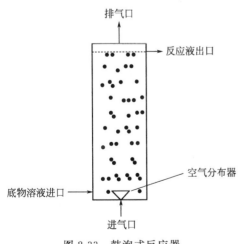

图 2-33　鼓泡式反应器

鼓泡式反应器中，气体和底物同时从反应器的底部一起进入，通常气体需要通过分布器进行分布，以使气体产生小气泡分散均匀。有时气体可以采用切线方向进入，以改变流体流动方向和流动状态，有利于物质和热量的传递和酶的催化反应。

2.7.2.5 膜反应器

膜反应器是将酶催化反应与半透膜的分离作用组合在一起而成的反应器，一方面可用于游离酶的各类催化反应，另一方面也可用于固定化酶的各类催化反应。

用于固定化酶催化反应的膜反应器是将酶固定在具有一定孔径的多孔薄膜中而制成的一种生物反应器。

膜反应器可以制成平板型、螺旋型、管型、中空纤维型、转盘型等多种形状，常用的是中空纤维反应器，如图 2-34 所示。

中空纤维反应器由外壳和数以千计的乙酸纤维等高分子聚合物制成的中空纤维组成。中空纤维的内径为 $200\sim500\mu m$，外径为 $300\sim900\mu m$。中空纤维的壁上分布着许多孔径均匀的微孔，可以截留大分子而允许小分子物质通过。

酶被固定在外壳和中空纤维的外壁之间。培养液和空气在中空纤维管内流动，底物透过中空纤维的微孔与酶分子接触，进行催化反应，小分子的反应产物再透过中空纤维微孔，进入中空纤维管，随着反应液流出反应器。

收集流出液，可以从中分离得到所需的反应产物，必要时分离后的流出液可以循环使用。中空纤维反应器结构紧凑，集反应与分离于一体，利于连续化生产。但是，经过较长时间使用，酶或其他杂质会被吸附在膜上，造成膜的透过性降低，而且清洗比较困难。

膜反应器也可以用于游离酶的催化反应。游离酶膜反应器的装置如图 2-35 所示。

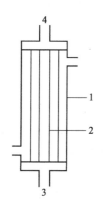

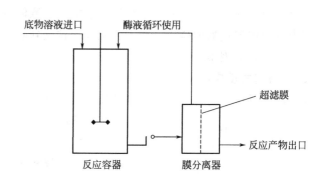

图 2-34　中空纤维反应器示意图
1—外壳；2—中空纤维；3—底物
溶液进口；4—反应产物出口

图 2-35　游离酶膜反应器

游离酶在膜反应器中进行催化反应时，底物溶液连续地进入反应器，酶在反应容器的溶液中与底物反应，反应后，酶与反应产物一起，进入膜分离器进行分离，小分子的产物透过超滤膜而排出，大分子的酶被截留，可以再循环使用。

膜反应器所使用的分离膜，可以根据酶分子和产物分子的大小，选择适宜孔径的超滤膜，分离膜可以根据需要制成平面膜、直管膜、螺旋膜或中空纤维膜等。

采用膜反应器进行游离酶的催化反应，集反应与分离于一体，一则酶可以回收循环使用，提高酶的使用效率，特别适用于价格较高的酶；二则反应产物可以连续地排出，对于产物对催化活性有抑制作用的酶，就可以降低甚至消除产物引起的抑制作用，显著提高酶催化反应的速率。然而，分离膜在使用一段时间后，酶和杂质容易吸附在膜上，不但造成酶的损失，而且会由于浓差极化而影响分离速度和分离效果。

2.7.2.6 喷射式反应器

喷射式反应器（图 2-36）利用高压蒸汽的喷射作用，使得酶与底物充分混合，在高温状态下进行高效短时的催化反应。

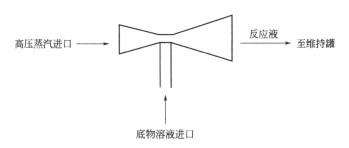

高压蒸汽进口 →　反应液　至维持罐

底物溶液进口

图 2-36　喷射式反应器示意图

喷射式反应器具有结构简单、体积小、混合均匀等优点，由于温度高，催化反应速率快，催化效率高，可在短时间内完成催化反应。

喷射式反应器适用于游离酶的连续催化反应，但是只适用于某些耐高温酶的反应，如已在高温淀粉酶的淀粉液化反应中广泛应用。

2.7.3　酶反应器的选择

不同的酶反应器有不同的性质与特点。因此，需要根据酶、底物和产物的特性，以及操作条件与具体要求进行酶反应器的设计和选择。

在选择酶反应器的时候，主要从酶的应用形式、酶的反应动力学性质、底物和产物的理化性质等几个方面进行考虑。在满足需要的基础上，优先选择结构简单、操作简便、易于维护、适应性强和成本较低的酶反应器。

2.7.3.1　根据酶的应用形式选择反应器

在体外进行酶催化反应时，酶的应用形式主要有游离酶和固定化酶。酶的应用形式不同，其所使用的反应器亦有所不同。

（1）游离酶反应器的选择

在应用游离酶进行各类催化反应时，酶与底物应均匀地溶解在反应溶液中，通过互相作用，进行催化反应。可以选用搅拌罐式反应器、膜反应器、鼓泡式反应器、喷射式反应器等。

① 游离酶催化反应最常用的反应器为搅拌罐式反应器。搅拌罐式反应器的优点是设备简单、操作简便、混合均匀、容易操控等，但是反应后酶与反应产物混合在一起，酶难以回收利用。

游离酶搅拌罐式反应器可以采用分批式操作，也可以采用流加分批式操作。对于具有高浓度底物抑制作用的酶，采用流加式分批反应，可以降低或者消除高浓度底物对酶的抑制作用。

② 对于有气体参与的酶催化反应，通常采用鼓泡式反应器。例如：葡萄糖氧化酶催化葡萄糖与氧反应，生成葡萄糖酸和双氧水，采用鼓泡式反应器从底部通进含氧气体，不断供

给反应所需的氧，同时起到搅拌作用，使酶与底物混合均匀，提高反应效率，还可以通过气流带走生成的过氧化氢，以降低或者消除产物对酶的反馈抑制作用。

③ 对于某些价格较高的酶，由于游离酶与反应产物混在一起，为了使酶能够回收，可以采用游离酶膜反应器。

游离酶膜反应器将反应与分离组合在一起，酶在反应容器中反应后，将反应液导出到膜分离器中，小分子的反应产物透过超滤膜排出，大分子的酶被超滤膜截留，可再循环使用。一则可以将反应液中的酶回收，循环使用，以提高酶的使用效率，降低生产成本。二则可以及时分离出反应产物，以降低或者消除产物对酶的反馈抑制作用，提高酶催化反应速率。

在使用膜反应器时，要根据酶和反应产物的分子量，选择好适宜孔径的超滤膜，同时要尽量防止浓差极化现象的发生，以免膜孔阻塞而影响分离效果。

④ 对于某些耐高温的酶（如高温淀粉酶等），可以采用喷射式反应器，进行连续式的高温短时反应。喷射式反应器混合效果好、催化效率高，只适用于耐高温的酶。

（2）固定化酶反应器的选择

固定化酶是与载体结合在一定空间范围内进行催化反应的酶，具有稳定性较好、可以反复或连续使用的特点。应用固定化酶进行各类催化反应时，可以选择搅拌罐式反应器、填充床式反应器、鼓泡式反应器、流化床式反应器和膜反应器等。

应用固定化酶进行各类催化反应时，由于酶不会或者很少流失，为了提高酶的催化效率，通常采用连续反应的操作形式。

在选择固定化酶反应器时，应根据固定化酶的形状、颗粒大小和稳定性的不同等进行选择。固定化酶的形状主要有颗粒状、平板状、直管状、螺旋管状等，通常为颗粒状固定化酶。颗粒状的固定化酶可以采用搅拌罐式、填充床式、流化床式和鼓泡式等多种反应器进行催化反应。

采用搅拌罐式反应器时，混合较均匀，传质、传热效果好。但是对于机械强度稍差的固定化酶，要注意搅拌桨叶旋转产生的剪切力会对固定化酶颗粒产生损伤甚至破坏。

采用填充床式反应器进行各类催化反应时，单位体积酶密度大，因此催化反应的速率和效率较高。但是填充床底层的固定化酶颗粒所受到的压力较大，容易引起固定化酶颗粒的变形或破碎，造成阻塞现象。所以对于容易变形或者破碎的固定化酶，要控制好反应器的高度。为了减小底层固定化酶颗粒所受到的压力，可以在反应器中间用多孔托板进行分隔，以减小静压力。

采用流化床式反应器时，混合效果好，但是消耗的动力较大，固定化酶的颗粒不能太大，密度要与反应液的密度相当，而且要有较高的强度。

鼓泡式反应器适用于需要气体参与的反应。对于鼓泡式固定化酶反应器，由于有气体、液体和固体三相存在，又称为三相流化床式反应器，具有流化床式反应器的特点。

其他平板状、直管状、螺旋管状的反应器一般是作为膜反应器使用。膜反应器集反应和分离于一体，特别适用于小分子反应产物具有反馈抑制作用的酶促反应。但是膜反应器容易产生浓差极化而堵塞，清洗较困难。

2.7.3.2 根据酶反应动力学性质选择反应器

酶反应动力学是研究酶催化反应的速率及其影响因素的学科，是酶反应条件的确定及控制的理论依据，对酶反应器的选择也有重要影响。

在考虑酶反应动力学性质对反应器选择的影响方面，主要因素为酶与底物的混合程度、底物浓度对酶反应速率的影响、反应产物对酶的反馈抑制作用以及酶催化作用的温度条件等。

① 酶进行催化反应时，首先要与底物结合，然后再进行催化。要使酶能够与底物结合，就必须保证酶分子与底物分子能够有效碰撞，因此，必须使酶与底物在反应系统中混合均匀。在上述各种反应器中，搅拌罐式反应器、流化床式反应器均具有较好的混合效果，填充床式反应器的混合效果较差。在使用膜反应器时，也可以采用辅助搅拌或其他方法，以提高混合效果，防止浓差极化。

② 底物浓度对酶反应速率具有明显影响，一般情况下，酶反应速率伴随底物浓度的增加而不断升高，所以在酶催化反应过程中底物浓度都应保持在较高的水平。但是有些酶催化反应，当底物浓度过高时，会对酶产生抑制作用，称为高浓度底物的抑制作用。

具有高浓度底物抑制作用的酶，如果采用分批搅拌罐式反应器，可以采取流加分批反应的方式进行反应。

对于受到高浓度底物抑制作用的游离酶，可以采用游离酶膜反应器进行催化反应；而对于具有高浓度底物抑制作用的固定化酶，可以采用连续搅拌罐式反应器、填充床式反应器、流化床式反应器和膜反应器等。此时应控制底物浓度在一定的范围，以避免高浓度底物的抑制作用。

③ 有些酶催化反应，其反应产物对酶有反馈抑制作用，当产物达到一定浓度后，会使反应速率明显降低。对于这种情况，最好选用膜反应器，由于膜反应器集反应和分离于一体，能够及时地将小分子产物进行分离，可以明显降低甚至消除小分子产物引起的反馈抑制作用。如果固定化酶的产物具有反馈抑制作用，则可以采用填充床式反应器。在填充床式反应器中，反应液的流动方式是层流，因此混合程度比较低，进而导致产物的浓度基本上是按照梯度分布的。总的来说，靠近进口的区域产物浓度比较低，反馈抑制作用比较弱；而在靠近出口区域处产物浓度较高，反馈抑制作用比较强。

④ 某些酶可以耐受100℃以上的高温，最好选用喷射式反应器，利用高压蒸汽喷射，实现酶与底物的快速混合和反应，由于在高温条件下，反应速率加快，反应时间明显缩短，催化效率显著提高。

2.7.3.3 根据底物或产物的理化性质选择反应器

酶的催化反应是在酶的催化作用下，将底物转化为产物的过程。在催化过程中，底物和产物的理化性质直接影响酶催化反应的速率，底物或产物的分子量、溶解性、黏度等性质也对反应器的选择有重要影响。

① 反应底物或产物的分子量较大时，由于底物或产物难以透过超滤膜的膜孔，所以一般不采用膜反应器。

② 反应底物或产物的溶解度较低、黏度较高时，应当选择搅拌罐式反应器或流化床式反应器，而不采用填充床式反应器和膜反应器，以免造成阻塞现象。

③ 反应底物为气体时，通常选择鼓泡式反应器。

④ 有些需要小分子物质作为辅酶（辅酶可以看作是一种底物）的酶催化反应，通常不采用膜反应器，以免辅酶流失而影响催化反应的进行。

2.7.4 酶反应器的设计

在酶的催化反应过程中，首先要了解酶催化反应的动力学特性及各种参数，然后还要根据生产的要求进行反应器的设计。目的是希望设计出生产成本最低、产品的质量和产量最高的酶反应器。

酶反应器的设计主要包括反应器类型的选择、反应器制造材料的选择、热量衡算、物料衡算等。

2.7.4.1 确定酶反应器的类型

酶反应器的设计，首先要根据酶、底物和产物的性质，按照上一节所述的选择原则，选择并确定反应器的类型。

2.7.4.2 确定酶反应器的制造材料

酶催化反应多在条件温和的条件下进行，一般是在常温、常压、pH 值接近中性的条件下进行的，所以酶反应器的设计对制造材料没有什么特别要求，一般采用不锈钢制造反应容器即可。

2.7.4.3 热量衡算

酶催化反应一般在 30～70℃ 的常温条件下进行，所以热量衡算并不复杂。温度的调节控制也较为简单，通常采用一定温度的热水通过夹套（或列管）加热或冷却的方式，进行温度的调节控制，热量衡算是根据热水的温度和使用量计算的。对于某些耐高温的酶（如高温淀粉酶），可以采用喷射式反应器，热量衡算时，根据所使用的水蒸气热焓和用量进行计算。

2.7.4.4 物料衡算

物料衡算是酶反应器设计的重要任务，主要内容包括以下几点。

（1）酶反应动力学参数的确定

酶反应动力学参数是反应器设计的主要依据。在反应器设计之前，就应当根据酶反应动力学特性，确定反应所需的底物浓度、酶浓度、最适温度、最适 pH 值等参数。

其中，底物浓度对各种酶催化反应速率有显著影响。一般情况下，当底物浓度较低时，反应速率随底物浓度的升高而升高；但当底物升高到一定程度后，反应速率已经达到最大值，因此，即使再增加底物浓度，反应速率也不能再继续提高。而且，有的酶还可能受到过高浓度底物的抑制作用。因此，底物浓度并不是越高越好，而是要确定一个适宜的范围。

酶浓度对催化反应速率影响很大，通常情况下，酶浓度升高，反应速率加快，但是酶浓度并非越高越好。因为酶浓度增加，用酶量亦增加，过高的酶浓度会造成浪费，提高生产成本。所以要确定一个适宜的酶浓度。

（2）计算底物用量

应根据产品产量的要求、产物转化率和收得率，计算所需的底物用量。

产品的产量是物料衡算的基础，通常用年产量（P）表示。在物料衡算时，分批反应器一般根据每年实际生产天数（一般按每年生产 300d 计算），转换为日产量（P_d）进行计算。对于连续式反应器，一般采用每小时获得的产物量（P_h）进行衡算。即：

$$P(\text{kg/a}) = P_d(\text{kg/d}) \times 300 = P_h(\text{kg/h}) \times 300 \times 24 \tag{2-41}$$

产物转化率（$Y_{P/S}$）是指底物转化为产物的比率。即：

$$Y_{P/S} = P/S \times 100\%$$

式中　P——生成的产物量，kg；

　　　S——投入的底物量，kg。

在催化反应的副产物可以忽略不计的情况下，产物转化率可以用反应前后底物浓度的变化与反应前底物浓度的比率表示。即：

$$Y_{P/S} = \frac{\Delta[S]}{[S_0]} = \frac{[S_0] - [S_t]}{[S_0]} \tag{2-42}$$

式中　$\Delta[S]$——反应前后底物浓度的变化；

　　　$[S_0]$——反应前的底物浓度，g/L；

　　　$[S_t]$——反应后的底物浓度，g/L。

产物转化率的高低直接关系到生产成本的高低，与反应条件、反应器的性能和操作工艺等有关，在设计反应器的时候，就要充分考虑如何提高产物转化率。

收得率（R）是指分离得到的产物量与反应生成的产物量的比值，即：

$$R = \frac{分离得到的产物量}{反应生成的产物量} \times 100\% \tag{2-43}$$

收得率的高低与生产成本密切相关，主要取决于分离纯化技术及其工艺条件，在反应器设计进行底物用量的计算时是一个重要的参数。

根据所要求的产物产量、产物转化率和产物收得率，可以按照下式计算所需的底物用量，即：

$$S = \frac{P}{Y_{P/S}R} \tag{2-44}$$

式中　S——所需的底物用量，kg 或 g；

　　　P——反应产物的产量，kg 或 g；

　$Y_{P/S}$——产物转化率，%；

　　　R——产物收得率，%。

在计算所需的底物量时，要注意产物产量的单位，分批反应器通常采用日产量（P_d），则计算得到的是每天需要的底物用量（S_d）；连续反应器一般采用时产量（P_h），则计算得到的是每小时所需的底物用量（S_h）；如果采用年产量，则计算得到的是全年所需的底物用量。

（3）计算反应液总体积

根据所需的底物用量和底物浓度，就可以计算得到反应液的总体积。即：

$$V_t = \frac{S}{[S_0]} \tag{2-45}$$

式中　V_t——反应液总体积，L；

　　　S——底物用量，g；

　　$[S_0]$——反应前的底物浓度，g/L。

对于分批反应器，反应液的总体积，一般以每天获得的反应液总体积（V_d）表示。而对于连续反应器，则以每小时获得的反应液总体积（V_h）表示。

（4）计算酶用量

根据催化反应所需的酶浓度和反应液体积，就可以计算所需的酶量。所需的酶量为所需的酶浓度与反应液体积的乘积。即：

$$E = [E]V_t \tag{2-46}$$

式中　E——所需的酶量，U；

　　　$[E]$——酶浓度，U/L；

　　　V_t——反应液体积，L。

（5）计算反应器数目

在酶反应器的设计过程中，选定反应器类型和计算得到反应液总体积以后，要根据生产规模、生产条件等确定反应器的有效体积（V_0）和反应器的数目。

根据上述计算得到的反应液总体积，一般不采用一个足够大的反应器，而是采用 2 个以上的反应器。为了便于设计和操作，通常要选用若干个相同的反应器。这就要确定反应器的有效体积和反应器的数目。

反应器的有效体积是指酶在反应器中进行催化反应时，单个反应器可以容纳反应液的最大体积，一般反应器的有效体积为反应器总体积的 70%～80%。

对于分批反应器，可以根据每天获得的反应液的总体积、单个反应器的有效体积和底物在反应器内的停留时间，计算所需反应器数目。计算公式如下：

$$N = \frac{V_d}{V_0} \times \frac{t}{24} \tag{2-47}$$

式中　N——反应器数目，个；

　　　V_d——每天获得的反应液总体积，L/d；

　　　V_0——单个反应器的有效体积，L；

　　　t——底物在反应器中的停留时间，h；

　　　24——24h。

对于连续式反应器，可以根据每小时获得的反应液体积、反应器的有效体积和底物在反应器内的停留时间，计算反应器的数目。计算公式如下：

$$N = \frac{V_h t}{V_0} \tag{2-48}$$

式中　N——反应器数目，个；

　　　V_h——每小时获得的反应液体积，L/h；

　　　V_0——单个反应器的有效体积，L；

　　　t——底物在反应器中的停留时间，h。

连续式反应器还可以根据其生产强度计算反应器的数目。

反应器的生产强度是指反应器每小时每升反应液所生产的产物量（g）。可以用每小时获得的产物产量与反应器的有效体积的比值表示；也可以用每小时获得的反应液体积、产物浓度和反应器的有效体积计算得到。即：

$$Q_p = \frac{P_h}{V_0} = \frac{V_h[P]}{V_0} \tag{2-49}$$

式中　Q_p——反应器的生产强度，g/(L·h)；

　　　P_h——每小时获得的产物量，g/h；

V_0——每个反应器的有效体积，L；

V_h——每小时获得的反应液体积，L/h；

[P]——产物浓度，g/L。

连续反应器的数目（N）与反应液的生产强度（Q_p）的关系可用下式表示：

$$N = \frac{Q_p t}{[P]} \tag{2-50}$$

式中　N——反应器的数目，个；

[P]——反应液中所含的产物浓度，g/L；

t——底物在反应器中的停留时间，h。

2.7.5　酶反应器的操作

在酶的催化反应过程中，如何充分发挥酶的催化功能，是酶工程的主要任务之一。要完成这个任务，除了选用高质量的酶、选择适宜的酶应用形式、选择和设计适宜的酶反应器以外，还要确定适宜的反应器操作条件，并根据变化的情况进行调节控制。

2.7.5.1　酶反应器操作条件的确定及其调控

酶反应器的操作条件主要包括温度、pH 值、底物浓度、酶浓度、反应液的混合与流动等。

（1）反应温度的确定与调节控制

酶的催化作用受到温度的显著影响，酶的催化反应有一个最适温度，温度过低，反应速率减慢；温度过高，会引起酶的变性失活。因此，在酶反应器的操作过程中，要根据酶的动力学特性，确定酶催化反应的最适温度，并将反应温度控制在适宜的温度范围内，在温度发生变化时，要及时进行调节。一般酶反应器中均设计、安装有夹套或列管等换热装置，里面通进一定温度的水，通过热交换作用，保持反应温度恒定在一定的范围内。如果采用喷射式反应器，则通过控制水蒸气的压力，以达到控制温度的目的。

（2）pH 值的确定与调节控制

反应液的 pH 值对酶催化反应有明显影响，酶催化反应都有一个最适 pH 值，pH 值过高或过低都会使反应速率减慢，甚至使酶变性失活。因此，在酶催化反应过程中，要根据酶的动力学特性确定酶催化反应的最适 pH 值，并将反应液的 pH 值维持在适宜的 pH 值范围内。采用分批式反应器进行酶催化反应时，通常在加入酶液之前，先用稀酸或稀碱将底物溶液调节到酶的最适 pH 值，然后加酶进行催化反应；对于在连续式反应器中进行的酶催化反应，一般将调节好 pH 值的底物溶液（必要时可以采用缓冲溶液）连续加到反应器中。有些酶催化反应前后的 pH 值变化不大，如 α-淀粉酶催化淀粉水解生成糊精，在反应过程中不需进行 pH 值的调节；而有些酶的底物或者产物是一种酸或碱，反应前后 pH 值的变化较大，必须在反应过程中进行必要的调节。pH 值的调节通常采用稀酸或稀碱进行，必要时可以采用缓冲溶液以维持反应液的 pH 值。

（3）底物浓度的确定与调节控制

底物浓度对各类酶催化反应速率具有重要影响。一般地，在底物浓度比较低的时候，催化反应的速率与底物的浓度成正比关系，反应速率伴随着底物浓度的升高而不断升高；但是，一旦底物浓度达到一定的高度，反应速率便不能继续与底物浓度成正比，而是渐渐趋于平衡。

所以底物浓度不是越高越好，而是要确定一个适宜的范围。通常底物浓度应达到（5~10）K_m，底物浓度过低，反应速率慢；底物浓度过高，反应液的黏度增加，有些酶还会受到高浓度底物的抑制作用。

对于分批式反应器，首先将一定浓度的底物溶液引进反应器，调节好 pH 值，调节到适宜的温度，然后加进适量的酶液进行反应。为了防止高浓度底物引起的抑制作用，可以采用逐步流加底物的方法。

对于连续式反应器，则将配制好的一定浓度的底物溶液连续地加进反应器中进行反应，反应液连续地排出，反应器中底物浓度保持恒定。

（4）酶浓度的确定与调节控制

酶反应动力学研究表明，在底物浓度足够高的条件下，酶催化反应速率与酶浓度成正比，提高酶浓度，可以提高催化反应的速率。然而，酶浓度的提高，必然会增加用酶的费用，所以酶浓度不是越高越好，特别是对于价格高的酶，必须综合考虑反应速率和成本，确定一个适宜的酶浓度。

在酶使用过程中，特别是连续使用较长的一段时间以后，必然会有一部分的酶失活，所以需要进行补充或更换，以保持一定的酶浓度。因此，连续式固定化酶反应器应具备添加或更换酶的装置，而且要求这些装置的结构简单，操作容易。

（5）搅拌速度的确定与调节控制

酶进行催化反应时，酶首先要与底物结合，然后才能进行催化反应。要使酶能够与底物结合，就必须保证酶与底物混合均匀，使酶分子与底物分子能够进行有效碰撞，进而互相结合进行催化反应。

在搅拌罐式反应器和游离酶膜式反应器中，都设计安装有搅拌装置，通过适当的搅拌实现均匀的混合。因此首先要在实验的基础上确定适宜的搅拌速度，并根据情况的变化进行搅拌速度的调节。搅拌速度过慢，会影响混合的均匀性；搅拌过快，则产生的剪切力会使酶的结构受到影响，尤其是会使固定化酶的结构破坏甚至破碎，进而影响反应液的连续排出。

在连续式酶反应器中，底物溶液连续地进入反应器，同时混合和催化。为了使催化反应高效进行，在操作过程中必须确定适宜的流动速度和流动状态，并根据变化的情况进行适当的调节控制。

在流化床式反应器的操作过程中，要控制好液体的流速和流动状态，以保证混合均匀，并且不会影响酶的催化。流体流速过慢，固定化酶颗粒不能很好地飘浮翻动，甚至会沉积在反应器底部，从而影响酶与底物的均匀接触和催化反应的顺利进行。流体流速过高或流动状态混乱，则固定化酶颗粒在反应器中激烈翻动、碰撞，会使固定化酶的结构受到破坏，甚至使酶脱落、流失。流体在流化床式反应器中的流动速度和流动状态，可以通过控制进液口的流体流速和流量以及进液管的方向和排布等方法加以调节。

在填充床式反应器中，底物溶液一般按照固定的方向以稳定的速度流过固定化酶，而且其流动速度决定了酶和底物相互接触的时间，以及催化反应的进行程度。因此，在反应器的直径与高度固定的情况下，流速越慢，反应越完全，但是会导致生产效率越低。因此要选择好流速。在理想的操作情况下，填充床式反应器任何一个横截面上的流体流动速度都是相同的，在同一个横截面上底物浓度和产物浓度也是一致的。此种反应器又称为活塞流反应器（plug flow reactor，PFR）。这种流动方式，只是通过底物溶液的流动与酶接触，混合效果差。

膜反应器在进行酶催化反应的同时，小分子的产物透过超滤膜进行分离，可以降低或者消除产物引起的反馈抑制作用，然而容易产生浓差极化而使膜孔阻塞。因此，除了以适当的速度进行搅拌以外，还可以通过控制流动速度和流动状态，使反应液混合均匀，以减少浓差极化现象的发生。

喷射式反应器反应温度高、时间短、混合好、效率高，可以通过控制蒸汽压力和喷射速度进行调节，以达到最佳的混合和催化效果。

2.7.5.2 酶反应器操作的注意事项

在酶反应器的操作过程中，除了控制好各种条件以外，还必须注意下列问题。

（1）保持酶反应器的操作稳定性

在酶反应器的操作过程中，应尽量保持操作的稳定性，以避免反应条件的激烈波动。在搅拌式反应器中，应保持搅拌速度的稳定，不要时快时慢；在连续式反应器的操作中，应尽量保持流速的稳定，并保持流进的底物浓度和流出的产物浓度不要变化太大；此外，反应温度、反应液 pH 值等亦应尽量保持稳定，以保持反应器恒定的生产能力。

（2）防止酶的变性失活

在酶反应器的操作过程中，应当特别注意防止酶的变性失活。引起酶变性失活的因素主要有温度、pH 值、重金属离子以及剪切力等。

① 酶反应器操作时的温度是影响酶催化作用的重要因素，较高的温度可以提高酶催化反应速率，从而增加产物的产率。然而，酶是一种生物大分子，温度过高会加速酶的变性失活，缩短酶的半衰期和使用时间。因此，酶反应器的操作温度一般不宜过高，通常将其控制在等于或者低于酶催化最适温度的条件下。

② 酶反应器操作中反应液的 pH 值应当严格控制在酶催化反应的适宜 pH 值范围内，过高或过低都对催化不利，甚至引起酶的变性失活。在操作过程中进行 pH 值的调节时，一定要一边搅拌一边慢慢加入稀酸或稀碱溶液，以防止局部过酸或过碱而引起酶的变性失活。

③ 重金属离子会与酶分子结合而引起酶的不可逆变性。因此在酶反应器的操作过程中，要尽量避免重金属离子的进入。为了避免从原料或反应器系统中带进的某些重金属离子给酶分子造成的不利影响，必要时可以添加适量的乙二胺四乙酸（EDTA）等金属螯合剂，以除去重金属离子对酶的危害。

④ 在酶反应器的操作过程中，剪切力是引起酶变性失活的一个重要因素。所以在搅拌式反应器的操作过程中，要防止过高的搅拌速度对酶（特别是固定化酶）结构的破坏；在流化床式反应器和鼓泡式反应器的操作过程中，要控制流体的流速，防止固定化酶颗粒的过度翻动、碰撞而引起固定化酶的结构破坏。

此外，为了防止酶的变性失活，在操作过程中，可以添加某些保护剂，以提高酶的稳定性；酶作用底物的存在往往对酶有保护作用。

2.7.5.3 防止微生物的污染

在酶催化反应过程中，由于酶的作用底物或反应产物往往只有一两种，不具备微生物生长、繁殖的基本条件。酶反应器在进行操作时，与微生物发酵和动、植物细胞培养所使用的反应器有所不同，不必在严格的无菌条件下进行操作。但这并不意味着酶反应器的操作过程就不必防止微生物的污染。

不同酶的催化反应，由于底物、产物和催化条件各不相同，在催化过程中受到微生物污染的可能性有很大差别。

一些酶催化反应的底物或产物对微生物的生长、繁殖有抑制作用，如乙醇氧化酶催化乙醇氧化反应、青霉素酰化酶催化青霉素或头孢菌素反应等，其受微生物污染的情况较少。

有些酶的催化反应温度较高，如 α-淀粉酶、Taq-DNA 聚合酶等的反应温度在 50℃ 以上，微生物无法生长。

有些酶催化时的 pH 值较高或较低，例如，胃蛋白酶在 pH 值为 2 的条件下进行催化，胰蛋白酶在 pH 值为 9 以上时催化蛋白质水解反应等，对微生物有抑制作用。

有些酶在有机介质中进行催化，受微生物污染的可能性甚微。

而有些酶催化反应的底物或产物（如淀粉、蛋白质、葡萄糖、氨基酸等）是微生物生长、繁殖的营养物质，在反应条件适合微生物生长繁殖的情况下，必须十分注意防止微生物的污染。

酶反应器的操作必须符合必要的卫生条件，尤其是在生产药用或食用产品时，卫生条件要求较高，应尽量避免微生物的污染。因为微生物的污染不仅影响产品质量，而且微生物的滋生还会消耗一部分底物或产物，产生无用甚至有害的副产物，增加分离纯化的难度。

在酶反应器的操作过程中，防止微生物污染的主要措施有：

① 保证生产环境的清洁、卫生，要求符合必要的卫生条件；

② 反应器在使用前后，都要进行清洗和适当的消毒处理；

③ 在反应器的操作过程中，要严格管理，经常检测，避免微生物污染；

④ 必要时，在反应液中添加适当的对酶催化反应和产品质量没有不良影响的物质，以抑制微生物的生长，防止微生物的污染。

2.8　酶在环境保护中的应用

2.8.1　酶在环境监测方面的应用

2.8.1.1　利用胆碱酯酶检测有机磷农药污染

环境监测是了解环境情况、掌握环境质量变化、进行环境保护的一个重要环节。酶在环境监测方面已经取得了丰硕的重要成果。

最近几十年来，为了防治农作物的病虫害，大量使用了各种农药。农药的大量使用，对农作物产量的提高起了一定的作用，然而由于农药（特别是有机磷农药）的滥用，导致了严重的生态环境破坏。采用胆碱酯酶检测有机磷农药是目前农药污染监测领域比较好的检测方法。

胆碱酯酶可以催化胆碱酯水解生成胆碱和有机酸：

$$R\!-\!\overset{\text{O}}{\underset{}{\text{C}}}\!-\!O\!-\!CH_2\!-\!CH_2\!-\!\underset{\text{OH}}{N}(CH_3)_3 + H_2O \xrightarrow{\text{胆碱酯酶}} HO\!-\!CH_2CH_2\!-\!\underset{\text{OH}}{N}(CH_3)_3 + R\!-\!COOH$$

胆碱酯　　　　　水　　　　　　　　胆碱　　　　　脂肪酸

因为有机磷农药属于胆碱酯酶的抑制剂，所以可以通过检测胆碱酯酶的活性变化判定有机磷污染的状况。20 世纪 50 年代，就有人通过检测鱼脑中乙酰胆碱酯酶活力受抑制的程度，来检测水中存在的极低浓度的有机磷农药。现在可以通过固定化胆碱酯酶的受抑制情况，检测空气或水中微量的酶抑制剂（有机磷等），灵敏度可达 0.1mg/L。

2.8.1.2 利用乳酸脱氢酶的同工酶检测重金属污染

乳酸脱氢酶（lactate dehydrogenase，EC 1.1.1.27）有 5 种同工酶。它们具有不同的结构和特性。通过检测家鱼血清乳酸脱氢酶（SLDH）的活性变化，可以检测水中重金属污染的情况及其危害程度。镉和铅的存在可以使 $SLDH_5$ 活性升高；汞污染使 $SLDH_1$ 活性升高；铜的存在则引起 $SLDH_4$ 的活性降低。

2.8.1.3 通过 β-葡聚糖酸酶苷检测大肠杆菌污染

将 4-甲基香豆素基-β-葡聚糖苷酸掺入选择性培养基中，样品中如果有大肠杆菌存在，大肠杆菌中的 β-葡聚糖苷酸酶就会将其水解，生成甲基香豆素，甲基香豆素在紫外线的照射下发出荧光，由此可以检测水或者食品中是否有大肠杆菌污染。

2.8.1.4 利用亚硝酸还原酶检测水中亚硝酸盐浓度

亚硝酸还原酶（nitrite reductase，EC 1.6.6.4）是催化亚硝酸还原生成一氧化氮的氧化还原酶。其反应如下：

$$HNO_2 + NAD(P)H \xrightarrow{\text{亚硝酸还原酶}} NAD(P) + NO + H_2O$$

亚硝酸　　还原型辅酶Ⅰ　　　　　　　　辅酶Ⅰ　一氧化氮

利用固定化亚硝酸还原酶制成电极，可以检测水中亚硝酸盐的浓度。

2.8.2 酶在废水处理方面的应用

不同的废水含有各种不同的物质，要根据所含物质的不同，采用不同的酶进行处理。

有些废水中包括淀粉、蛋白质、脂肪等多种有机物，所以可以在好氧和厌氧条件下充分利用微生物进行处理，同时，也可以通过利用固定化淀粉酶、蛋白酶和脂肪酶等来进行处理。冶金工业产生的含酚废水，可以采用固定化酚氧化酶进行处理。含有硝酸盐、亚硝酸盐的地下水或废水，可以采用固定化硝酸还原酶（nitrate reductase，EC 1.7.99.4）、亚硝酸还原酶（nitrite reductase，EC 1.7.99.3）和一氧化氮还原酶（nitric-oxide reductase，EC 1.7.99.2）进行处理。使硝酸根、亚硝酸根逐步还原，最终成为氮气。其反应过程如下：

$$HNO_3 + \text{还原型受体} \xrightarrow{\text{硝酸还原酶}} HNO_2 + \text{受体}$$

$$HNO_2 + \text{还原型受体} \xrightarrow{\text{亚硝酸还原酶}} NO + H_2O + \text{受体}$$

$$2NO + \text{还原型受体} \xrightarrow{\text{一氧化氮还原酶}} N_2 + \text{受体}$$

酶在废水处理中主要用于分解难降解有机物，或催化生化反应的进行，如过氧化物酶在有机废水处理中的应用，包括辣根过氧化物酶、木质素过氧化物酶及从植物中提取的过氧化物酶在含酚废水、含难降解的芳香族化合物废水、造纸废水处理中的研究和应用。固定化酶不仅可降低有毒有机污染物的含量，而且使用固定化酶技术，必然会降低处理废水的成本，提高酶的使用效果。又如芽孢杆菌培养物的胞外酶与真菌纤维素酶的结合可协同降解纤维素，该组合物也可降解糖类、脂肪和蛋白质。

生物酶处理废水的作用机理：生物酶是一种能力巨大的催化剂，可以作用于污染物质中复杂的化学链，将其降解为小分子有机物或无机物，有机物则通过酶反应形成游离基，游离基发生化学聚合反应，生成高分子化合物沉淀，过滤即可除去。与其他微生物处理方法相比，酶技术的应用具有催化效率高、酶促反应条件温和、对设备要求低、反应速率快等优点。

2.8.3 酶在可生物降解材料领域的应用

目前生产中涉及的高分子材料许多都是属于生物不可降解或难以完全降解的材料，这些材料一旦使用将成为固体废物，对环境造成严重的影响。研究和开发可生物降解材料，已经成为当今国内外的重要课题。其中，利用酶的催化作用合成可生物降解材料，已经成为可生物降解高分子材料开发的重要途径。

利用酶在有机介质中的催化作用合成的可生物降解材料主要有：利用脂肪酶的有机介质催化合成的聚酯类物质、聚糖脂类物质；利用蛋白酶或脂肪酶合成的多肽类或聚酰胺类物质等。

聚羟基烷酯（PHA）合成酶是一种非常普通的酶，它存在于大多数细菌的内部。这种酶能够合成一种特殊的聚合物，用于在食物缺乏的状态下存储碳元素。如钩虫贪铜菌能够通过这种酶存储相当于自身干重85％的"食物"。采用不同的起始原料，就会得到不同类型的塑料，而这些起始原料通常是烷烃基辅酶A的一种或几种衍生物（烷烃是一种化学基团，它能够决定聚合物的性质），制得的塑料类型也多种多样，有硬性塑料、软性塑料，以及类似橡胶的弹性塑料。化学家和化学工程师们对PHA合成酶有着极大的兴趣，因为它能可控地将3000个单体精确地连接起来。由于这种蛋白质很难结晶，所以虽然众多科学家已经研究这种酶很久了，但是其结构仍然复杂难懂。若想通过X射线衍射（XRD）研究蛋白质的分子及原子结构，结晶步骤必不可少。一旦有了晶体结构数据，一切迎刃而解。分析显示，PHA合成酶含有两个完全一样的单元结构，即形成一个二聚体。每一个单元都有一个缩聚反应的活性位点，因此推翻了之前的推测——活性位点处于二聚物的表面。

酶的结构对于基底和产物至关重要，一些生物科技公司开始使用PHA合成酶等其他酶类制备塑料制品，有一家公司正在用其生产医疗用品。尽管在很大程度上与传统的塑料制品相比，这样做是不合算的，但是用这种酶合成的聚合物可以用于特殊的领域，如专用聚合物添加剂、乳胶以及一些医学应用。虽然了解酶的结构信息对于降低成本作用不大，但它能够为开发新材料和新用途提供可能。

思 考 题

1. 酶具有哪些催化特性？

2. 何为酶工程？其主要任务有哪些？

3. 简述锁钥假说的内容。

4. 简述诱导契合假说的中心内容。

5. 简述米氏方程的概念和意义。

6. 如何求解米氏常数 K_m？

7. 对于一个遵循米氏动力学的酶而言，当 $[S]=K_m$ 时，若 $v=35\mu mol/min$，v_{max} 是多少？当 $[S]=2\times10^{-5}mol/L$，$v=40\mu mol/min$ 时，这个酶的 K_m 是多少？

8. 举例说明抑制反应动力学的特点和实际意义。

9. 细胞破碎的方法有哪些？各有何优缺点？

10. 酶的提取方法有哪些？

11. 酶的沉淀分离技术有哪些？各自的原理和特点分别是什么？

12. 主要的色谱技术有哪些？简述各自的原理和操作要点。

13. 简述凝胶电泳的分类及其原理。

14. 酶结晶的原理及主要方法有哪些？

15. 什么是酶分子的化学修饰？为什么要对酶分子进行化学修饰？

16. 什么是大分子结合修饰？作用有哪些？

17. 什么是酶分子的侧链基团修饰？有何作用？

18. 酶分子的物理修饰有何作用？

19. 什么是酶分子的定向进化？定向进化有哪些策略？

20. 酶的固定化的主要方法有哪些？

21. 固定化酶的特点是什么？

3

基因工程

3.1 概述

基因工程（genetic engineering）是在分子遗传学和分子生物学发展的基础上于 20 世纪 70 年代初诞生的一项崭新的生物工程技术。基因工程在分子水平上分离提取（或合成）不同生物的遗传物质，在体外切割，再和特定的载体拼接重组，然后把重组 DNA 分子引入细胞或生物体内，使这种外源 DNA（基因）在受体细胞中进行复制与表达，按需要繁殖扩增基因或生产不同的产物或定向地创造生物新性状，并能稳定地传给下代。因此，基因工程又称为基因拼接技术和 DNA 重组技术。基因工程为分子生物学的基础研究提供了有力手段，也是生物工程的一个重要分支，和酶工程（蛋白质工程）、细胞工程、微生物工程及生化工程一起共同组成了生物工程体系，为推动生物和环境等产业的升级和快速发展做出了突出贡献。

3.1.1 基因工程的分子生物学基础

DNA 和 RNA 分别由很多的单脱氧核苷酸（deoxynucleotide）和单核苷酸（ribonucle-otide）聚合而成。除部分病毒以外，大部分生物细胞中储存着双链 DNA 分子，作为生命的蓝图，它和组蛋白结合，形成染色体。在真核细胞分裂期间，染色体进行复制，在减数分裂中，染色体进行交换和重组。所谓基因表达（gene expression），就是指 DNA 分子经转录产生互补的 RNA 分子或最终翻译出蛋白质分子（图 3-1）。染色体与基因之间的关系如图 3-2 所示。

3.1.1.1 DNA 合成

细胞分裂依赖于 DNA 的复制，从而使染色体复制。DNA 的复制主要包括两个概念：两条互补的反向平行的 DNA 单链之间由众多的氢键连接（G-C 碱基配对，A-T 碱基配对）形成稳定的 DNA 双链分子；DNA 合成的起始需要引物提供 $3'$ 羟基，DNA 聚合酶按照 $5' \rightarrow 3'$ 的方向合成 DNA。

3.1.1.2 RNA 合成

RNA 合成也称 DNA 的转录（transcription），此过程需要 RNA 聚合酶的催化，即以单

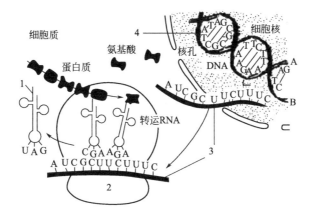

图 3-1　真核细胞中遗传信息传递的过程

1—转运 RNA（tRNA）；2—核糖体；3—信使 RNA（mRNA）；4—染色体 DNA

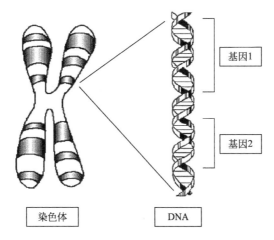

图 3-2　染色体与基因

链 DNA 为模板合成一条互补的 RNA 序列，将遗传信息从 DNA 传递到 RNA。

关于 RNA 的合成应注意：①RNA 的合成产生基因的转录物，它含有该基因的遗传信息；②一个 DNA 模板可以合成多个拷贝的 RNA 分子，RNA 分子的半衰期短，极易被 RNA 酶降解，单位时间内 RNA 转录物合成的数量取决于 RNA 聚合酶转录的起始速率。

3.1.1.3　蛋白质合成

蛋白质合成涉及细胞中的翻译装置——核糖体（ribosome），核糖体是由大量的 rRNA 和核糖体蛋白质组成的。

蛋白质合成中有三个主要的概念：①DNA 基因序列忠实地转录成 mRNA，其三联密码子含有蛋白质合成的信息，称为遗传密码（genetic code）。一共有 64 个密码子，其中有 61 个有义密码子编码 20 种氨基酸，3 个无义密码子作为翻译的终止密码子。②核糖体结合到 mRNA 的 5′端开始蛋白质的合成，第一个氨基酸通常为甲硫氨酸。③在任何 DNA 序列中，理论上能合成一个蛋白质或一个多肽的连续的密码子系列称为可读框（open reading frame，ORF）。

3.1.2 DNA 的结构与功能

3.1.2.1 DNA 的组成

DNA 由碱基、脱氧核糖和磷酸基团组成（图 3-3）。DNA 由 4 种脱氧核苷酸（即 dAMP、dGMP、dCMP、dTMP）通过 $3',5'$-磷酸二酯键相连而成。DNA 不仅是遗传信息的储存者，有的还具有酶的功能。

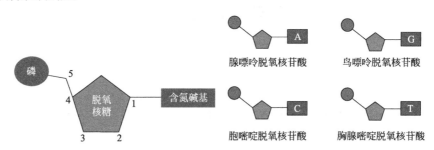

图 3-3 DNA 的组成

3.1.2.2 DNA 的结构

（1）DNA 的一级结构

DNA 的一级结构是指核酸分子中脱氧核苷酸的排列顺序及连接方式。DNA 是生物界的主要信息分子，碱基顺序就是遗传信息所要表达的内容，碱基顺序如有改变，就能引起遗传信息很大的波动。

（2）DNA 的二级结构

DNA 的二级结构以 Watson-Crick 提出的 DNA 右手双螺旋模型为主，主要包括以下内容：

① DNA 分子由两条反向平行的脱氧多核苷酸链围绕同一个中心轴盘曲而成，两条链均为右手螺旋，其走向取决于磷酸二酯键的走向，一条是 $5' \rightarrow 3'$，另一条是 $3' \rightarrow 5'$，如图 3-4 所示。

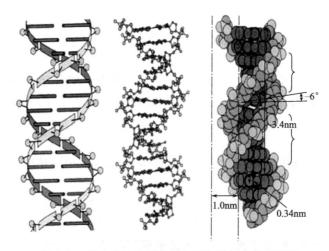

图 3-4 DNA 分子的两条反向平行脱氧多核苷酸链

② DNA 链的骨架由交替出现的亲水的脱氧核糖基和磷酸基构成，位于双螺旋的外侧；碱基位于双螺旋的内侧。

③ 两条脱氧多核苷酸链因碱基之间形成氢键配对而相连（图 3-5），即 A 与 T 配对，形成两个氢键；G 与 C 配对，形成三个氢键。

④ 碱基对平面在螺旋中的位置与螺旋轴几乎垂直，螺旋轴穿过碱基平面，相邻碱基对沿轴旋转 36°，上升 0.34nm。每个螺旋结构含 10 对碱基，螺旋距为 3.4nm，直径是 2.0nm。DNA 两股链之间的螺旋形成凹槽：浅的一条叫小沟（minor groove），深的一条叫大沟（major groove）。大沟携带其他分子的识别信息，是蛋白质识别 DNA 碱基序列、发挥相互作用的基础，如图 3-6 所示。

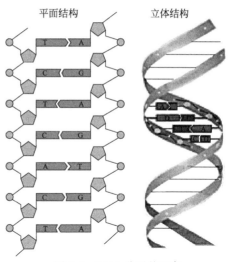

图 3-5　DNA 分子的两条
脱氧多核苷酸链结构

（3）DNA 的三级结构

在细胞中，DNA 双螺旋还可以进一步盘曲形成更复杂的结构，这称为 DNA 的三级结构，它具有多种形式，其中以超螺旋形式最为常见。

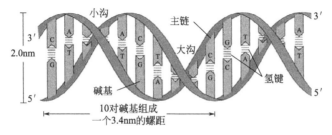

图 3-6　DNA 分子的双螺旋结构模型

由于双螺旋本身具有方向性，因此超螺旋的旋转方向不同可形成两种不同手性的超螺旋：①负超螺旋（negative supercoil），其超螺旋方向与双螺旋方向相反，即左手超螺旋，这是生物体中最常见的 DNA 超螺旋形式；②正超螺旋（positive supercoil），其超螺旋方向与双螺旋方向相同，即右手超螺旋，目前仅发现于一种嗜热菌 *Sulfolobus* 体内。

真核细胞基因组 DNA 的三级结构较为独特，由 DNA 与一组统称为组蛋白（histone）的蛋白质共同构成核小体（nucleosome）。在核小体中，由组蛋白 H_2A、H_2B、H_3 和 H_4 各两分子组成核小体的中心，DNA 分子缠绕其上 7/4 圈，跨长约 146 个碱基对，组蛋白 H_1 所处的位置至今尚无定论。在电子显微镜下，可以看到核小体往往成串存在，成念珠状。在细胞分裂的间期，形成核小体是 DNA 长度压缩的第一步。在核小体形成的基础上，DNA 链进一步折叠成每圈六个核小体、直径为 30nm 的纤维状结构，进而扭曲成"襻"，许多"襻"环绕染色体骨架（scarf-fold）形成棒状的染色体。在染色质中，核小体的形成可能与基因的转录调节控制有一定关系。

3.1.3　DNA 复制

DNA 双螺旋结构有助于揭示 DNA 的复制方式。由于碱基的严格配对，其中一条链的序列可以决定另一条链的序列，任何一条链都是另一条链的镜像互补链。1957 年 Meselson

和 Stahl 的实验表明，在复制完成后 DNA 链与新合成的互补链重新形成双链结构，也就是说 DNA 的复制是采用半保留复制（semiconservative replication）的方式进行的（图 3-7）。它的主要特点包括：在复制起始点形成复制起始叉，半保留复制，具有高度忠实性，需要多种酶，具有半不连续性（图 3-8）。其中，DNA 聚合酶 I（DNA-pol I）的外切酶活性切除错配碱基，并利用其聚合活性掺入正确配对的底物。当碱基配对正确时，DNA-pol I 不表现活性（图 3-9）。

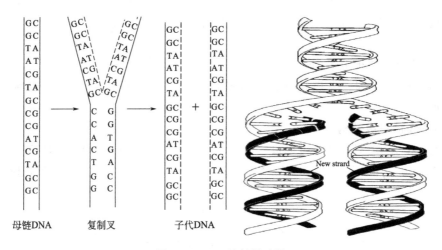

图 3-7 DNA 的复制过程

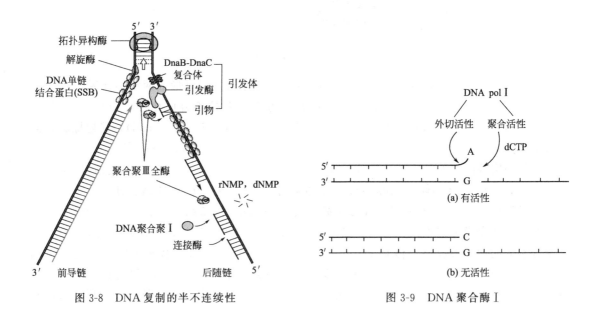

图 3-8 DNA 复制的半不连续性

图 3-9 DNA 聚合酶 I

当认识到染色体与遗传密切相关后，科学家开始研究 DNA 在生命体中的作用及如何发挥作用。在 20 世纪 40 年代早期，George Beadle 和 Edward Tatum 的实验证明，一个基因可以调节一个酶的产生，即建立了"一个基因一个酶"的理论。1956 年 Vernon Ingram 的实验进一步发展了这个理论，即基因可以控制蛋白质的产生，基因和蛋白质的氨基酸序列之间存在对应关系，基因突变会导致蛋白质中一个氨基酸的变化。进一步的数据和资料证明，

RNA 是 DNA 遗传信息和蛋白质氨基酸序列之间的信息桥梁（intermediary）。

现代生物化学家都知道，DNA 可以编码 3 种 RNA，即 mRNA、rRNA 和 tRNA。tRNA 上的反义密码子与 mRNA 上的密码子互补，并在蛋白质的合成过程中携带氨基酸到正确的位置。转录就是以 DNA 为模板将遗传信息转移到 mRNA 的过程，翻译就是将 mRNA 中的遗传信息转移到蛋白质的氨基酸序列的过程（图 3-1）。基因表达的控制是由调节蛋白指导的，当调节蛋白结合到调节位点并抑制转录时，呈现负调控调节模式；当激活蛋白通过引发 DNA 解开螺旋并刺激转录的发生时，则表现为正控调节模式。

3.1.4　RNA 的结构与功能

RNA 在遗传信息的传递过程中起着中介的作用，与 DNA 相比，RNA 种类繁多、分子量较小。RNA 分子一般以单股链存在，但是可以有局部二级结构，即由分子内不同核苷酸序列区段之间通过碱基互补配对形成局部双螺旋，碱基互补配对发生于鸟嘌呤与胞嘧啶之间（G-C）和腺嘌呤与尿嘧啶之间（A-U）。现主要介绍核糖体 RNA（rRNA）、信使 RNA（mRNA）、转运 RNA（tRNA）的结构与功能。RNA 与 DNA 的区别如图 3-10 所示。

3.1.4.1　核糖体 RNA

rRNA 是蛋白质合成的机器——核糖体的组成成分，参与蛋白质的合成。核糖体由大、小亚基组成。真核生物核糖体小亚基只含有一种 rRNA，即 18S RNA；大亚基中含有 28S、5.8S 和 5S 三种 rRNA。其中 28S、5.8S 和 18S rRNA 在核仁中合成。原核生物中 16S rRNA 存在于小亚基中，23S 和 5S rRNA 存在于核糖体的大亚基中。rRNA 与核糖体蛋白质结合形成具有稳定构象的核糖体。

3.1.4.2　信使 RNA

19 世纪 50～60 年代已经知道 DNA 是遗传信息的载体，位于细胞核中，而体现遗传信息的蛋白质的合成则在细胞浆中，因此有人猜测两者之间必然存在一种中介物质（即所谓的信使），将遗传信息传达到细胞浆中。后来研究证实，这种中介物质确实存在，其本质是 RNA，即称其为信使 RNA。

mRNA 占细胞总 RNA 的 1%～5%。mRNA 的分子大小差异非常大，小到几百个核苷酸，大到近 2 万个核苷酸，且 mRNA 的结构在原核生物和真核生物中有很大的差别。

3.1.4.3　转运 RNA

tRNA 分子较小，长度仅为 70～120 个核苷酸。tRNA 分子有数十种，可各携带一种氨基酸，将其转运到核糖体上，供蛋白质合成使用。tRNA 分子内的核苷酸通过碱基互补配对形成多处局部双螺旋结构，未成双螺旋的区带构成所谓的"环"和"襻"。已发现的所有 tRNA 均可呈现图 3-11 所示的"三叶草"二级结构及"L"形三级结构。

按其功能 tRNA 可分为以下三类。

①　起始 tRNA　只识别翻译的起始信号，并结合到核糖体的肽基部位（P 位）上。

②　延长 tRNA　一般结合到核糖体的氨基部位（A 位），然后转移到 P 位。

③　校正 tRNA　在生物体内，结构基因常发生变异，但这种变异产生的有害结果往往可被第二次变异消除，第二次变异就是对第一次变异的校正，称为校正变异。校正变异发生在结构基因内，叫基因校正；发生在结构基因以外的，叫基因间校正。基因间校正往往是通

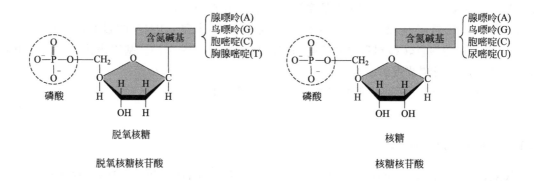

(a) DNA和RNA的化学成分比较(①含氮碱基不同；②五碳糖不同)

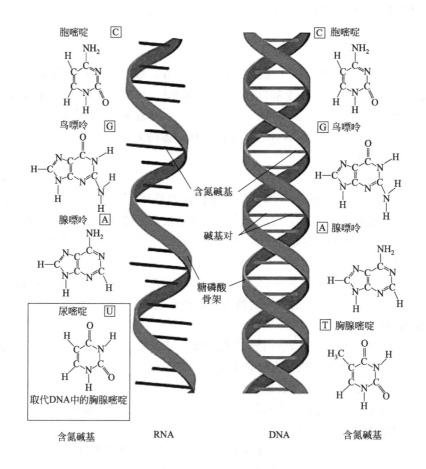

(b) RNA与DNA的结构模型

图 3-10　RNA 与 DNA

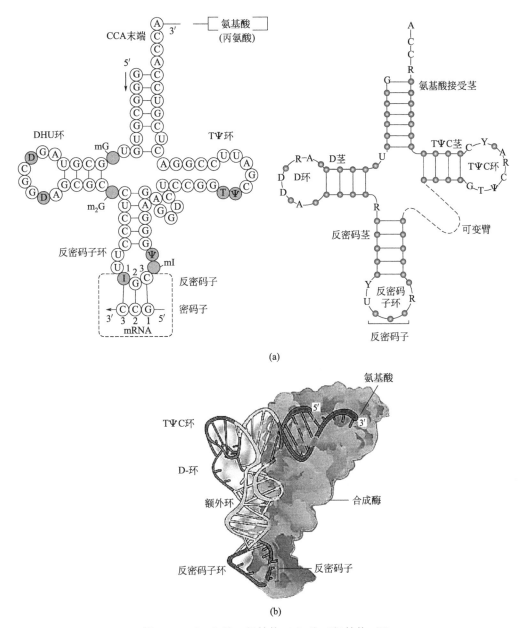

图 3-11　tRNA 的二级结构（a）和三级结构（b）

过校正基因产生校正 tRNA 来实现的。

3.2 DNA 变性、复性与杂交

3.2.1 DNA 变性

　　DNA 变性是指核酸双螺旋碱基对的氢键断裂，双链变成单链，从而使核酸的天然构象和性质发生改变。DNA 变性时不涉及其一级结构的改变，只是维持双螺旋稳定性的氢键发生断裂，从而碱基堆积力遭到破坏，因此凡是能够破坏 DNA 双螺旋结构稳定性的因素［如极端 pH 值、加热和有机试剂（乙醇、尿素及甲酰胺等）］均能使 DNA 分子发生变性。

DNA 变性后常发生典型的理化性质和生物学性质的变化。①黏度降低。DNA 变性后由紧密刚性的双螺旋结构变成柔软而松散的无规则单股线性结构，因此其黏度明显下降。②旋光性改变。DNA 变性后分子的对称性及局部构型发生较大变化，因而 DNA 溶液的旋光性发生明显改变。③发生增色效应（hyperchromic effect）。在生物学研究中，增色效应通常是指由于 DNA 变性而引起的紫外线吸收增加的效应，也就是 DNA 变性后溶液紫外吸收作用增强的效应。DNA 分子具有吸收 250～280nm 波长紫外线的特性，其吸收峰值在 260nm 处。DNA 分子中碱基间电子的相互作用是紫外吸收的结构基础，但双螺旋结构有序堆积的碱基又"束缚"了这种作用。DNA 发生变性后双螺旋链解开，碱基得以外露，从而使得碱基中电子的相互作用更有利于紫外线的吸收，因此产生了增色效应。

当加热使双链 DNA 分子发生变性时，温度升高到一定程度后，DNA 溶液在 260nm 处的紫外吸光度值会突然快速上升到最高值，然而这时如果温度再继续升高，紫外吸光度值也不会再发生明显变化。这个过程，如果以温度值为横坐标，以 DNA 溶液的紫外吸光度值为纵坐标作图，将得到的是一个呈 S 形的典型 DNA 变性曲线，见图 3-12。由这个曲线可知，DNA 分子热变性过程是发生在一个相对较窄的温度范围内的。通常将 DNA 分子热变性过程中紫外线吸收值达到最大值的 50% 时对应的温度称为此 DNA 分子的解链温度，由于此现象和结晶的熔解过程比较相似，因而也称之为熔解温度（T_m，melting temperature）。当温度在 T_m 时，DNA 分子双螺旋结构的 50% 遭到破坏。对于一个特定 DNA 分子来说，其 T_m 值与其 G＋C 含量呈正相关，关系式可以表示为：$T_m = 69.3 + 0.41 \times (G+C)\%$。对于相对较短的 DNA 分子来说，在一定条件下 T_m 值的大小与 DNA 分子长度有关，分子越长，T_m 值越大。另外，溶液的离子强度影响也比较大，当离子强度较低时，T_m 值较低，熔点范围会相对较宽，因此 DNA 分子一般不能保存在离子强度较低的溶液中，而应选择合适的缓冲液来保存。

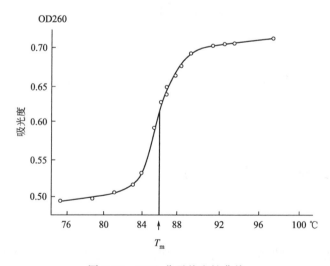

图 3-12　DNA 分子热变性曲线

3.2.2 DNA 分子复性

DNA 分子复性，是指变性后的 DNA 分子在适当条件下，两条互补链部分或全部恢复到天然双螺旋结构的现象，它是变性的一种逆转过程。热变性的 DNA 分子一般经缓慢冷却后即可复性，这个过程又称为"退火"（annealing）。DNA 分子复性过程是一个复杂的多步骤反应过程。首先两条单链相互随机碰撞，如正好在某个区域遇到正确的配对，就可形成双链核心。因为随机撞上的频率很低，这一步发生得比较慢。但一旦双链核心形成，两条链就会很快配对完成复性过程。复性后 DNA 的一系列物理化学性质能得到恢复，如紫外线吸收值下降（减色效应）、黏度增高、比旋增加，生物活性也会得到部分恢复。

复性的条件主要是：①盐浓度要高；②温度要高得适当。复性满足二级动力学：

$$\frac{dc}{dt} = -kc^2 \tag{3-1}$$

式中　c——浓度；

　　　t——时间；

　　　k——速率常数。

3.2.3 DNA 分子杂交

DNA 分子杂交的基础是分子具有互补的碱基序列，可以通过碱基对之间形成氢键等形成稳定的双链区，其原理其实就是碱基互补配对原则。分子杂交通过配对碱基之间的非共价键（主要是氢键）结合，形成稳定的双链区。杂交分子的形成并不刻意要求两条单链的碱基序列完全互补，即使不同来源的核酸分子单链只要彼此之间有一定程度的互补性（也称为同源性）就能够形成杂交双链分子，因此核酸分子杂交可以在 DNA 与 DNA、DNA 与 RNA 或 RNA 与 RNA 的单链之间进行。由于 DNA 分子一般都以双链形式存在，因此在进行核酸分子杂交时，应先将双链 DNA 分子解链成为单链（也就是变性），一般通过加热或提高溶液 pH 值就能实现这一解链过程。分子杂交进行定性或定量分析的最有效方法是将一种核酸单链用同位素或非同位素标记做成探针，再与另一种核酸单链进行分子杂交。因为核酸分子杂交具有较高的灵敏性，已经在生物物种亲缘关系鉴定、基因诊断及环境监测中得到了广泛应用。

3.3　基因工程工具酶

在基因克隆的实验中，一旦纯净的 DNA 样品被制备出来，接下来的一步就是重组 DNA 分子的构建。为了得到这种重组分子，载体分子和将要被克隆的 DNA 分子都必须在特定的位点被切割开并以可控的方式连接在一起。切开和连接是 DNA 分子操作的两个典型技术，大部分都是近年发展起来的。除了被切开和连接，DNA 分子还能够被切短和延长，转录成 RNA 或复制成新的 DNA 分子，以及通过添加或去除一些化学基团而修饰。所有这些操作都能够在试管中进行，使得这些技术不仅可用于基因克隆，还可用于对

DNA 生化性质、基因结构和控制基因表达的研究。本节着重介绍限制性内切酶、连接酶、修饰酶。

3.3.1 限制性内切酶

基因克隆要求 DNA 分子以一种准确的并且是可重复的方式被切割。每一个载体都必须在一个单一位点被切割，以打开环使新的 DNA 能够插进去：一个分子如果被切割超过一次，将会断裂成两个或更多的相互分离的片段，而这些片段无法作为分子克隆的载体。

最初促使限制性内切酶被发现的观察是在 20 世纪 50 年代初，当时观察到有一些细菌菌株对噬菌体的侵染表现出免疫力，这种现象被称为宿主控制性限制（host-controlled restriction）。限制的发生是因为细菌产生出一种能够在噬菌体 DNA 进行复制和合成新的噬菌体颗粒前就将其降解的酶，而细菌本身的 DNA 却不受这种攻击的影响，否则对细胞来说是致命的。这些降解酶被称作限制性内切酶（即限制性内切核酸酶，简称限制酶），很多（也可能是所有）细菌都能够合成，截至目前已有超过 1200 种不同的限制性内切酶被发现和确认。

3.3.1.1 限制性内切酶的分类

按照限制性内切酶的结构、识别切割方式及辅助因子需求等情况，可将其分为主要的三大类型，分别如下。

① 第 1 种类型（Type Ⅰ）：同时具有修饰（modification）及限制性酶切作用，另外还有识别（recognition）DNA 上特定碱基序列的能力，通常其切割位点（cleavage site）距离识别位点（recognition site）可达数千个碱基的距离。例如 *Eco*K 和 *Eco*B 等。

② 第 2 种类型（Type Ⅱ）：只具有识别切割能力，对 DNA 分子的修饰作用由其他酶代替。其所识别序列多为短回文序列（palindromic sequence），所剪切的序列一般也是其所识别的序列。这一类是分子生物学和基因工程中实用性较高并得到广泛应用的限制性内切酶，例如 *Eco*RⅠ 和 *Hind*Ⅲ 等。

③ 第 3 种类型（Type Ⅲ）：兼有修饰和识别切割的能力，与第 1 种类型限制酶相似，可识别短不对称序列，识别位点和切割位点相距约 24～26 个碱基对，例如 *Eco*P1、*Eco*P15 和 *Hinf*Ⅲ 等。

Type Ⅰ 和 Type Ⅲ 限制性内切酶因结构复杂、种类较少，且无特异性，在实际应用中受到限制用得不多；而 Type Ⅱ 是基因克隆中非常重要的内切酶，不但能够识别回文序列（主要为 4～6bp 或更长且呈二重对称的序列），具有特定的酶切位点，而且切割后产生特定的酶切末端，因此实用性较高。常用的 Type Ⅱ 限制性内切酶及其识别序列见表 3-1。

表 3-1 常用的 Type Ⅱ 限制性内切酶及其识别序列

酶	类型	识别序列
*Apa*Ⅰ	Type Ⅱ 限制性内切酶	5′-GGGCC∧C-3′
*Bam*HⅠ	Type Ⅱ 限制性内切酶	5′-G∧GATCC-3′
*Bgl*Ⅱ	Type Ⅱ 限制性内切酶	5′-A∧GATCT-3′

续表

酶	类型	识别序列
*Eco*R I	Type II 限制性内切酶	5′-G∧AATTC-3′
Hind III	Type II 限制性内切酶	5′-A∧AGCTT-3′
Kpn I	Type II 限制性内切酶	5′-GGTAC∧C-3′
Nco I	Type II 限制性内切酶	5′-C∧CATGG-3′
Nde I	Type II 限制性内切酶	5′-CA∧TATG-3′
Nhe I	Type II 限制性内切酶	5′-G∧CTAGC-3′
Not I	Type II 限制性内切酶	5′-GC∧GGCCGC-3′
Sac I	Type II 限制性内切酶	5′-GAGCT∧C-3′
Sal I	Type II 限制性内切酶	5′-G∧TCGAC-3′
Sph I	Type II 限制性内切酶	5′-GCATG∧C-3′
Xba I	Type II 限制性内切酶	5′-T∧CTAGA-3′
Xho I	Type II 限制性内切酶	5′-C∧TCGAG-3′

注：符号"∧"是指内切酶识别切割磷酸二酯键的位置。

3.3.1.2 酶切末端的分类

限制酶可以产生多种末端，现主要介绍如下。

① 黏性末端　识别位点为回文对称结构的序列经限制酶切割后，产生的末端为匹配黏性末端（matched end），亦即黏性末端（cohesive end），这样形成的两个末端是相同的，也是互补的，如图 3-13(a) 所示。

② 平末端　在回文对称轴上同时切割 DNA 的两条链，则产生平末端（blunt end），如图 3-13(b) 所示。产生平末端的 DNA 可任意连接，但连接效率比黏性末端的低。

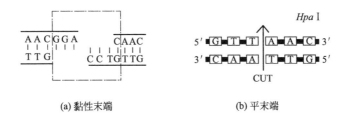

(a) 黏性末端　　　　　　　　(b) 平末端

图 3-13　不同限制性内切酶切割产生的 DNA 片段末端

限制性内切酶的命名方法是宿主属名第一字母＋种名头两个字母＋菌株或生物型号＋序号（罗马字）。如 *Eco*R I。

此外，酶切反应条件包括以下几个方面。

缓冲液：分为通用缓冲液体系和不同公司设立的几种常用的缓冲液体系。

反应温度：大多数为 37℃，一部分为 50～65℃，少数为 25～30℃。

反应时间：通常为 1h 或更久。

终止酶切的方法：EDTA，终止浓度为 10mmol/L；加热，37℃ 的酶在 65℃ 或 80℃ 处理 20min 可使酶活性大部分丧失。

3.3.2 连接酶

重组 DNA 分子构建的最后一步，就是将载体分子和将要克隆的 DNA 连接到一起，这一过程被称作连接，而催化这一反应的酶称作 DNA 连接酶。现已发现几种不同来源或作用于不同底物的连接酶。

3.3.2.1 T4 DNA 连接酶

T4 DNA 连接酶（T4 DNA ligase）的分子量为 60000，催化 DNA 的 $5'$-磷酸基与 $3'$-羟基之间形成磷酸二酯键。反应底物为黏性末端、切口、平末端的 RNA（效率低）或 DNA。低浓度的聚乙二醇（一般为 10%）和单价阳离子（150～200mol/L NaCl）可以提高平末端连接速率，其活性很容易被 0.2mol/L 的 KCl 和精胺所抑制。

3.3.2.2 大肠杆菌 DNA 连接酶

大肠杆菌 DNA 连接酶（*E. coli* DNA ligase）与 T4 DNA 连接酶活性相似，但需要烟酰胺腺嘌呤二核苷酸（NAD^+）参与，且其平末端连接效率低，常用于置换合成法合成 cDNA。

3.3.2.3 *Taq* DNA 连接酶

Taq DNA 连接酶可在两个寡核苷酸之间进行连接反应，同时必须与另一 DNA 链形成杂交体，相当于连接双链 DNA 中的缺口。作用温度为 45～65℃，需 NAD^+。可用于检测等位基因的变化以及在 PCR 扩增中引入寡核苷酸，但不能替代 T4 DNA 连接酶。

尽管所有的活细胞都能产生 DNA 连接酶，但用在基因工程中的连接酶主要是从被 T4 噬菌体感染的大肠杆菌中纯化得到的。在细胞内，DNA 连接酶在修复任何出现在双螺旋分子中的一条链上的断裂区域时发挥着重要作用。断裂是 DNA 链上的一个非常简单的结构，在该处连接两个核苷酸的磷酸二酯键发生缺失（相对应缺口，是指发生一个到多个核苷酸的缺失）。尽管断裂可能是由于细胞 DNA 的随机断裂而引起的，但它们也是 DNA 复制和重组过程的一种自然的结果。由此看出 DNA 连接酶在细胞中发挥关键的作用。

相对于平末端来说，互补的黏性末端的连接反应较高效。这是因为相容的黏性末端能够通过氢键连接相互形成碱基配对，构成一个相对稳定的结构以便于连接酶的作用。如果磷酸二酯键不能很快生成，则黏性末端将会再次分开。然而正是这一碱基配对形成的短暂过程，增加了末端间相互联系的时间，从而提高了连接反应的效率。

在基因克隆实验中，最希望得到的是要被连接在一起的 DNA 分子拥有相容性黏性末端。通常这些黏性末端能够通过用同一种限制性内切酶或者可得到同一酶切结果的不同限制性酶，同时消化载体和要克隆的 DNA 分子而得到，但是，情况并不总是这么令人称心如意。通常的情况是，载体具有黏性末端，而要克隆的 DNA 片段带有平末端。在这些时候，就需要用到以下 3 种方法之一，将正确的黏性末端加到 DNA 片段上。

（1）DNA 衔接物

DNA 衔接物（linker）是一些短片段的双链 DNA，在试管中合成，有已知的核苷酸序列。DNA 连接酶能够把衔接物结合到大的平末端 DNA 分子上。尽管也是平末端连接反应，但是这一特殊反应可以进行得非常高效，因为人工合成的寡核苷酸（比如衔接物），能够被大量制得，并可在连接反应混合物中以非常高的浓度存在。

（2）寡核苷酸接头

当平末端分子包含有一个或多个识别序列时，不难看出使用 DNA 接头存在着一个潜在的缺陷，但寡核苷酸接头（adaptor）将黏性末端连接到平末端分子上的方法被设计出来，可避免出现这一问题。寡核苷酸接头就像 DNA 衔接物那样是短的人工合成的寡核苷酸。但和 DNA 衔接物不同的是，一个寡核苷酸接头在被合成出来的同时就已经具备了一个黏性末端。接下来要做的当然就是将寡核苷酸接头的平末端连接到 DNA 分子的平末端上，以产生新的带有黏性末端的分子。这看起来很简单，但实际上它也带来了新的实践中的问题。每个接头的黏性末端会彼此形成碱基配对而形成二聚体，这会使新生成的 DNA 分子携带的仍然是平末端。

解决上述问题的关键在于了解接头分子准确的化学结构。寡核苷酸接头分子是人工合成的，所以虽然其平末端和天然 DNA 是相同的，但黏性末端却不同于天然 DNA。黏性末端的 $3'$-OH 和通常相同，但 $5'$-P（$5'$-磷酸基团）末端却是经过修饰的，它缺少了磷酸基团，实际上成为了 $5'$-OH 末端。这使得 DNA 连接酶不能够在 $5'$-OH 末端和 $3'$-OH 末端形成磷酸二酯键。因此寡核苷酸接头能够被连接到平末端 DNA 分子上，而不是自身形成二聚体。

（3）通过附加同聚物反应产生黏性末端

附加同聚物反应（homopolymer tailing）技术提供了一种完全不同的、在平末端 DNA 分子上产生黏性末端的方法。同聚物是一种很简单的聚合物，其所有的亚基单位都是相同的分子。一条完全由相同核苷酸（如脱氧鸟嘌呤核苷酸）构成的 DNA 链就是一个典型的同聚物，称作多聚脱氧鸟嘌呤核苷酸或多聚 dG。

当然，为了让两个加上尾部的分子连接在一起，同聚物必须互补。频繁出现的多聚脱氧胞嘧啶核苷酸（多聚 dC）尾部连接到载体上，而同时多聚 dG 连接到将要被克隆的基因上。实际上多聚 dC 和多聚 dG 尾部的长度通常不完全相同，得到的碱基配对的重组分子既有断裂也有缺口。但如果互补附加同聚物反应的长度超过 20 个核苷酸，形成的碱基配对就已经非常稳定了。一旦进入宿主细胞，细胞自身的 DNA 聚合酶和 DNA 连接酶会自动修复重组分子，完成构建过程。

3.3.3 修饰酶

在分子克隆操作中除了上述两种主要工具酶以外，还可以用一些其他的酶对 DNA 或 RNA 进行必要的修饰，以利于克隆的进行。通过添加或删除化学基团来修饰 DNA 分子的酶，统称为 DNA 修饰酶，主要是 DNA 聚合酶。

DNA 聚合酶的活性主要是催化 DNA 的合成（在有模板、引物、dNTP 等的情况下）及其相辅的活性。主要包括以下几种。

3.3.3.1 大肠杆菌 DNA 聚合酶 I

该酶主要用于切口平移法标记 DNA、cDNA 克隆中合成第二链和 $3'$ 突出末端的 DNA 末端标记。

3.3.3.2 Klenow DNA 聚合酶

该酶主要用于补平 $3'$ 凹端 DNA、抹平 DNA $3'$ 凸端、通过置换反应对 DNA 进行末端标记、在 cDNA 克隆中合成第二链和 Sanger 双脱氧链末端终止法的 DNA 测序。

3.3.3.3 T4 噬菌体 DNA 聚合酶

该酶主要用于补平或标记 $3'$ 凹端、置换反应、标记 DNA 片段和将 dsDNA 修成平端。

3.3.3.4 T7 噬菌体 DNA 聚合酶

该酶持续合成能力最强，产物平均长度要大得多，在测定核苷酸序列时有优势，$3' \rightarrow 5'$ 外切活性为 Klenow 的 1000 倍，替代 T4 的功能用于长模板的引物延伸。改造的 T7 噬菌体 DNA 聚合酶可用于测序反应（测序酶）。

3.3.3.5 耐热 DNA 聚合酶

该酶在高温下有 DNA 聚合活性，来自嗜高温的细菌，主要用于 PCR 反应。

另外，其他修饰酶主要包括以下几种。

（1）逆转录酶

该酶主要用于 cDNA 克隆，测转录起始点，$5'$ 突出 DNA 的补平与标记，测序反应和其他 RT-PCR、RNA 二级结构的测定。

（2）T4 多核苷酸酶

该酶从 T4 噬菌体侵染的大肠杆菌中提取，和碱性磷酸酶的活性相反，用于催化 ATP 的磷酸基转移至 DNA 或 RNA 的 $5'$ 末端，标记 DNA 的 $5'$ 末端，制备杂交探针。

（3）碱性磷酸酶

碱性磷酸酶包括牛小肠碱性磷酸酶（CIP 或 CIAP）和细菌碱性磷酸酶（BAP），催化除去 DNA 或 RNA $5'$磷酸的反应，防止 DNA 片段自身连接，从大肠杆菌、牛小肠组织、北极虾中提取。此外，碱性磷酸酶还包括末端脱氧核苷酸转移酶（terminal deoxynucleotidyl transferase），该酶一般从小牛胸腺组织中提取，催化 DNA 分子 $3'$末端添加一个或多个脱氧核苷酸。

3.4 基因工程载体

虽然各种工具酶的发现和应用解决了 DNA 体外重组的技术问题，但是重组后的外源 DNA 还必须回到细胞中才能进行复制和表达，因为外源 DNA 片段不具备自我复制的能力，所以要把克隆的外源基因通过基因工程的手段送进生物细胞中进行复制和表达，就需要运载工具。本节将分别对各类载体进行详细讨论。

3.4.1 定义、分类和特点

能够携带外源 DNA 进入宿主细胞进行扩繁或表达出产物的 DNA 分子称为载体（vector），按照功能、用途可以划分成克隆载体和表达载体两大类。克隆载体主要用于目的 DNA 分子在宿主细胞中的克隆和扩增，而表达载体则主要用于目的 DNA 分子在宿主细胞中表达出产物（包括转录产物和翻译产物）。

载体分子由多种不同部分（称为元件，如启动子、复制子和抗性基因等）组成，它们可以分别源自细菌质粒（plasmid）、噬菌体/病毒 DNA 等。按照基本元件来源可以将载体进一步分为质粒载体、噬菌体/病毒载体、黏粒载体和人工染色体载体等不同类型。

各种载体在结构、大小和功能等多个方面的差异较大，但作为理想的基因工程载体，一般应满足以下几点基本要求：①能在宿主细胞中复制繁殖，而且有较高的自我复制能力。②容易进入宿主细胞且效率越高越好。③容易接受插入的外来核酸片段且基本不影响后续的进入宿主细胞和在细胞中复制的能力。这就要求载体 DNA 分子上要有合适的限制性核酸内切酶位点，而且每种内切酶的酶切位点最好只有一个。④容易从宿主细胞中分离纯化出来，更有利于分子克隆操作。⑤有容易被识别和筛选出来的标记，当其独自或携带外源核酸片段进入宿主细胞后能很容易被辨识和分离出来，更有利于分子克隆操作。⑥具有较好的遗传稳定性。

目前可以较好满足上述基本要求的载体基本上都是后期人工构建载体，每类载体都有独特的结构与功能，以适用于不同的研究目的，并且种类繁多，可选择的余地大。

3.4.2 用于原核生物宿主的载体

在分子生物学发展的早期，科学家们建立了很多研究方法将 DNA 进行体外操作再返回到细胞中，以诱导 DNA 的生物活性。当微生物遗传学家发现细胞质粒并了解细菌 DNA 横向转移的分子机制时，遗传学开始进入了一个转折点。在所有克隆质粒中，最多的一类以大肠杆菌为寄主。有关大肠杆菌的微生物学、生物化学和遗传学知识，人们已积累了大量有价值的资料信息，这使得事实上所有关于基因结构和功能的基础研究都是以大肠杆菌为材料开展的。目前以大肠杆菌为宿主的常用载体有 4 类——质粒、黏粒、噬菌体 M13 和 λ 载体，质粒、噬菌体 M13 和 λ 载体常用于基因克隆，而黏粒多用于构建文库。

3.4.2.1 质粒载体

质粒（plasmid）是一种在原核生物中常见的染色体外自主复制子，它也存在于真核生物及细胞器中，它在正常生长条件下并非必需，也不是细胞基因组的一部分。质粒可分为以下几种类型：①抗药型质粒（antibiotics-resistance plasmid），对抗生素具有抗性，如 R 因子。②致育型质粒（fertility plasmid），也称为接合型质粒（conjugative plasmid）或转移型质粒，如 F 质粒，具有细菌结合所需的基因。③产细菌素型质粒（bacteriocinogenic plasmid），携有编码大肠杆菌素（colicin）的基因，例如 Col 质粒。④降解型质粒（degradative plasmid），这种质粒能编码一种特殊蛋白，可赋予宿主细胞降解代谢水杨酸或甲苯等特殊分子的能力。⑤致毒型质粒（virulence plasmid），能使宿主发生疾病，特别是可编码直接致病的质粒（如合成毒素和诱导肿瘤），如 Ti 质粒和 Ri 质粒。

现在最常用的质粒多含有松弛型复制（relaxed mode of replication）质粒 ColEI 的复制起点。质粒 DNA 克隆载体是指可自我复制的 DNA 分子，可将试管中的外源 DNA 分子带到宿主细胞中，也可在宿主细胞中转移 DNA 片段。质粒克隆载体通常较小，结构紧凑，不含无功能的 DNA，能以松散模式复制。作为载体的质粒要具备三个要素：①具有复制原点，在宿主的细胞中能自主复制；②具有可选择的遗传标记；③具有供外源 DNA 插入的单一限制酶酶切位点。

1972 年 H. Boyer 等构建了第一个用于基因克隆的通用质粒克隆载体，称为 pBR322，它没有质粒移动所必需的序列，因此不可能从细菌中播散到其他生物中。此载体是一个 EColI 复制子且可以在每个 E.coli 细胞中维持约 20 个拷贝，并含有氨基苄青霉素抗性基因（amp^r）和四环素抗性基因（tet^r），总长度为 4363bp，如图 3-14 所示。此载体主要通过插入失活的方式进行筛选，位于 amp^r 和 tet^r 中的限制酶酶切位点对于选择阳性克隆是非常有用的，外源 DNA 可以插入到 pBR322 的单一限制性酶切位点中造成二者失活，最后通过抗生素抗性差异来筛选。外源 DNA 片段插入 pBR322 质粒载体的过程如图 3-15 所示。

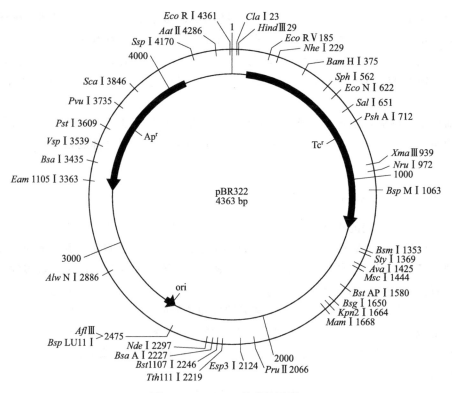

图 3-14 pBR322 的质粒图谱

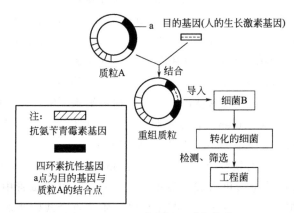

图 3-15 DNA 片段插入质粒载体

除了 pBR322 载体外，还有 pUC18 和 pUC19 载体，大小为 2686bp，带有 pBR322 的复制起始位点，含有氨苄青霉素抗性基因（amp^r）和 β-半乳糖苷酶基因（$LacZ$），可以通过插入失活和 β-半乳糖苷酶颜色反应进行双重筛选，如图 3-16 所示。载体上含有 β-半乳糖苷酶基因（$LacZ$），外源 DNA 插入载体 $LacZ$ 基因中造成 β-半乳糖苷酶的失活，因此不能进一步分解培养基中含有的此酶底物类似物 X-gal 产生蓝色产物，其结果可通过蓝白斑颜色变化直接观察。

3.4.2.2 噬菌体克隆载体

噬菌体就是细菌的病毒，它通过附着到细胞表面的特异受体蛋白上来感染宿主细胞。噬菌体通过感染将它们的 DNA 直接注入宿主细胞，或通过宿主细胞的加工而内化。在大部分

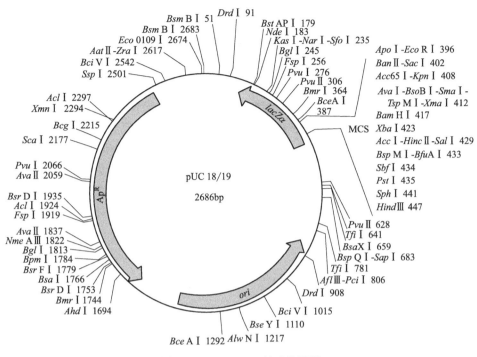

图 3-16　pUC18/19 的质粒图谱

情况下，噬菌体的基因组一旦进入了宿主细胞，就能进行复制和表达，产生感染性的颗粒，通过裂解（lysis）或膜出芽（budding）再从细胞中释放出来。两种最常用的噬菌体克隆载体是温和性 λ 噬菌体和单链丝状噬菌体 M13。

λ 噬菌体感染大肠杆菌后要么使宿主的细胞裂解，释放出约 100 个感染颗粒，要么其 DNA 整合到宿主的基因组中，λ 噬菌体成为原噬菌体（prophage）维持休眠状态、产生溶原化的（lysogenic）宿主细胞，其过程如图 3-17 所示。λ 噬菌体颗粒含有头部和尾部两个主要的结构成分，其基因组是长 48502bp 的双链 DNA 分子，包装在其头部。尾部是噬菌体附着到大肠杆菌的外膜上，并将噬菌体的 DNA 注入宿主细胞所需的结构。其两端带有 12 个碱基的互补单链（黏性末端），称为 cos 区。

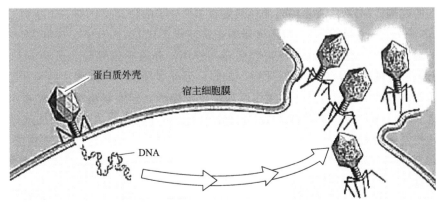

① 噬菌体将自己的DNA注入　　② 噬菌体的DNA利用细菌体内的　　③ 新合成的DNA和蛋白质外壳
　到细菌体内　　　　　　　　　　　成分复制出DNA和蛋白质外壳　　　组聚成并释放出子代噬菌体

图 3-17　λ 噬菌体感染大肠杆菌的过程

λ 噬菌体克隆载体比质粒载体具有更多的优点：①基因组的遗传学背景十分清楚；②载体容量较大，质粒载体一般只能容纳约 10kb 的外源 DNA 片段，而 λ 噬菌体载体的容量可达约 23kb；③具有较高的转染频率。同时，构建 λ 噬菌体克隆载体需遵循以下基本原则：①删除基因组中非必需区，有利于运载较大的外源 DNA 片段；②除去多余的限制位点，便于外源基因的插入；③建立一些筛选方法。

构建途径为切去限制性内切酶的识别序列，在非必需区保留 1～2 个识别序列，切去部分非必需区，在合适区域插入可供选择的标记基因。基本原理是载体和外源 DNA 经酶切后，外源 DNA 片段插入到载体的适当位置，连接形成重组子，在体外噬菌体蛋白作用下，包装形成噬菌体颗粒，通过噬菌体颗粒感染大肠杆菌将重组 DNA 注射到宿主中，经过裂解生长，可增殖重组 DNA。具体步骤包括通过裂解过程增殖载体，回收、分离纯化载体，载体与外源 DNA 的酶切，外源 DNA 与载体的连接，重组噬菌体的体外包装，包装噬菌体颗粒感染宿主和筛选。如图 3-18 所示。

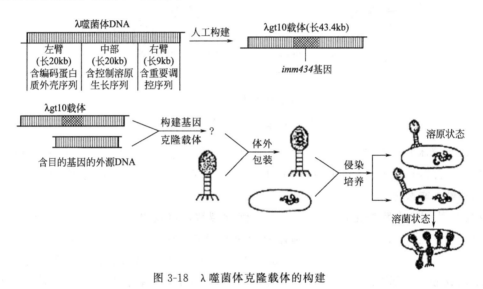

图 3-18　λ 噬菌体克隆载体的构建

M13 噬菌体感染大肠杆菌后环状正链 DNA 立即被宿主蛋白复制，形成双链的复制型（replicative form，RF）。噬菌体包装时所需的蛋白质是由 RF 分子负链转录的 RNA 合成的。在感染的晚期，M13 基因 Ⅱ 编码的核酸酶在 RF 分子的特异位点切一个缺口，进行滚环复制（rolling circle replication），产生大量的正链环状子代 DNA 分子。单链 M13DNA 被包装在宿主的细胞膜内，通过和噬菌体蛋白的相互作用，释放感染颗粒。虽然 M13 抑制了被感染大肠杆菌细胞的分裂，但并不杀死宿主细胞，因此在菌苔上出现浑浊的噬菌斑。

M13 克隆载体可用于产生 DNA 测序反应的单链模板，但要解决在 DNA 重组反应中需要大量双链 DNA（RF 型）的困难。另外，M13 的滚环复制机制也会受到插入序列和其大小的影响，使得感染后一些重组子出现低表现度。为了解决这些问题，在 20 世纪 90 年代就建立了 M13 噬菌体和质粒的嵌合克隆载体，称为噬菌粒（phagemid），它同时含有双链和单链的复制起点。

M13 噬菌体载体的特点是：①M13 不裂解宿主细胞，基因组具有单链环状和双链环状（RF）两种形态。RF DNA 可作为克隆载体，在细胞中可扩增到 100～200 个拷贝，插入 2kb 片段。②基因组中有一个 507bp 的非必需的基因间序列（intergenic sequence，IS）区，可插入外源 DNA，对 M13 无影响。同时 M13 噬菌体载体还具有较多功能，如作测序的模板、定向突变的模板，用于合成探针以及噬菌体展示（phage display）等。M13 噬菌体的结构组成和基因组结构如图 3-19 所示。

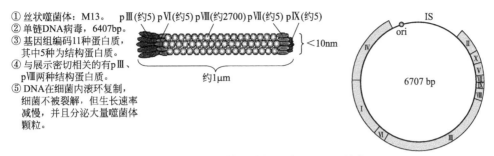

① 丝状噬菌体：M13。
② 单链DNA病毒，6407bp。
③ 基因组编码11种蛋白质，其中5种为结构蛋白质。
④ 与展示密切相关的有pⅢ、pⅧ两种结构蛋白质。
⑤ DNA在细菌内滚环复制，细菌不被裂解，但生长速率减慢，并且分泌大量噬菌体颗粒。

图 3-19　M13 噬菌体的结构组成和基因组结构

3.4.3　用于真核生物宿主的载体

大多数克隆实验都把大肠杆菌选作宿主，而且大肠杆菌有最广泛的克隆载体可使用。然而在真核生物基因克隆实验中酿酒酵母占有重要地位，正如它在酿造和面包制造中担任了重要角色一样，它作为宿主生物，根据被克隆的基因可生产重要的药品。在大多数酿酒酵母菌株中发现的 2μm 质粒是在真核生物细胞内找到的为数不多的几个质粒中的一个。

2μm 质粒有着相当优秀的基础用以开发成为克隆载体。其大小为 6kb；在酵母细胞内有相当多的拷贝数，约 70～200 个。它的复制依赖于一个质粒的起始位点，复制酶由宿主提供，编码蛋白的 *REP*1 和 *REP*2 基因由质粒本身携带。

然而 2μm 质粒作为克隆载体并非完美无缺，首先就是筛选标记的问题。实际上为了解决此问题，经常使用一个普通的酵母基因，往往是一个与氨基酸生物合成有关的酶的基因。如 *LEU*2 基因，它编码的 β-异丙基苹果酸脱氢酶，在催化丙酮酸到亮氨酸的转化过程中起作用。但用此方法要求宿主必须是营养缺陷型（auxotrophic）突变体，含有一个无功能的 *LEU*2 基因。即此种酵母不能自己合成亮氨酸，必须在加入亮氨酸的培养基中才能存活。

基于 2μm 质粒构建的载体，称为酵母游离型质粒（yeast episomal plasmid，YEp）。有些 YEp 包含完整的 2μm 质粒，有的只包含 2μm 质粒的复制起点。YEp13 就是后者的一个例子。

以 YEp13 为例可以说明酵母克隆载体的一些共同特点，最显著的是它们通常都是穿梭载体（shuttle vector），既可在原核中复制、扩增，也可在真核中扩增、表达。除了包含 2μm 质粒的复制起点和 *LEU*2 基因外，YEp13 还含有整个 pBR322 质粒的序列。因此，它在酵母和大肠杆菌这两种宿主细胞内都可以进行复制和筛选。

在酵母中进行克隆实验的标准步骤：先在大肠杆菌中进行，筛选出重组体，然后检查纯化重组的质粒是否符合预期设想，再把正确的分子转进酵母细胞。如图 3-20 所示。

除了 YEp，还有其他几种用于酿酒酵母菌株的克隆载体，下面介绍最重要的两种。

① 酵母整合型质粒（yeast integrative plasmid，YIp）　是把一个细菌质粒加上一个酵母基因构建的。如 YIp5，就是在 pBR322 中加入酵母基因 *URA*3 构建的。该基因编码乳清酸核苷-5′-磷酸脱羧酶，该酶催化嘧啶核苷酸生物合成途径中的一步。*URA*3 可以像 *LEU*2

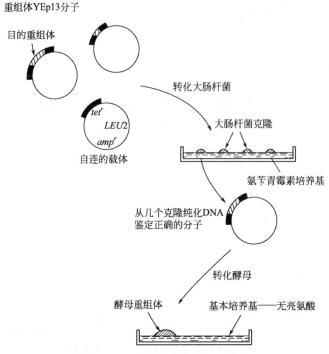

图 3-20　利用大肠杆菌筛选重组体

一样作为筛选标记。YIp 不包含 $2\mu m$ 质粒的任何部分，不能自主复制，但它可以整合到酵母染色体上而保存下去。整合的过程与 YEp 一样。

② 酵母复制型质粒（yeast replication plasmid，YRp）　携带一段酵母染色体 DNA 序列，其中包含复制起点，所以该质粒可以自主复制。和复制起点非常接近的地方存在几个酵母基因，其中一两个可以用作筛选标记。YRp7 就是这样一种载体，它是在 pBR322 质粒中加上酵母基因 TRP1 构建的。该基因与色氨酸的生物合成有关，在染色体上紧挨着复制起点。在 YRp7 中的这一段酵母染色体 DNA 序列，同时包含 TRP1 基因和复制起点。

最后一种可以考虑选用的酵母克隆载体是酵母人工染色体（yeast artificial chromosome，YAC），此种载体是用染色体在酵母中能得以维持所需的一些 DNA 元件来构建的，pYAC4 的遗传结构如图 3-21 所示。pYAC4 的工作原理如图 3-22 所示，对于 BamHI 切割后形成的微型酵母染色体，当用 EcoRI 或 SmaI 切割抑制基因 SUP4 内部的位点后形成染色体的两条臂，与外源大片段 DNA 在该切点相连就形成一个大型人工酵母染色体，通过转化进入到酵母菌后可像染色体一样复制，并随细胞分裂分配到子细胞中去，达到克隆大片段 DNA 的目的。装载了外源 DNA 片段的重组子导致抑制基因 SUP4 的插入失活，从而形成

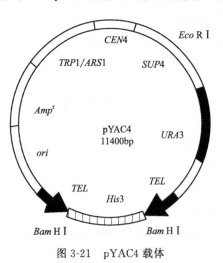

图 3-21　pYAC4 载体

红色菌落；而载体自身连接后转入到酵母细胞后形成白色菌落。这些红色的装载了不同外源

DNA 片段的重组酵母菌菌落的群体就构成了 YAC 文库。YAC 文库装载的 DNA 片段的大小一般可达 200～500kb，有的可达 1Mb 以上，甚至 2Mb。图 3-23 表示了 pYAC4 载体如何用来构建典型的人类 YAC 文库。

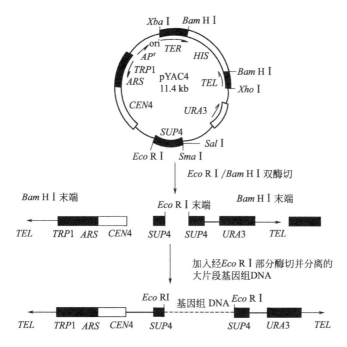

图 3-22　pYAC4 的工作原理

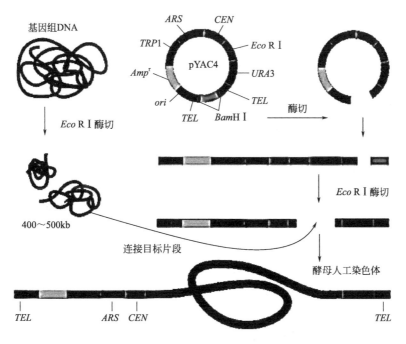

图 3-23　pYAC4 载体构建人类 YAC 文库

3.4.4 用于植物宿主的载体

高等植物的克隆载体在 20 世纪 80 年代被开发出来，它们的应用产生了基因改造作物。在这里我们主要关注克隆载体以及怎么使用它们。

有 3 种高等植物的载体系统获得了不同程度的成功：①由农杆菌中发现的天然质粒发展来的载体；②用不同的质粒 DNA 进行的直接转化法；③基于植物病毒的载体。

3.4.4.1 根瘤农杆菌

根瘤农杆菌是一种土壤微生物，能够在很多双子叶植物的根部形成冠瘿。当植物受伤时，根瘤农杆菌能乘虚而入，在植物的根冠处形成茎组织来源的肿瘤状膨大，即冠瘿。

根瘤农杆菌形成冠瘿的能力，与它细胞内的 Ti （tumour inducing，即肿瘤诱导）质粒有关。Ti 质粒是一个相当大的质粒，长度超过 200kb，携带大量与感染有关的基因。感染植物后，质粒分子的一部分可以整合进植物的染色体 DNA，这段称为 T-DNA 的片段，依菌株的不同，长度在 15~30kb。T-DNA 能在植物细胞内稳定存在，还能作为染色体的一部分传递到子代细胞。但 Ti 质粒最引人注目的地方还在于，T-DNA 上有 8 个左右的基因可以在植物细胞内表达，并引起转化细胞的癌变。

但是 Ti 质粒太大，要想在一个 200kb 的质粒中找到一个单酶切位点，简直是不可能的事，必须制定如何把外源 DNA 插入到质粒中去的新策略，常用的有两种：

① 双载体策略 基于这样一个观察，T-DNA 并不需要真正连接到 Ti 质粒的剩余部分上。于是，就可以构建一个双质粒系统，一个是去除 T-DNA 的 Ti 质粒，另一个是与 T-DNA 相连的相对较小的质粒，这样就可以有效地转化植物细胞。

② 共整合策略 改造 pBR322 或是其他类似的大肠杆菌质粒，让它们携带 T-DNA 的一小部分。这个新构建的质粒和 Ti 质粒的同源序列意味着，当它们共存于同一个根瘤农杆菌内时，两者间会发生重组，使得 pBR 质粒整合进 Ti 质粒的 T-DNA 区域。这样，就可以把要克隆的 DNA 插入 pBR 质粒的单酶切位点上，转化进含有 Ti 质粒的根瘤农杆菌，经重组新基因被整合进 T-DNA。感染植物后，新基因就和 T-DNA 一起被整合到植物染色体上了。

如果用携带处理过的 Ti 质粒的根瘤农杆菌，通过天然途径，从茎部的伤口去感染植物，那么只有那些构成冠瘿的细胞含有被克隆的基因。对一个生物技术学家来说这明显没有价值，因此必须找到一种方法使植物的每一个细胞都含有新的基因。

使植物的所有细胞都转化，最简单的是用根瘤农杆菌去感染培养在液体培养基中的植物细胞或是原生质体，而不是成熟的植株。然后，在选择性培养基平板上，筛选出转化体。由转化后的细胞发育再生得到的成熟植株，它的每一个细胞都含有被克隆的基因，并能把这些基因传递给它的后代。

近年来，人们投入了相当大的热情来开发基于 Ri 质粒 （Ri plasmid）的植物克隆载体。Ri 质粒是在发根农杆菌中被发现的，有着与 Ti 质粒相似的性质，主要的区别在于 Ri 质粒的 T-DNA 进入植物体后，不使植物产生冠瘿，而是使植物长出发状根，其典型特征是大量增生高度分枝的根系。

3.4.4.2 用直接转化法在植物中克隆基因

直接转化法 （direct gene transfer）基于 1984 年首次观察到的一个现象：一个超螺旋的

细菌质粒，虽然不能在植物细胞内自主复制，但可以通过重组而整合到植物细胞的某条染色体上。直接转化法所需要用到的超螺旋质粒，通常是一个简单的细菌质粒，插入合适的筛选标记（如卡那霉素抗性基因）和被克隆的基因。

其中一种方法就是把原生质体悬浮在聚乙二醇形成的黏稠溶液中，聚乙二醇是一种聚合的带负电荷的化合物，被认为可以把 DNA 沉淀到原生质体表面，然后经细胞胞吞作用把 DNA 摄入细胞内。另外还可通过携带 DNA 的脂质体与原生质体融合，或用包裹有 DNA 的硅针刺穿细胞壁把 DNA 送进细胞内部等方法进行直接转化。

把处理后的原生质体置于特定的溶液中几天，使细胞壁重新形成。再把细胞置于选择性培养基中筛选出重组体，并提供愈伤培养成分以使细胞发育出完整的植株。

3.4.4.3 植物病毒作克隆载体的尝试

对植物病毒载体人们探索了很多年，但没有重大突破。一个难题就是大多数植物病毒的基因组都是 RNA 而非 DNA。对 RNA 的操作很难进行，因为 RNA 病毒并不适宜开发作为克隆载体。仅有两类 DNA 病毒可以感染高等植物，即花椰菜花叶病毒（caulimovirus）和双生病毒（geminivirus），但它们用作克隆载体都不是很理想。

（1）caulimovirus 载体

尽管在 1984 年，最早获得成功的植物基因工程实验，就是在萝卜中通过 caulimovirus 载体转入了一个新的基因，但对于这类病毒载体而言有两个普遍的缺点限制了它们的应用。

首先，就像 λ 噬菌体一样，能够包装进病毒蛋白质外壳的 DNA 大小是受严格限制的。即使删除掉病毒基因组中非必要部分，能插入的 DNA 长度仍是非常有限的。其次，caulimovirus 的宿主范围太窄了，这把克隆实验限制在少量几种植物中，主要是芸薹类植物，如萝卜、胡萝卜和花椰菜。然而，caulimovirus 的能在所有植物中起作用的高活性启动子，使得它在基因工程中非常有用，可用来表达用 Ti 质粒或直接转化法进入植物体内的基因。

（2）geminivirus 载体

此载体的天然寄主包括玉米和小麦，这意味着它们是很有潜力的载体，可以应用于这两种植物以及其他单子叶植物。但它们的应用也面临着特有的一些难题，其中之一就是，在感染周期中，一些 geminivirus 会发生基因重排和删除，这会搅乱插入的 DNA。当用它们作克隆载体时，这将是一个很明显的缺点。经多年的研究，这些问题已不复存在，geminivirus 已开始在植物克隆领域有了特殊的应用，并会在将来发挥越来越重要的作用。

3.4.5 用于动物宿主的载体

迄今为止，人们已经投入了大量精力在应用于动物细胞的克隆载体上。基于临床的考虑，人们把大部分的注意力放在了哺乳动物的克隆体系上，但是在昆虫表达体系上也获得了重要进展。

3.4.5.1 昆虫的克隆载体

黑腹果蝇（*Drosophila melanogaster*）的使用价值最先被著名的遗传学家 Thomas Hunt Morgan 发现。因为果蝇的同源选择基因（控制果蝇的整体发育框架的一些基因）与哺乳动物的同源选择基因有着密切的联系，这使得黑腹果蝇成为研究人类发育过程的理想模型。

在果蝇中没有发现任何质粒，另外，虽然果蝇也受病毒的侵染，但人们并没有基于这些病毒开发载体。实际上，人们是使用被称为 P 元件（P element）的一种转座子（transposon）进行果蝇的克隆实验的。转座子在各种生物中普遍存在，它们是一段短的 DNA 链，长度不超过 10kb，在细胞中能从染色体的一个位置移到另一个位置上。P 元件就是存在于果蝇中的转座子之一，它有 2.9kb 长，包含 3 个基因，在 P 元件的两端各含有一小段反向重复序列。转座酶由这 3 个基因编码，能识别转座子两端的反向重复序列，并执行转座功能。

P 元件不仅能从同一染色体的一个位置移到另一个位置，还能跨染色体移动，并能从含有 P 元件的质粒移动到果蝇的一条染色体上。而最后一种情况正是应用 P 元件作克隆载体的关键。克隆载体被设计成含有两个 P 元件，其中一个 P 元件中有可插入被克隆基因的酶切位点。当插入外源基因后，转座酶的编码序列被破坏了，因此这个 P 元件是无活性的。相应地，该质粒中的另一个 P 元件所携带的转座酶基因是完整的。更理想的情况是，这个完整的 P 元件不被转座到果蝇染色体上去，因此剪掉它的"翅膀"：它两端的反向重复序列被去掉了，转座酶不再把它识别为一个真正的 P 元件。当被克隆的外源基因被插入到载体上后，质粒 DNA 被显微注射进果蝇的胚胎中去。后一个 P 元件上的转座酶基因编码转座酶，转座酶把带有外源基因的 P 元件转到染色体上。若这一过程发生在生殖种系细胞的细胞核中，那么由这个胚胎发育来的成年果蝇在它的所有细胞中均含有这个新的基因。

尽管人们并没有开发用于果蝇的病毒载体，但有一类病毒在以其他昆虫为宿主的基因克隆中发挥着重要作用，那就是杆状病毒（baculovirus）。

3.4.5.2　在哺乳动物中克隆基因

当前之所以在哺乳动物中克隆基因，不外乎以下 3 个目的。

① 为了做基因敲除（gene knockout）。在这项技术中，在生物体染色体上，删除的基因会"敲除"掉已存在的功能。通常以啮齿动物（如小白鼠）为实验对象。

② 为了用哺乳动物的细胞生产重组蛋白质。相关的技术是生物体制药（pharming），即对某种动物进行基因改造，饲养它以获得某种珍贵的蛋白质（比如某种药物），而这些重组蛋白质通常随动物的乳汁而被分泌出来。

③ 为了做基因治疗（gene therapy）。即对人类细胞进行基因改造以治疗某种疾病。

第一次关于哺乳动物细胞的克隆实验是在 1979 年进行的，当时使用的载体是基于 SV40（猿猴病毒 40）构建的。SV40 能够感染某些种类的哺乳动物，并在其中一些宿主中进行裂解周期，而在另一些宿主中进行溶源周期。SV40 的基因组大小是 5.2kb，包含两套基因：早期基因，在感染的早期表达，产生与病毒 DNA 复制有关的蛋白质；晚期蛋白，编码外壳蛋白质。与 λ 噬菌体和植物病毒 caulimovirus 一样，当用 SV40 作载体时有相同的问题：病毒外壳对包装长度的要求限制了插入的外源 DNA 的大小。

比起 SV40，腺病毒可以允许长达 8kb 的插入 DNA 片段，但是它们自身的基因组就很大，使得操作不太好进行。而同样拥有相对较大的插入 DNA 容量的乳头状瘤病毒，则具有一个显著的优点：用它可以获得一个稳定的细胞系。腺伴随病毒（adeno-associated virus，AAV）是一种与腺病毒无关的病毒，但是常常在感染了腺病毒的组织中被发现，因为 AAV 能利用腺病毒合成的一些蛋白质来进行自身的复制。

但是病毒载体没能在哺乳动物基因克隆领域得到广泛的应用，一个重要原因是在 20 世纪 90 年代早期发现把外源基因转进哺乳动物细胞的最有效的方法是显微注射。尽管操作复杂，但是显微注射细菌质粒或是线状 DNA 能够把外源 DNA 插进染色体，它们经常以一种一前一后头尾相连的串联形式存在。总的看来这种方法比病毒载体更好，它避免了病毒 DNA 感染宿主而引起这样那样的问题。

3.5 目的基因的获得

基因工程的主要目的是使优良性状相关的基因聚集在同一生物体中，创造出具有高度应用价值的新物种，这样的基因通常称为目的基因。目的基因主要是编码蛋白质（酶）的结构基因，诸如抗逆性相关基因、生物药和保健品相关基因、毒物降解相关基因以及工业用酶相关基因等。随着生物长期的进化，生物界积累了大量对人类有用的基因，它是大自然赐予人类的宝贵资源，等待着人们去开发利用，造福自身。

3.5.1 基因的组成及分类

作为一个具有功能的结构基因，从 5′端 mRNA 转录位点开始到 3′端的 mRNA 转录终止信号结束。但此基因能否转录取决于其上游的转录调控因子和下游的终止子。转录的 mRNA 能否翻译出多肽（酶），还取决于 mRNA 是否存在核糖体识别和结合的位置，以及起始密码子 AUG 和终止密码子 UAA、UAG 或 UGA，所以一个能转录、翻译的结构基因依次包括以下几部分：转录启动区、核糖体识别区、编码区（包括起始密码子 ATG，可读框，终止密码子 TAG、TAA 或 TGA）和转录终止区。不同类型基因组的基因组成稍有不同，因此必须根据基因组类型和实验需要分离含结构基因的 DNA 片段。

3.5.2 原核生物基因的组成

3.5.2.1 基因区

原核生物的基因多数以操纵子形式存在，完成同类功能的多种基因聚集在一起，处于同一个启动区的调控之下，下游同具一个终止子。但各基因分别有起始密码子 ATG 和终止密码子 TAA（或 TAG、TGA），两个基因之间存在长度不等的间隔序列，但也有例外。

3.5.2.2 启动区

启动区是 RNA 聚合酶识别、结合和开始转录的一段 DNA 核苷酸序列。原核启动子由两段彼此分开且又高度保守的核苷酸序列组成，对 mRNA 合成极为重要。其中−35 序列区 5′-TTGACA-3′/3′-AACTGT-5′，提供了 RNA 聚合酶识别信号；−10 序列区 5′-TATAAT-3′/3′-ATATTA-5′，有助于 dsDNA 局部双链解开。

操纵子除启动子外，往往还含有一些其他调节转录的因子。如乳糖操纵子除启动子（p）外，还有调节因子（i）和操纵因子（o）。

3.5.2.3 SD 区

在起始密码子序列 ATG 上游约 10bp 处，有一个富含嘌呤的保守序列区。SD 序列以及 SD 序列与起始密码子 AUG 之间的距离决定了 mRNA 在细菌中的翻译效率。

3.5.2.4 转录终止子和终止因子

在一个基因的 3' 端或是一个操纵子的 3' 端，提供转录停止信号的 DNA 核苷酸序列称为终止子（terminator），协助 mRNA 聚合酶识别终止信号的辅助因子（蛋白质）称为终止因子（terminator factor）。

所有原核生物的终止子与终止点之间均有一段回文结构，其产生的 RNA 可形成由茎环构成的发夹结构。该结构可使聚合酶减慢移动或暂停 RNA 的合成，但不是所有发夹型的二级结构都是终止序列。

3.5.3 真核生物基因的组成

3.5.3.1 基因区

真核生物染色体基因组的基因一般单独存在，并且两个基因之间有很长的非编码间隔序列区，甚至在基因内部也有一至多个非编码间隔序列区，称为内含子（intron）。而编码序列区称为外显子（extron）。尽管某基因是由多个外显子和内含子组成的，但只有一个起始密码子码 ATG 和一个终止密码子 TAA（或 TGA、TAG）以及一个信号释放因子（signal release factor，sRF）。

3.5.3.2 转录启动区

真核生物的三类 RNA（rRNA、mRNA、tRNA）分别由 RNA 聚合酶 I、RNA 聚合酶 II、RNA 聚合酶 III 转录。它们的启动子各有不同的结构特点。编码蛋白质基因的启动子（RNA 聚合酶 II 识别的启动子）通常可找到三个保守区。中心在 $-20 \sim -30$ 位置的 TATAA/TA 区，称为 TATA 框或 Hogness 框，其功能可能是使起始 DNA 双链解开，并决定转录的起点位置；在 -75 位置左右存在 9bp 共有序列 GGT/CCAATCT，称为 CAAT 框，其作用可能与 RNA 聚合酶结合有关；在更上游处有另一个共有序列 GGGCGG，称为 GC 框，为某些转录因子结合序列。CAAT 框和 GC 框对转录起始效率有较大影响。

3.5.3.3 转录终止子

对真核生物转录的终止子信号和终止过程了解其少，由 RNA 聚合酶 II 转录的产物在 3' 端被切断进行多聚腺苷酸化，并无终止作用。

3.5.4 其他基因组基因的组成

3.5.4.1 质粒的基因

已发现不少质粒 DNA 编码的少量结构基因，其基因组成比较简单，一般有启动子、编码区和终止子组成，不含内含子。

3.5.4.2 病毒（噬菌体）的基因

病毒的基因因种类不同有的定位在 DNA 上，有的定位在 RNA 上。病毒的基因以多顺反子进行转录，很多基因的定位是重叠的，称为重叠基因。有的基因还有内含子。

3.5.4.3 线粒体的基因

线粒体 DNA 中含有一系列与能源代谢有关的基因，一般以多顺反子进行转录。线粒体的基因缺少 SD 序列区。

3.5.4.4 叶绿体的基因

叶绿体 DNA 中含有一系列与光合作用相关的基因，一般以多顺反子进行转录。启动子同原核生物基因的启动子相似，但离转录起始点 100~300bp。

3.5.5 原核生物目的基因的获得

3.5.5.1 基因文库的构建

基因文库指将某生物体的全部基因组 DNA 用限制性内切酶或机械力量切割成一定长度范围的 DNA 片段，与合适的载体体外重组并转化相应的宿主细胞获得的所有阳性菌落。

对于原核生物来说，基因结构比较简单，基因文库可以作为直接提供基因工程所需的各种目的基因的来源。

为保证能从基因文库中筛选到某个特定的基因，基因文库必须具有一定的代表性和随机性。代表性是指从文库中可以分离任何一段基因组 DNA。在文库构建过程中通常采用两个策略来提高文库的代表性：①采用部分酶切和随机切割的方法来打断染色体 DNA，以保证克隆的随机性；②增加文库的总容量，以提高覆盖基因组的倍数。为预测一个完整基因组文库应包含克隆的数目，1976 年 Clark 和 Carbon 提出如下计算公式：

$$N = \ln(1-P)/\ln(1-f) \tag{3-2}$$

式中　N——一个基因组文库必需的克隆的数目；

　　　　P——所期望的目的基因在文库中出现的概率；

　　　　f——插入片段的大小与全基因组大小的比值。

以大肠杆菌为例，其基因组大小约为 4.6Mb，$P=0.99$，当平均插入片段大小为 20kb 时，$f=20\ kb/4600\ kb$，则 $N=1057$，即当期望从一个平均插入片段为 20kb 的大肠杆菌基因组文库中筛选到任意一个目的基因的概率达到 99%，该基因文库至少应包含 1057 上重组克隆。

3.5.5.2 基因文库的筛选和分析

基因组文库的构建过程一般包括以下几个部分：载体的制备，细胞染色体大分子 DNA 的提取和大片段的制备，载体与外源大片段的连接，体外包装及基因组 DNA 文库的扩增，重组 DNA 的筛选和鉴定。如图 3-24 所示。现以 λ 噬菌体为例介绍构建基因文库的过程。

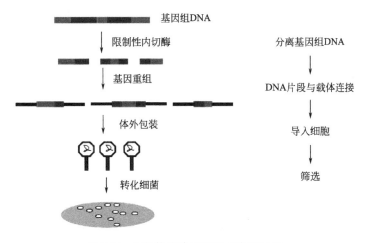

图 3-24　λ 载体构建基因组文库的过程

① λ 载体的制备。为了能容纳较长的外源片段，要去除 λ 基因组的非必需区段。

② 细胞染色体大分子 DNA 的提取和大片段的制备。为了保证基因文库的多样性，应尽可能地对基因组 DNA 进行随机切割。一般有两种方法：物理化学法，如利用机械力和超声波等进行切割；生物化学法，通常是利用限制性核酸内切酶进行切割。

③ 载体与外源片段的连接。这一过程一般采用两种方式：一是黏性末端连接，使 λ 载体与外源 DNA 两端具有相同的黏性末端；二是人工接头法，如用 $EcoR$Ⅰ 接头进行连接。

④ 体外包装与基因组 DNA 文库的扩增。体外包装是指在试管中完成噬菌体在寄主内组装的全部过程，经此过程形成完整的噬菌体粒子，其感染受体菌的转导效率增加。重组 DNA 在受体菌中大量增殖的结果是在平板上形成大量的噬菌斑，每一个噬菌斑就是一个克隆，这些克隆就构成了某种生物的基因组 DNA 文库。

⑤ 重组 DNA 的筛选和鉴定。基因文库构建完毕就可以利用噬菌斑原位杂交技术从大量噬菌斑中筛选出带有目的基因的重组克隆。

3.5.6 真核生物目的基因的获得

3.5.6.1 cDNA 方法

来自真核生物的 mRNA 经反转录酶催化合成 DNA，其序列与 mRNA 互补，故称为互补 DNA(cDNA)。由于真核生物的基因组含有大量的非编码区、间隔序列和重复序列等，直接利用基因组文库很难得到目的基因，而 mRNA 是基因转录加工后的产物，不含有内含子和其他调控序列。因此由 mRNA 逆转录构建 cDNA 文库比基因组文库获得目的基因更有优势。

cDNA 文库构建分为四步：细胞总 RNA 的提取和 mRNA 的纯化；cDNA 第一条链的合成；cDNA 第二条链的合成；双链 cDNA 与载体连接构成重组体。如图 3-25 所示。

（1）mRNA 的分离纯化

由于大多数真核生物 mRNA 分子的 3′ 端都有一段 poly(A) 尾巴，这种特殊的序列结构为从总 RNA 中分离纯化 mRNA 提供了方便。纯化 mRNA 的方法普遍是将提取的总 RNA 流经结合有人工合成的寡聚脱氧胸腺嘧啶核苷酸 [oligo(dT)] 的色谱柱，oligo(dT) 与 poly(A) 杂交，进而可将 mRNA 与其他 RNA 分离开来。

（2）cDNA 第一条链的合成

由 mRNA 到 DNA 的过程需要反转录酶的催化。反转录酶是依赖 RNA 的 DNA 聚合酶，合成 DNA 时需要引物引导。常用的引物主要有 oligo(dT) 引物和随机引物。oligo(dT) 引导的 cDNA 合成同样利用了 mRNA 特殊的末端结构，即 poly(A) 尾巴。以 oligo(dT) 为引物在逆转录酶催化下可合成 cDNA 的第一条链。随机引物合成的 cDNA 采用 6～10 个随机碱基的寡核苷酸序列短片段来锚定 mRNA 并作为反转录的起点。在这种情况下 cDNA 的合成可以从 mRNA 的许多位点同时开始，比较容易合成特长的 mRNA 分子的 5′ 端序列。

（3）cDNA 第二条链的合成

此过程就是将上一步形成的 mRNA-cDNA 杂合双链变成互补双链 cDNA 的过程。目前第二条链合成的方法主要有置换合成法和同聚物加尾法（自身引导法）。如图 3-26 所示，自身引导法的步骤是：氢氧化钠消化杂合双链中的 mRNA 链；解离的第一条链 cDNA 的 3′-末端就会形成一个发夹环，引导 DNA 聚合酶复制出第二条链；利用 S1 核酸

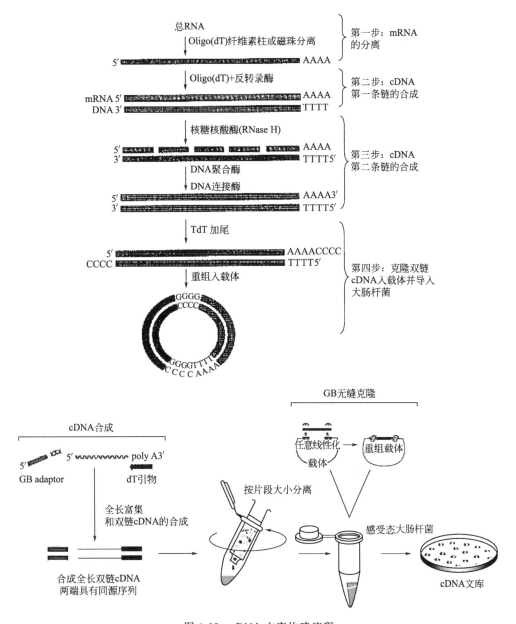

图 3-25　cDNA 文库构建流程

酶将连接处切断形成平端结构。置换合成法的具体步骤如图 3-27 所示。此外还有一种方法叫作引物-衔接头合成法，第一条链合成后采用末端转移酶（TdT）在第一条链 cDNA 的 3′-端加上一段 Poly(dC) 的尾巴，用一段带接头序列的 Poly(dG) 短核苷酸链作引物合成互补的 cDNA 链。

（4）双链 cDNA 与载体连接构成重组体分子

由于平端连接的效率低，双链 cDNA 在和载体连接之前，要经过同聚物加尾、加接头等一系列处理，其中添加带有限制性酶切位点接头是最常用的方法。cDNA 与载体连接构成重组体后，将其导入大肠杆菌宿主细胞，便可得到 cDNA 文库。

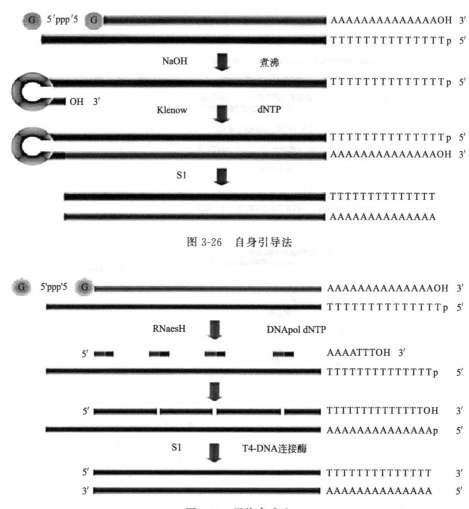

图 3-26 自身引导法

图 3-27 置换合成法

3.5.6.2 PCR 法

PCR 技术是一种酶促化学反应技术，可以在小离心管里将待测目的基因在很短的时间内扩增几十万倍乃至上百万倍，具有特异性强、灵敏度高、产率高、快速简便、重现性好及易自动化等众多突出优点，已经成为生物学及相关学科实验室等常用的经典分子分析技术。

（1）PCR 的定义

聚合酶链式反应（polymerase chain reaction，PCR）技术，是科学家 Kary Mullis 在美国 Cetus 公司人类遗传研究室工作期间于 1985 年发明的一种在体外快速扩增特定 DNA 序列的技术，因此又称为 DNA 体外快速扩增法。它是现代分子生物学研究中的一项富有革命性的创举，对整个生命科学及相关学科的研究与发展都有着重要影响，目前已经在分子生物学、分子诊断学、分子法医学、分子考古学、遗传工程研究、环境监测及分子生态学等众多学科领域得到了广泛应用。

（2）PCR 技术的基本原理

PCR 技术的基本原理类似于天然 DNA 的复制过程，即在 DNA 模板、寡聚核苷酸引物、4 种 dNTP 和有耐热能力的 DNA 聚合酶共存的体系中，以聚合酶催化 DNA 合成反应为基础，以高温变性、低温退火、中温延伸三步反应步骤为循环，专一性地扩增位于两段已知 DNA 序列之间的区段，每一次循环的产物作为下一次循环的模板，如此循环 30～40 次，如图 3-28 所示。PCR 技术的特异性取决于寡聚核苷酸引物与 DNA 模板之间结合的特异性。

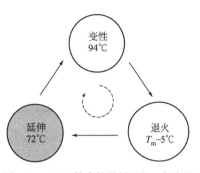

图 3-28　PCR 技术扩增循环的一般步骤

（3）PCR 扩增的一般步骤

PCR 扩增的原理和一般反应过程（见图 3-29 和图 3-30）如下。

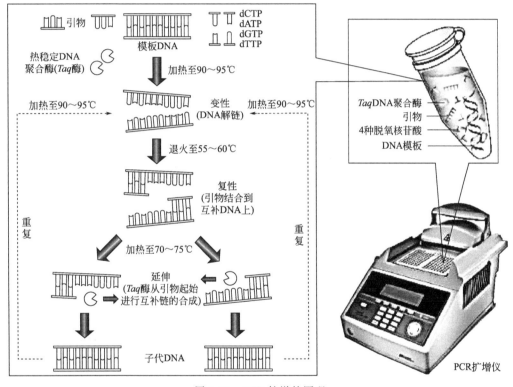

图 3-29　PCR 扩增的原理

① 变性（denature）　反应系统加热到 94℃，氢键断裂，形成单链 DNA 作为互补链聚合反应的模板。

② 退火（annealing）　混合物被冷却到 50～60℃，每个分子的两条链能够在该温度下重新结合的情况发生的可能性不大，因为混合物中含有大量的短 DNA 分子，称作寡聚核苷酸引物（primer），其具有分子反应动力学方面的优势而更容易优先结合到模板上。

③ 延伸（extension/elongation）　温度升高到 72℃后耐热 DNA 聚合酶催化引物按 $5' \rightarrow 3'$ 方向延伸，通过聚合反应合成模板 DNA 链的互补链。这与刚开始的两条链相比，就有了 4 条 DNA 链，实现了第一次倍增。

接下来温度又被升高到 94℃，每一个双链 DNA 分子，都同时含有一条原来的链，而另一条链是新合成的。这些双链 DNA 分子变性为单链，又开始了第二轮变性→退火→延伸的

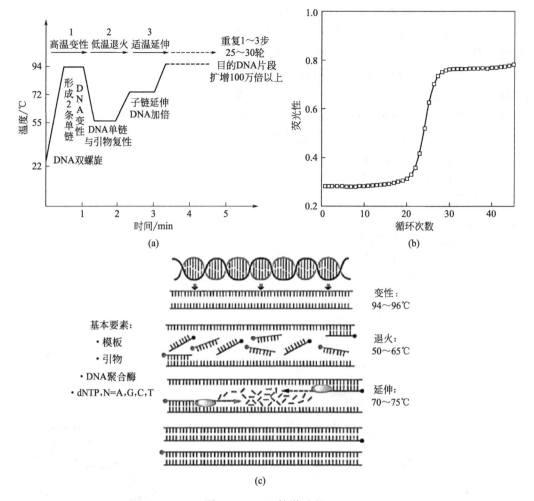

图 3-30　PCR 扩增过程

循环，并随后产生 8 条 DNA 链。PCR 扩增的最终结果是：经 n 次循环后，反应混合物中所含有的双链 DNA 分子数，即两条引物结合位点之间的 DNA 区段的拷贝数，理论上的最高值可达 2^n（n 为循环次数）。

（4）PCR 体系

PCR 体系由以下基本要件组成：模板分子（template）、寡聚核苷酸引物（primer）、dNTP、缓冲体系（buffer）、Mg^{2+} 和耐热 DNA 聚合酶（polymerase）。

① 模板　单、双链 DNA 和 RNA 都可作为 PCR 的模板，如果起始模板为 RNA，首先要通过逆转录得到 cDNA 的第一条链，再作为模板进行 PCR 扩增。对于模板来说，反应体系里的模板分子的质量和数量对 PCR 的扩增至关重要。

② 引物　引物是反映 PCR 扩增特异性的关键所在，PCR 扩增产物的特异性取决于引物与模板 DNA 互补匹配的程度。理论上只要知道任何一段模板 DNA 序列，都能以其设计互补的寡核苷酸链作引物，利用 PCR 就可将模板 DNA 在体外大量扩增。引物设计时需要注意较多问题，比如特异性、引物长度、目的区段大小、G+C 含量等。

③ dNTP　dNTP（deoxy-ribonucleoside triphosphate，脱氧核糖核苷三磷酸）是包括dATP、dGTP、dCTP 和 dTTP 等在内的统称，N 是指含氮碱基，代表 A、G、C、T、U

等变量中的一种。在 PCR 体系中，dNTP 的浓度应在 $50\sim200\mu mol/L$ 比较好，4 种 dNTP 的浓度要相等（也就是要等物质的量配制，或者也可以从生物工程公司直接购买等物质的量混匀的试剂），偏高或偏低都很容易引起错配，浓度过低又会降低最终 PCR 产物的产量。

④ 缓冲体系　普通的 PCR 体系标准缓冲液可以用 $10mmol/L$ 的 Tris-HCl、$1.5mmol/L$ 的 $MgCl_2$、$50mmol/L$ 的 KCl 及 $0.1g/L$ 的明胶配制，但是具体应用时还要根据具体扩增反应选择优化的缓冲液条件。

⑤ Mg^{2+}　Taq DNA 聚合酶在合成新 DNA 链时，要求有游离的 Mg^{2+}，浓度一般要求为 $1.5mmol/L$ 左右。Mg^{2+} 浓度过低时酶活力明显下降，无 PCR 产物；过高时酶可以催化非特异扩增。通常情况下要求反应体系中有 $0.5\sim2.5mmol/L$ 的游离 Mg^{2+}。反应体系中的 DNA 模板、引物和 dNTP 都可能与 Mg^{2+} 结合，并且高浓度的 DNA 对其也有干扰作用，都会影响 Mg^{2+} 的有效浓度。

⑥ 耐热 DNA 聚合酶　PCR 反应中使用的 DNA 聚合酶是耐高温的，在 90℃ 以上的高温仍有活性。Taq DNA 聚合酶既有聚合作用，也有 $5'\rightarrow3'$ 外切酶活性，但缺乏 $3'\rightarrow5'$ 外切酶活性，因此不能纠正链延伸过程中核苷酸的错误掺入。同时具有 $3'\rightarrow5'$ 外切酶活性的高温 DNA 聚合酶在扩增过程中不是不会错配，只不过是错配的概率相对减小而已。所以 PCR 扩增产物的序列不是绝对真实的，需要通过测序才能更好地判断其保真性。

3.6　目的基因的导入

外源目的基因与载体分子在体外经过连接重组后形成稳定的重组杂合 DNA 分子时就具备了复制或表达的能力，但仍然需要进入宿主细胞内才可能实现最终的复制或表达。另外，所得到的重组体分子是否构建得正确也需要进一步验证，因此，在构建了重组体分子之后，接下来的工作就要将重组 DNA 分子导入受体细胞，并对转化的细胞进行仔细的筛选和鉴定，从而获得正确的含有目的基因的阳性重组子，这也是分子克隆过程的关键环节，要为后续研究基因的结构和功能奠定好坚实的基础。

3.6.1　受体细胞及其分类

受体细胞（receptor cell）又称为宿主细胞（host cell），是指在转化或转导/转染中能够接受外源基因的宿主细胞。

并不是所有的细胞都能用作受体细胞，作为受体细胞一般必须具备以下几个条件：①具备较好接受外源 DNA 的能力；②一般应为限制酶表达缺陷型（或限制-修饰系统缺陷）；③一般应为 DNA 重组缺陷型；④为了安全性，一般应不易寄居在人体内或在非培养条件下稳定生存；⑤DNA 应不易随便转移。

选择受体细胞一般应遵循的原则主要有：①无致病性，安全性较高；②有利于重组 DNA 分子导入受体细胞和重组子的后续筛选；③密码子无明显偏好，具有较好的翻译后加工能力，从而更有利于用作真核基因表达；④遗传稳定性较高，相关内源蛋白水解酶缺失或含量较低，有利于重组 DNA 分子稳定存在及后续扩大培养发酵；⑤具有较高的理论和应用价值。

3.6.1.1 原核生物细胞

原核生物细胞是较为理想的受体细胞类型，其原因如下：

① 大部分原核生物细胞没有纤维素组成的坚硬的细胞壁，便于外源 DNA 的进入。

② 没有核膜，染色体 DNA 没有固定结合的蛋白质，这为外源 DNA 与裸露的染色体 DNA 重组减少了麻烦。

③ 基因组简单，不含线粒体和质体基因组，便于对引入的外源基因进行遗传分析。

④ 原核生物多数为单细胞生物，容易获得一致性的实验材料，并且培养简单、繁殖迅速、实验周期短、重复实验快。

鉴于上述原因，原核生物细胞普遍作为受体细胞用来构建基因组文库和 cDNA 文库，或用来建立生产目的基因产物的工程菌，或作为克隆载体的宿主菌。但是，以原核生物表达真核生物基因也存在一定缺陷，有为数不少的真核生物基因不能在大肠杆菌中表达出具有生物活性的功能蛋白。其原因是：第一，原核生物细胞不具备真核生物的蛋白质折叠复性系统，即使许多真核生物基因能得以表达，得到的也多是无特异性空间结构的多肽链；第二，原核生物细胞缺乏真核生物的蛋白质加工系统，而许多真核生物蛋白质的生物活性正是依赖于其侧链的糖基化或磷酸化等修饰作用；第三，原核生物细胞内源性蛋白酶易降解空间构象不正确的异源蛋白，造成表达产物不稳定等。

至今被用作受体菌的原核生物有大肠杆菌、枯草杆菌、蓝细菌等。

3.6.1.2 真菌细胞

真菌是低等真核生物，在复制转录翻译行为、基因结构与表达调控机制、蛋白质翻译加工功能化及后续分泌再修饰等诸多方面都代表了真核生物的典型特征，因此，与采用原核生物细胞作为受体细胞相比，利用真菌细胞来表达高等动植物的基因具有独特优势。常见的作为受体细胞的真菌有酵母菌、霉菌等。

酵母菌是一种单细胞真菌，属于兼性厌氧菌，有氧、无氧环境下均能生存。多数酵母菌可以从富含糖类的环境［比如一些水果（葡萄、苹果、桃等）或植物分泌物（如仙人掌肉汁）］中分离得到。酵母菌是典型的单细胞真核微生物，形态通常有球形、椭/卵圆形、藕节形、腊肠形、柠檬形等，比细菌的单细胞个体要大得多，一般为 $1\sim5\mu m$ 或 $5\sim20\mu m$，大多数酵母菌的菌落特征与细菌相似，但比细菌菌落大而厚，菌落表面湿润光滑、黏稠易挑起，菌落质地比较均匀，中央部位、正反面及边缘颜色均一，菌落颜色多为乳白色，少数为红色或者黑色。酵母菌无鞭毛，不能游动。酵母菌具有典型的真核细胞结构，例如细胞壁、细胞膜、细胞核、细胞质、液泡、线粒体等，有的还具有微体细胞器。酵母菌的生殖方式分无性繁殖和有性繁殖两大类，无性繁殖主要是指裂殖、芽殖和芽裂，而有性繁殖主要是指子囊孢子繁殖。酵母菌作为受体细胞具备很多优势：①酵母菌是结构最简单的真核微生物之一，对其基因表达与调控机制等基础背景研究较多，已成为典型真核微生物的模式生物，遗传操作相对较简单；②具有丰富的真核生物蛋白翻译后修饰与加工体系；③不含特异病毒，不产毒素；④培养简单，利于规模化发酵生产，成本相对低廉；⑤能将外源基因表达产物分泌至培养基中，从而更有利于后续产物的提取加工等。

霉菌（molds）其实并不是一个生物学分类的名称，而是一些丝状真菌的通称，其菌丝呈长管状和分枝状并会聚成菌丝体，无横隔壁，具有多个细胞核，其基因结构、表达调控机制，以及蛋白质加工与分泌都具有真核生物的特征。利用其作为受体细胞来表达高等动植物的基因具有原核生物受体细胞无法比拟的优势，其培养条件简单，生长迅速且可以大规模培养，而且可以分泌表达目的基因产物，从而大大简化目标产物的分离纯化过程。

3.6.1.3 植物细胞

植物细胞用作目的基因的受体细胞，最突出的优势就是具有全能性。全能性就是指已经分化了的细胞在合适条件下再重新生成完整新个体的遗传潜力，而对于植物细胞来说，全能性就是指一个分化后的植物活细胞在合适的培养条件下再重新分化成一个新植株，这就意味着一个已获得外源基因的植物受体细胞可以培养出能稳定遗传的植株或品系。现在基因工程上作为转基因受体而常用的植物有拟南芥、水稻、玉米、棉花、马铃薯、烟草等模式植物。

3.6.1.4 动物细胞

目前常用的动物受体细胞有小鼠 L 细胞、HeLa 细胞、猴肾细胞和中国仓鼠卵巢细胞（CHO）等。以动物细胞，尤其是哺乳动物细胞作为受体细胞具备明显的优势：①能识别和去除外源真核基因中的内含子，剪接加工为成熟的 mRNA；②真核基因的表达蛋白在翻译后能被正确加工或修饰，产物具有较好的蛋白质免疫原性，约为酵母细胞的 16～20 倍；③易被重组 DNA 质粒转染，具有遗传稳定性和可重复性；④经转化的动物细胞可将表达产物分泌到培养基中，便于后续纯化和加工。但是其缺点也比较明显，动物组织培养技术要求较高，实际上大大限制了动物细胞在作受体细胞方面的更广泛应用。

3.6.2 目的基因导入受体细胞

3.6.2.1 转化

转化（transformation）是指细菌受体细胞获取外源 DNA 的过程，某个细胞从周围环境中吸收来自另一基因型细胞的 DNA 而使自己的基因型和表型发生相应变化的现象即称为转化。这种现象首先在细菌中发现，也是细菌细胞之间遗传物质转移众多方式中最早发现的一种，既不同于通过噬菌体感染来传递遗传物质的转导方式，也不同于通过细菌细胞之间的接触而发生 DNA 转移的细菌接合方式。转化的研究不仅有重要的理论意义，而且在基因工程中是将载体 DNA 导入受体（宿主）细胞的一种重要手段，在分子育种和遗传疾病的基因治疗等多个方面具有非常重要的实践价值。能作转化目标受体的微生物范围近年来越来越广泛，包括大肠杆菌类、枯草芽孢杆菌类、蓝藻类以及酵母菌等低等真核生物类。

细菌转化的实质是受体菌的细胞直接吸收由供体菌提供的游离 DNA 片段（也就是转化因子），然后在胞内将其组合到自己基因组中，从而获得由供体菌提供的对应遗传性状的过程。细菌转化的一种可能机制，以革兰氏阳性菌为例，主要包括如下几个基本步骤：

① 细菌感受态的建立。当供体菌游离 DNA 片段（也就是转化因子）接近受体菌细胞时，受体菌细胞能分泌一种小分子量的激活蛋白（又称为感受因子），其功能包括与细胞表面特异受体结合、诱导细菌自溶素等特异蛋白的合成、使细胞壁部分溶解、局部暴露出细菌膜上的 DNA 结合蛋白和核酸酶等，此时细菌细胞处于感受态，极易接纳周围环境中转化因子以实现转化。

② 转化因子的吸收。受体菌细胞膜上的 DNA 结合蛋白可与转化因子的双链 DNA 结合，然后激活邻近的核酸酶，将双链 DNA 分子中的一条链逐步降解，同时另一条链逐步转移到受体菌内。

③ 整合复合物前体的形成。进入受体细胞的单链 DNA 与另一种游离的蛋白质因子结合，形成整合复合物前体，它能有效地保护单链 DNA 免受各种细胞内核酸酶的降解，并可将其引导至受体菌染色体 DNA 处。

④ 单链 DNA 转化因子的整合。整合复合物前体中的单链 DNA 片段可以通过同源重组，置换受体细胞染色体 DNA 的同源区域，形成异源杂合双链 DNA 结构。

⑤ 转化子的形成。受体菌染色体组进行复制，杂合区段亦随之进行半保留复制，当细胞分裂后，该染色体发生分离，形成一个新的转化子。

大肠杆菌是一种革兰氏阴性菌，其表面的结构和组成均与革兰氏阳性菌有所不同（如表 3-2 所示），自然条件下很难进行转化，其主要原因是转化因子的吸收较为困难，尤其是那些与其亲缘关系较远的 DNA 分子。因此在大肠杆菌的重组质粒 DNA 分子的转化实验中，很少采用自然转化的方法，通常的做法是首先采用人工的方法制备感受态细胞，然后进行转化处理，其中代表性的方法之一是 Ca^{2+} 诱导的大肠杆菌转化法。

表 3-2　革兰氏阳性菌与革兰氏阴性菌细胞壁成分对比

成　分	占细胞壁干重的百分比	
	革兰氏阳性菌	革兰氏阴性菌
肽聚糖	含量很高(30%～95%)	含量较低(5%～20%)
磷壁酸	含量较高(<50%)	无
类脂质	一般无(<2%)	含量较高(约 20%)
蛋白质	有或无	有

3.6.2.2　将噬菌体 DNA 导入细菌细胞

可以通过两种不同的方法将一个用噬菌体载体构建的重组 DNA 分子引入细菌细胞：转染和体外包装。

转染（transfection）这一过程与转化是等价的，不同的地方仅仅在于使用的重组载体换成了噬菌体而不再是质粒。就像对待质粒那样，将纯化的噬菌体 DNA 或重组噬菌体分子与感受态大肠杆菌细胞混合，并通过热休克过程将 DNA 导入到大肠杆菌细胞中。转染是在 M13 克隆载体双链复制模式下将 DNA 引入大肠杆菌细菌的标准方法。

将重组 λ 噬菌体 DNA 分子导入大肠杆菌受体细胞的常规方法是转导（transduction）操作。转导是指通过 λ 噬菌体感染宿主细胞的途径把外源 DNA 分子转移到受体细胞内的过程。具有感染能力的 λ 噬菌体颗粒除含有 λ 噬菌体 DNA 分子外，还包括衣壳体蛋白，因此，要以噬菌体颗粒感染受体细胞，首先必须将重组 λ 噬菌体 DNA 分子进行体外包装。

所谓体外包装是指在体外模拟 λ 噬菌体 DNA 分子在受体细胞内发生的一系列特殊的包装反应过程，将重组 λ 噬菌体 DNA 分子包装为成熟的具有感染能力的 λ 噬菌体颗粒的技术。其基本原理是：根据 λ 噬菌体 DNA 体内包装的途径，分别获得缺失 D 包装蛋白的 λ 噬菌体突变株和缺失 E 包装蛋白的 λ 噬菌体突变株，由于不具备完整的包装蛋白，这两种突变株均不能单独地包装 λ 噬菌体 DNA，但将两种突变株分别感染大肠杆菌，从中提取缺失 D 蛋白的包装物（含 E 蛋白）和缺失 E 蛋白的包装物（含 D 蛋白），两者混合后就能包装 λ 噬菌体 DNA。λ 噬菌体 DNA 体外包装的主要过程如下：①制备包装物；②诱导溶菌生长；③收集和储存包装物。

3.6.2.3　将 DNA 引入非细菌细胞

对绝大多数生物，DNA 吸收的主要障碍来自细胞壁。培养后的动物细胞，通常缺少细胞壁，可以很容易地被转化，尤其当 DNA 在磷酸钙作用下在细胞表面沉淀时更是如此，也可将 DNA 包在能与细胞膜融合的脂质体（liposome）中。对于其他类型的细胞通常是移除细胞壁获得完整的原生质体（protoplast）。原生质体通常很容易吸收 DNA，但可以使用一些特殊的技术［比如电穿孔（electroporation）］来刺激转化。此外，还有两种将 DNA 引入细胞的物理方法：①显微注射（microinjection），使用一个非常精细的注射器将 DNA 分子直接注入将要被转化的细胞的核内；②用高速的微型粒子轰击细胞，通常使用的是包裹了 DNA 的金或钨的颗粒。

对于植物和动物来说，最希望得到的产物并不是转化的细胞，而是转化的有机体。单个转化的植物细胞能最终长成一个完整的转化植物植株，其每一个细胞都携带有克隆的 DNA，并能将这种克隆的 DNA 通过开花结果传递给下一代。动物是无法从培养细胞中再生出完整个体的，因此转化动物需要一个相当精巧的过程才能实现。例如要获得小白鼠转化体，需要先将受精卵从输卵管中取出，通过显微注射向其中注入 DNA，然后再将转化后的细胞重新植入母体的生殖管道中。

3.7 重组体的筛选

重组体导入受体细胞以后经过短时间的培养扩增，即可用于进一步的筛选与鉴定，这是基因克隆的最后一个环节。筛选（screening）是指通过某些特定的方法，从被转化的细胞群体或基因文库中，鉴别出真正具有重组 DNA 分子的克隆载体（即阳性重组子）的过程。

3.7.1 生物学方法筛选

3.7.1.1 遗传学方法筛选

重组子一般带有遗传标记，它赋予转化细胞特定的遗传表型。遗传表型筛选的原理就是根据转化细胞与非转化细胞遗传表型的差异，通过在培养基中添加一些相应筛选物质，使不同表型的细胞区分开来，从而获得具有同一表型的转化细菌克隆。

3.7.1.2 抗生素抗性筛选

因为大多数基因工程载体均带有抗生素抗性基因，如氨苄青霉素抗性基因、四环素抗性基因、卡那霉素抗性基因等。用此类载体构建重组体时，如果保留了抗性基因的活性，那么它所转化的细胞可以在含此种抗生素的培养基中生长出转化子克隆，而未转化的细胞不能生长，这样就可以筛选出转化子克隆，这是一种正向选择方式。

3.7.1.3 插入失活法筛选

在上述利用抗生素抗性筛选得到的阳性克隆中，除了重组子以外，还含有空载体等其他非重组体的转化子。为进一步筛选出重组子，可以利用插入失活方法将重组子与非重组子区分开。使用插入失活筛选方法需要载体具有两种抗生素的抗性基因，如 pBR322，它含有氨苄西林和四环素的抗性基因，当外源基因插入到其中一个抗性基因位点（如 amp^r 中的位点）时，氨苄西林抗性基因就会被外源基因割断而失去活性，但是另一个四环素的抗性基因仍保持活性，这种被重组体转化的大肠杆菌就能够因为含有有活性的四环素抗性基因而在含有四环素的培养基中照常生长，但是不能在含有氨苄西林的培养基中生长，而空载体和两个抗性基因均无割断保持完好的非目标重组子均可以在这两种培养基中生长，这样就可以将目标重组子筛选出来。

3.7.1.4 插入表达法筛选

插入表达筛选与插入失活筛选正好相反，它利用外源基因插入特定的调控基因序列中，导致调控基因失活，有活性的阻遏蛋白不能产生，这样便激活了相应标志基因的表达。

3.7.1.5 环丝氨酸筛选

这也是一种通过插入失活方式进行的筛选，但利用的是环丝氨酸的特殊作用，适用于通过插入失活四环素抗性基因的方法来进行重组子的筛选。

3.7.1.6 β-半乳糖苷酶筛选

β-半乳糖苷酶筛选又称为 α-互补筛选或者蓝白斑筛选，利用的是乳糖操纵子系统。野生大肠杆菌具有完整的乳糖操纵子系统，能把半乳糖甘（X-gal）变成蓝色。实验室作转化用的大肠杆菌缺乏乳糖操纵子系统中的 $LacZ'$ 基因。这个基因被普遍设计在了各种各样的载体上，并且在 $LacZ'$ 基因编码区中间涉及了多克隆位点（MCS），以供外源基因插入。而外源基因的插入又会导致 $LacZ'$ 基因被破坏。因此，没有受到质粒转入的感受态菌会被抗生素杀死，得到了空质粒的大肠杆菌不会被杀死，而且能够将 X-gal 变成蓝色。只有得到了具有插入片段质粒的大肠杆菌不会被抗生素杀死，且不能分解 X-gal，于是长出白斑。

3.7.1.7 根据插入序列表型特征直接筛选

以上筛选方法都是基于重组体中载体筛选标记进行的筛选，另外也可以利用目的基因表达出的典型特征及其与宿主细胞的互补或抑制关系来筛选重组子。在利用目的基因表型特征的筛选方法中，前提条件是重组 DNA 分子能够在转化后的宿主细胞中表达出外源基因的目的产物，也就是功能性蛋白产物，并使宿主菌获得区别于非重组子的新表型特征。

3.7.2 免疫学方法筛选

只要克隆的目的基因在大肠杆菌宿主细胞中实现了表达，合成出了特定蛋白质，就可以采用免疫化学法检测重组体克隆。免疫化学检测法可分为放射性抗体检测法（radioactive antibody test）和免疫沉淀检测法（immunoprecipitation test）。这些方法最为突出的优点是它们能够检测不为宿主提供任何可选择表型特征的克隆基因，但都需要使用特异性抗体。

3.7.2.1 放射性抗体检测法

此法易被许多实验室广泛采用，它所依据的原理为：一种免疫血清含有好几种 IgG 抗体，它们能识别抗原分子上的不同定子，并分别同各自识别的抗原分子相结合；抗体分子或抗体的 Fab（抗原结合片段）部分，能够十分牢固地吸附在固体基质（如聚乙烯等塑料制品）上，而不会被洗脱掉；通过体外碘化作用，IgG 抗体便会迅速地被放射性同位素[125]I 标记上。

3.7.2.2 免疫沉淀检测法

免疫沉淀检测法同样可以鉴定产生蛋白质的菌落。其做法是：在生长菌落的琼脂培养基中加入专门抗这种蛋白质分子的特异性抗体，如果被检测菌落的细菌能够分泌出特定的蛋白质，那么在它的周围，就会出现一条由一种叫作沉淀素（precipitin）的抗原-抗体沉淀物形成的白色的圆圈。

3.7.2.3 表达载体产物之免疫化学检测法

现在已经发展出一套专门适用于免疫化学检测技术的表达载体系统。由于这些表达载体都是专门设计的，插入到它上面的真核基因所编码的蛋白质都能够在大肠杆菌寄主细胞中表达，所以最适宜用免疫化学技术进行检测。

3.7.2.4 利用噬菌斑筛选

对于 λDNA 载体系统而言，外源 DNA 插入 λ 噬菌体载体后，重组 DNA 分子大小必须在野生型 λDNA 长度的 78%～105% 范围内，才能正常体外包装成具有感染活性的噬菌体，转染受体菌后只有转化子才会使培养基平板上形成的菌苔被进一步裂解成典型的噬菌斑，而非转化子能正常生长成菌苔，只要有一定的经验很容易把两者区分开来。

3.7.3 核酸分子杂交法筛选

核酸分子杂交技术是从基因文库中筛选带有目的基因插入序列的克隆使用最广泛的一种方法，原理是利用放射性同位素（^{32}P 或 ^{125}I）标记的 DNA 或 RNA 探针通过 DNA-DNA 或 DNA-RNA 分子杂交将特定的重组克隆检测出来。

3.7.3.1 原位杂交

原位杂交（in situ hybridization）也称菌落杂交，因生长在培养基平板上的菌落或噬菌斑按照其原来的位置原位转移到滤膜上并在原位发生菌体裂解、DNA 变性和杂交作用而得名，是在研究 DNA 分子复制原理的基础上发展起来的一种技术。其基本原理是：两条核苷酸单链片段，在适宜的条件下，能通过氢键结合，形成 DNA-DNA、DNA-RNA 或 RNA-RNA 双键分子，应用带有标记（如 ^{3}H、^{35}S、^{32}P 等放射性同位素标记，荧光素生物素及地高辛等非放射性物质标记）的 DNA 或 RNA 片段作为核酸探针，与菌落细胞内待测核酸（RNA 或 DNA）片段进行杂交，然后可用放射自显影等方法予以显示，在光学显微镜或电子显微镜下观察目的 mRNA 或 DNA 的存在并定位。此方法有很高的灵敏性和特异性，可进一步从分子水平探讨细胞的功能表达及其调节机制，已成为当今细胞生物学、分子生物学研究的重要手段。

3.7.3.2 Southern 杂交

Southern 杂交是 Southern 等于 1977 年发明的一种检测 DNA 分子的方法，通过 Southern 印迹转移将琼脂糖凝胶上的 DNA 分子转移到硝酸纤维素滤膜（NC 膜）上，然后进行分子杂交，在滤膜上找到与核酸探针有同源序列的 DNA 分子。

（1）Southern 印迹转移

Southern 印迹转移是一种将 DNA 片段从琼脂糖凝胶转移到滤膜的方式。首先目的 DNA 经过限制性酶切并通过琼脂糖凝胶电泳以后，在碱性条件下变性，再中和后使 DNA 仍保持单链状态。然后通过毛细管渗析、电转移或真空转移的方式，将凝胶上的 DNA 原位转移到硝酸纤维素滤膜或尼龙膜上。最后通过紫外线照射将 DNA 固定在滤膜上。图 3-31 是通过虹吸法进行 Southern 印迹转移的经典装置。

（2）分子杂交

先将结合了 DNA 分子的滤膜与特定的预杂交液进行预杂交，防止在杂交过程中滤膜本身对探针的吸附。然后，在特定的溶液和温度下，将标记的核酸探针与滤膜结合。再经过一定的洗涤程序将游离的探针分子除去后，通过放射自显影或生化检测，就可判断滤膜上是否存在与探针同源的 DNA 分子及其分子量。Southern 杂交的大致过程如图 3-32 所示。

3.7.4 印迹技术

分子杂交是在分子克隆中的一类核酸和蛋白质分析方法，用于检测混合样品中特定核酸

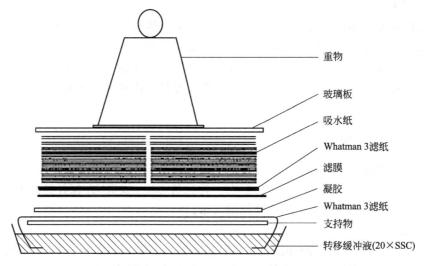

图 3-31 Southern 印迹虹吸法转移经典装置

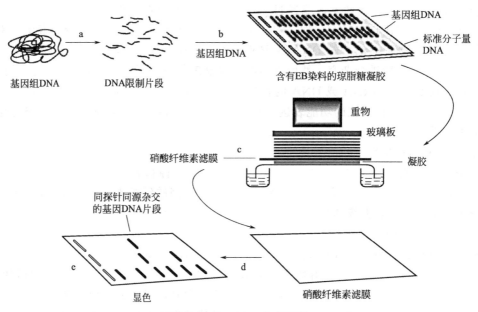

图 3-32 Southern 杂交过程

分子或蛋白质分子是否存在，以及其分子量的大小。分子杂交根据检测对象的不同可分为 DNA 杂交、RNA 杂交和蛋白质杂交，在其杂交过程都采用了印迹（blotting）这一核心技术，都是先将 DNA、RNA 或蛋白质样品在凝胶上进行分离，使不同分子量的分子在凝胶上展开，然后将凝胶上的样品通过影印的方式转移到固相支持物（也就是滤膜）上。完成这个印迹过程之后，通过标记的探针与滤膜上的分子进行杂交，从而判断样品中是否有与探针同源的核酸分子或与抗体反应的蛋白质分子，并推测其分子量的大小。

3.7.4.1 DNA 印迹法

DNA 印迹法（Southern blotting）在上述核酸杂交法中已介绍的较为详细，此处不再赘述。在任何能够得到限制性酶切图谱的 DNA 分子中，都可以用 DNA 印迹法来定位一个克隆基因或一个通过 PCR 分离的基因。要注意的是，通过 Southern 杂交确定一个基因在克隆片段中的确切位置，这个 DNA 分子本身应该是一个重组的质粒或噬菌体。这一点非常重要，尤其是当克隆 DNA 片段相对较大（例如 40kb 的黏性质粒载体），而目的基因却只以 1kb 的大小存在于克隆片段某处的时候；或者，在一个克隆片段中，除了那个正被研究的基因之外，还携带着为数众多的其他基因时。

3.7.4.2 RNA 印迹法

RNA 印迹法（Northern blotting）和其前身技术——应用于分析 DNA 片段的 DNA 印迹法很相似。RNA 印迹是利用毛细管作用将电泳分离的 RNA 带转移到尼龙膜或硝酸纤维素滤膜上。这种滤膜在促进形成 cDNA-RNA 异源双链的条件下，可用来与变性的 cDNA 探针杂交，然后用低离子强度的缓冲液连续几次洗涤除去未杂交的探针，滤膜经过干燥后通过放射自显影或感光成像仪筛选来确定相关基因转录物的大小和丰度。

RNA 印迹常用来分析来自不同类型细胞的 RNA，或来自不同条件下的相同细胞。一般情况下，分析总 RNA 时制备的 RNA 是足够的。但要检测一些丰度很低的转录物时用 RNA 印迹法需含有相同数量（约 $10\mu g$）的带有 polyA 尾巴的 mRNA。RNA 印迹也可用来分析因不同剪接而产生的不同大小的成熟 RNA。

3.7.4.3 蛋白质印迹法

Western 杂交的总过程与 Southern 杂交、Northern 杂交相似，只不过印迹转移过程中转移的是蛋白质。这种将蛋白质样品从 SDS-PAGE 凝胶通过电转移方式转移到滤膜的方法，称为蛋白质印迹法（Western blotting）。其后的杂交过程不是真实意义上的分子杂交，而是通过抗体以及免疫反应形式检测滤膜上是否存在被抗体识别的蛋白质，并判断其分子量。所用的探针不是 DNA 或 RNA，而是针对某一蛋白质制备的特异性抗体。

Western 杂交主要用来检测细胞或组织样品中是否存在能被某抗体识别的蛋白质，从而判断在翻译水平上某基因是否表达。这种检测方法与其他免疫学方法的不同之处在于可以避免非特异性的免疫反应，而且更关键的是可以检测出目的蛋白质的分子量，直观地在滤膜上显示出目的蛋白质。三种印迹技术的比较如图 3-33 所示。

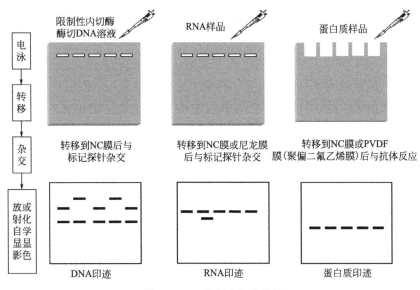

图 3-33　三种印迹技术比较

3.8 DNA 序列分析

DNA 测序（DNA sequencing）又称 DNA 定序，分析的是特定 DNA 片段的碱基序列，也就是腺嘌呤（A）、鸟嘌呤（G）、胞嘧啶（C）与胸腺嘧啶（T）的具体排列方式，是分子生物学中的一项重要技术和重要任务。

目前基因测序大家熟知的方法主要有 2 种：化学降解法（Maxam-Gilbert method）和双脱氧链终止法。另外，利用 DNA 芯片技术测定 DNA 序列的方法也发展很快。目前，基因测序技术可以说是整个生物技术领域中发展最快的一个分支。

3.8.1 化学降解法

1977 年 A. M. Maxam 和 W. Gilbert 首先建立了 DNA 片段序列的测定方法，由于该方法是用特定化学试剂修饰不同碱基，并在相应碱基处切断 DNA 片段而进行序列分析的，故称之为化学降解法。

3.8.1.1 基本原理

将待测 DNA 片段的 $5'$ 端磷酸基团做放射性标记，再分别采用不同的化学方法对特定碱基进行化学修饰并在该位置打断核酸链，从而产生一系列 $5'$ 端被标记的长度不一且分别以不同碱基结尾的 DNA 片段，这些以特定碱基结尾的片段群通过并列点样（lane-by-lane）的方式用凝胶电泳进行分离，再经放射自显影，即可读出目的 DNA 的碱基序列。其核心原理在于特定化学试剂可对不同碱基进行特异性修饰并在被修饰的碱基处（$5'$ 或 $3'$）打断磷酸二酯键，从而达到识别不同碱基种类的目的。

3.8.1.2 化学降解法测序的基本步骤

化学降解法测序的基本步骤包括：对待测 DNA 片段的 $5'$ 端磷酸基团做放射性标记；用化学修饰剂修饰特定碱基，以便在该碱基处切断 DNA，随机产生一端被标记的、起始位点相同的、不同长度和以不同碱基结尾的 DNA 片段群；凝胶电泳分离和放射自显影及读序。

模板 DNA（待测 DNA）的标记既可在 $5'$ 末端，也可在 $3'$ 末端，通过核苷酸激酶用 ^{32}P 可对待测 DNA 一条链的 $5'$ 末端进行标记。用此单链模板建立 4 个化学处理反应体系，分别加入能够修饰特定碱基的化学试剂，如硫酸二甲酯（dimethylsulphate，DMS）、哌啶甲酸（piperidine formate，pH 值为 2.0）、肼（hydrazine）、肼＋NaCl（1.5mol/L）以及热碱等，它们分别对碱基 G、A 或 G、C 或 T、C 以及 A 或 C 进行修饰，如表 3-3 所示。这样，待测的 DNA 链被随机地切断，反应产物的 $5'$ 末端被 ^{32}P 标记，$3'$ 末端分别断裂于 G、A 或 G、C 或 T、C 以及 A 或 C 的不同长度的 DNA 片段群（测序时需要一定数量的模板 DNA），如图 3-34 所示。这些片段通过分辨率高的聚丙烯酰胺凝胶电泳分离，再经放射自显影显示出各片段的长度。由于在同一反应体系中，各 DNA 片段的标记端、起始位点均相同，所以，根据断裂部位至标记端起始部位之间的距离（片段长度），即可得出碱基顺序。标记用的放射性同位素主要有 $\gamma\text{-}^{32}$P（[$\gamma\text{-}^{32}$P]ATP、[$\gamma\text{-}^{32}$P]GTP、[$\gamma\text{-}^{32}$P]TTP、[$\gamma\text{-}^{32}$P]CTP）或 $\gamma\text{-}^{33}$P。

表 3-3　Maxam-Gilbert 化学降解反应的化学试剂和化学反应

碱基体系	化学修饰试剂	化学反应	断裂部位
G	硫酸二甲酯	甲基化	G
A+G	哌啶甲酸,pH 值为 2.0	脱嘌呤	G 和 A
C+T	肼	打开嘧啶环	C 和 T
C	肼+NaCl(1.5mol/L)	打开胞嘧啶环	C
A+C	90℃,NaOH(1.2mol/L)	断裂反应	A 和 C

注:哌啶（90℃,1mol/L）在修饰位点两端使 DNA 的糖-磷酸链断裂。

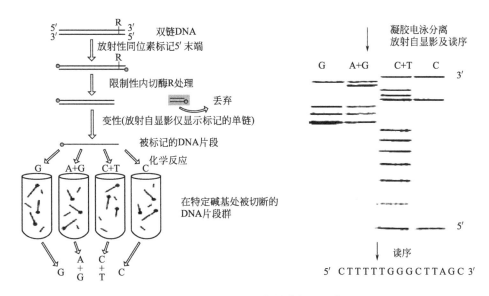

图 3-34　Maxam-Gilbert 化学降解法测序原理

3.8.1.3　化学降解法的应用

Maxam-Gilbert 化学降解法的测序长度大约为 250 个碱基,不需要进行酶催化反应,因此不会产生由于酶催化反应而带来的误差;对未经克隆的 DNA 片段可以直接测序。化学降解法特别适用于测定 5-甲基腺嘌呤、G+C 含量较高的 DNA 片段以及短链的寡核苷酸片段的序列。但是,化学降解法自建立以来没有较大的改进,操作烦琐,化学试剂的毒性大,放射性同位素标记效率偏低,以致需要较长的放射自显影曝光时间,人工读取数据费时费力。因此,目前仅在需要分析特殊 DNA 链的核苷酸序列以及分析 DNA 和蛋白质相互作用中的 DNA 一级结构时才使用该方法,如表 3-3 所示。

3.8.2　双脱氧链终止法

双脱氧链终止法（dideoxy chain termination）是目前使用最广的测序方法,它是利用 DNA 聚合酶和双脱氧链终止物测定 DNA 核苷酸序列的一种简单快速的序列分析方法,1977 年由英国生物化学家 F.Sanger 创建。

3.8.2.1　基本原理

双脱氧链终止法巧妙地使用了双脱氧核苷酸（dideoxynucleotide,2′,3′-ddNTP,N 指 A、

T、G 或 C），它与正常情况下合成 DNA 的脱氧核苷酸（2′-脱氧核苷酸，deoxynucleoside triphosphate，dNTP）的主要不同点在于双脱氧核苷酸分子的脱氧核糖 3′ 位置的羟基（—OH）缺失，当它与其他正常核苷酸混合在同一扩增反应体系中时，在 DNA 聚合酶的作用下，虽然它也能像正常核苷酸一样参与 DNA 合成，以其 5′ 位置的磷酸基团与上位脱氧核苷酸的 3′ 位置的羟基结合，但是，由于它自身 3′ 位置的羟基缺失，致使下位核苷酸的 5′-磷酸基无法与之结合。即一旦双脱氧核苷酸整合到正在合成的 DNA 链中，该股 DNA 的合成就到此终止，如图 3-35 所示。

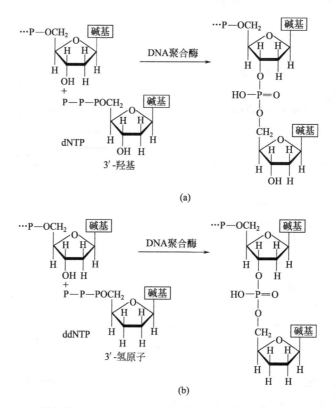

图 3-35　双脱氧核苷酸（ddNTP）分子的结构及 DNA 链合成、终止反应
（a）正常的 DNA 合成反应；（b）ddNTP 掺入到 DNA 合成反应后导致反应终止

3.8.2.2　双脱氧链终止法的基本步骤

双脱氧链终止法以待测单链或双链 DNA 为模板，使用能与 DNA 模板结合的一段寡核苷酸为引物，在 DNA 聚合酶的催化作用下合成新的 DNA 链。正常情况下的 DNA 聚合酶催化反应在其反应体系中包含 4 种脱氧核苷酸（dATP、dCTP、dGTP 和 dTTP），合成与模板 DNA 互补的新链。当向这个反应体系中加入一种双脱氧核苷酸（ddATP、ddCTP、ddGTP 或 ddTTP）后，在 DNA 合成过程中 ddNTP 将与相应的 dNTP 竞争掺入到新合成的 DNA 互补链中。如果 dNTP 掺入其中，DNA 互补链则将继续延伸下去；而如果 ddNTP 掺入其中，DNA 互补链的合成将会终止。通常，加入反应体系中的 ddNTP 的比例较低，因此合成终止位点是随机的。按照这一反应方式，可得到 4 种分别以 ddATP、ddCTP、ddGTP 或 ddTTP 结尾的不同长度的 DNA 片段群。

由于反应时新生 DNA 片段的长度取决于模板 DNA 中与该双脱氧核苷酸相对应的互补

碱基的位置（即双脱氧核苷酸掺入的位置），而其掺入是随机的，故各个新生 DNA 片段的长度互不相同。不同长度 DNA 片段在凝胶电泳中的移动速度不同，而聚丙烯酰胺凝胶电泳分辨率极高，能分辨出小至一个碱基长度差的 DNA 片段，从而可将混合产物中不同长度 DNA 片段分离开，再通过放射自显影曝光，根据片段尾部的双脱氧核苷酸即可读出该 DNA 的碱基排列顺序，如图 3-36 所示。

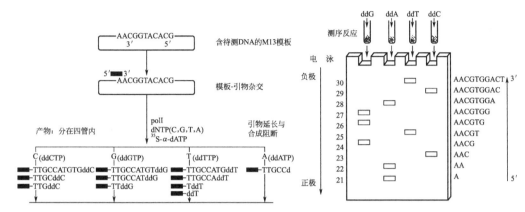

图 3-36　双脱氧链终止法测序原理示意图

3.8.2.3　经典测序方法的反应步骤

由于 PCR 技术和荧光标记技术在测序工作中广泛应用，所以经典的手工测序方法几乎不再使用。但经典测序方法能更好地体现双脱氧链终止法的工作原理。测序反应过程实际上就是 DNA 合成的过程，伴随着新生 DNA 链的标记以及合成的终止。

① 模板变性（denature template）　将待测 DNA 模板与引物混合，通过加热使模板变性。

② 退火（annealing）　将变性的模板与引物混合物缓慢降温，使引物与模板结合。

③ 标记（labeling）　主要有两种标记方式。一种是在 DNA 合成过程中掺入标记的核苷酸，如利用 [α-^{32}P]dATP 标记。将 DNA 聚合酶和四种核苷酸及一种被标记的核苷酸加入到退火模板中，启动 DNA 的合成，被标记的核苷酸便掺入到新合成的链中。短暂反应后迅速将反应物分成四份，进入延伸反应步骤。这种标记方式相对来说放射性信号较强。另一种标记方式是标记引物的 5′-磷酸基团，通过多核苷酸激酶将 [γ-^{32}P]ATP 中的标记磷酸转移到引物的 5′末端。使用这种标记时，在退火之前必须完成引物标记。

④ 延伸（extension）和终止（termination）　就是反应体系中新生核苷酸的合成和随机终止的过程。

⑤ 电泳分析和数据读取　反应终止后，将终止反应产物并列点样进行聚丙烯酰胺凝胶电泳，分辨出大小相差 1 个核苷酸的反应产物，然后进行放射自显影，从而显示出不同长度的 DNA 片段。按照大小顺序排列这些 DNA 片段，即可根据片段尾部的双脱氧核苷酸类型解读出该 DNA 的碱基排列顺序。

思　考　题

一、名词解释

（1）遗传密码　（2）增色效应　（3）黏性末端　（4）附加同聚物反应　（5）穿梭载

体 （6）P元件 （7）退火 （8）转化 （9）多核苷酸激酶 （10）酵母游离型质粒

二、选择题

1. 人们常选用的细菌质粒分子往往带有一个抗生素抗性基因，该抗性基因的主要作用是（ ）

A. 提高受体细胞在自然环境中的耐药性　　　B. 有利于对目的基因是否导入进行检测

C. 增加质粒分子的分子量　　　　　　　　　D. 便于与外源基因连接

2. 基因工程的正确操作步骤是（ ）

①目的基因与运载体相结合 ②将目的基因导入受体细胞 ③检测目的基因的表达 ④提取目的基因

A. ③④②①　　　　B. ②④①③　　　　C. ④①②③　　　　D. ③④①②

3. 关于宿主控制的限制修饰的现象本质，下列描述不恰当的是（ ）。

A. 由作用于同一DNA序列的两种酶构成

B. 这一系统中的核酸酶都是Ⅱ类限制性内切核酸酶

C. 这一系统中的修饰酶主要是通过甲基化作用对DNA进行修饰

D. 不同的宿主系统具有不同的限制-修饰系统

4. DNA连接酶的功能是（ ）

A. 修复 $3'$-OH 与 $5'$-P 之间的磷酸二酯键　　B. 修复缺口

C. 修复裂口　　　　　　　　　　　　　　　D. 可使平末端与黏性末端连接

5. PCR中 Taq 酶常常没有错配碱基纠错功能，因为它没有（ ）

A. $5'→3'$聚合酶活性　　　　　　　　　　　B. $5'→3'$外切酶活性

C. $3'→5'$外切酶活性　　　　　　　　　　　D. $3'→5'$聚合酶活性

6. T4DNA连接酶能催化下列哪种分子相邻的 $5'$ 端磷酸基团与 $3'$ 端羟基末端之间形成磷酸二酯键（ ）

A. 双链DNA　　　　　B. 单链DNA　　　　　C. mRNA　　　　　D. rRNA

7. cDNA文库包括该种生物的（ ）

A. 某种蛋白质的结构基因　　　　　　　　　B. 所有蛋白质的结构基因

C. 所有结构基因　　　　　　　　　　　　　D. 内含子和调控基因

8. 用下列方法进行重组体的筛选，只有（ ）说明外源基因进行了表达。

A. Southern印迹杂交　　　　　　　　　　　B. Northern印迹杂交

C. Western印迹　　　　　　　　　　　　　　D. 原位菌落杂交

9. 用免疫化学法筛选重组体的原理是（ ）

A. 根据外源基因的表达　　　　　　　　　　B. 根据载体基因的表达

C. 根据mRNA与DNA的杂交　　　　　　　　D. 根据DNA与DNA的杂交

10. 用双脱氧链终止法进行DNA测序时，凝胶上读出的序列是（ ）

A. mRNA的　　　　B. cDNA的　　　　C. 模板链的　　　　D. 模板链互补链的

三、简答题

1. 下图是将人的生长激素基因导入细菌B细胞内制造"工程菌"的示意图，所用载体为质粒A。已知细菌B细胞内不含质粒A，也不含质粒A上的基因，质粒A导入细菌B后，其上的基因能得到表达。

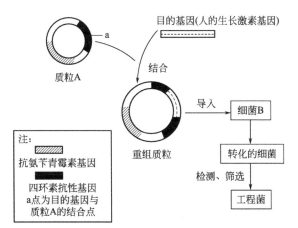

（1）图中质粒 A 与目的基因结合产生重组质粒的过程通常是在体外完成的，此过程必须用到的工具酶为＿＿＿＿＿＿＿＿＿。

（2）在导入完成后得到的细菌，实际上有的根本没有导入质粒，所以在基因工程的操作步骤中必须要有＿＿＿＿＿＿这一步骤。

（3）若将重组质粒导入细菌后，目的基因在"工程菌"中表达成功的标志是什么？

2. 叙述 DNA 文库与 cDNA 文库的区别。

3. 简述 PCR 的步骤。

4. 简述 Northern 杂交的基本步骤。

5. 如何从所克隆的基因重组体中鉴定目的基因的存在与正确性？

四、问答题

1. 如果知道某一基因的功能及相应的蛋白质的氨基酸序列组成，可以通过何种方法克隆该基因？

2. 试比较双脱氧链终止法 DNA 测序与化学降解法 DNA 测序的异同点。

» 专题

4.1　建立一个分子生物学实验室所需的仪器

分子生物学作为基因工程的上游技术，其实验的成果和准确性将决定下游所有的步骤和最终的实验结果。构建一个分子生物学实验室需要大量仪器设备。

① 培养箱　在分子生物学实验中，有很多反应都是在特定温度下进行的，这时就需要一个控温装置。例如：用于细菌的平板培养，通常设定为 37℃ 于培养箱倒置培养；其他分子生物学实验（如酶切等）需要 25℃、30℃、37℃ 等条件。

② 冰箱　冰箱是实验室保存试剂和样品必不可少的设备。分子生物学实验中用到的试剂有些要求于 4℃ 保存，有些要求于 −20℃ 保存，实验人员一定要看清试剂的保存条件，放置在恰当的温度下保存。具体来说，不同温度下保存的物品如下：

a. 4℃ 适合储存某些溶液、试剂、药品等。

b. −20℃ 适用于某些试剂、药品、酶、血清、配好的抗生素和 DNA、蛋白质样品等。

c. −80℃ 适合某些要求长期低温保存的样品、大肠杆菌菌种、纯化的样品、特殊的低温处理消化液、感受态等的保存。

d. 0～10℃ 的色谱冷柜适合低温条件下的电泳、色谱分离、透析等实验。

③ 摇床　摇床是实验室常用仪器，一般有常温型和低温型两种。对于分子生物学实验室，如果能配置低温型摇床，就可以适应不同的实验需求。例如：用于大肠杆菌、酵母菌等生物工程菌种的振荡培养及蛋白质的诱导表达，培养温度通常为 28℃ 和 37℃，诱导表达温度为 20～37℃；在感受态的制备过程中，需要有 18℃ 的温度控制；用于蛋白凝胶的染色脱色时振荡，宜在常温下使用；用于大肠杆菌常规转化时振荡复苏，常为 37℃。当控制温度低于室温时，需要低温型摇床来控温。

④ 水浴锅　水浴锅也是一种控温装置，水浴控温对于样品来说比较快速且接触充分。例如：用于 42℃ 的大肠杆菌转化时的热激反应，用于 DNA 杂交过程中的水浴控温。

⑤ 烘箱　烘箱用于灭菌和洗涤后的物品烘干。烘箱有不同的控温范围，用户可以根据实验需求进行选择。例如：有些塑料用具只能在 42～45℃ 的烤箱中进行烘干；用于 RNA 方面的实验用具，需要在 250℃ 烤箱中烘干。

⑥ 纯水装置　纯水装置包括蒸馏水器和纯水机。蒸馏水器的价格便宜，但在造水过程中需要有人值守；纯水机价格高些，但是使用方便，可以储存一定量的纯水。纯水使用也有不同的级别，一般实验用水需要纯水，PCR、DNA 测序和酶促反应均需要超纯水。

⑦ 灭菌锅　分子生物学所用到的大部分实验用具（包括实验物品、试剂、培养基等）都应严格消毒灭菌。灭菌锅也有不同大小型号，有些是手动的，有些是全自动的。用户可根据自己的需要选购。

⑧ 天平　天平用于精确称量各类试剂。实验室常用的是电子天平，电子天平按照精度不同有不同的级别。

⑨ 液体量器　液体量器用于精密量取各类液体。常见的液体量器有量筒、移液管、微量取液器、刻度试管、烧杯。

⑩ pH 计　用于配制试剂时精确测量 pH 值，从而保证配制溶液的精确性。有时也需要利用 pH 计测定样品溶液的酸碱度。

⑪ 分光光度计　分光光度计通过测定吸光度，从而用于分析样品核酸和蛋白质的含量及纯度；同时也可以测定培养菌液的浓度。

⑫ 离心机　离心机有冷冻和常温之分。主要用于收集微生物菌体、细胞碎片以及其他沉淀物。有些样品由于在常温下不太稳定，需要低温环境。例如：在感受态制备过程中必须保证低温环境，所以需要冷冻离心机。

⑬ 超净工作台　分子生物学中凡是涉及对细菌的操作均需在超净工作台下完成，还有感受态制备、转化反应等，都需要无菌的环境。

⑭ 电泳系统实验室　常用的电泳主要是三种：水平电泳，用于核酸 DNA/RNA 的琼脂糖电泳检测；垂直电泳，用于蛋白质的聚丙烯酰胺凝胶电泳检测；转印电泳，用于将蛋白质转印到膜上做 Western 检测。

⑮ PCR 仪　普通和梯度 PCR 仪用于基因克隆和基因检测过程中 DNA/RNA 的扩增。荧光定量 PCR 仪用于核酸定量分析、基因表达差异分析、单核苷酸多态性检测、甲基化检测。原位 PCR 仪用于鉴定和定位带有靶序列的细胞在组织中的位置。

⑯ 凝胶成像分析系统/紫外检测仪凝胶成像系统　用于对染色后的核酸琼脂糖电泳胶和蛋白质聚丙烯酰胺凝胶的观察和拍照，有些可以进行切胶操作。紫外检测仪可以用于对染色后的核酸琼脂糖电泳胶的观察、胶回收时的切胶操作，但是不能连接电脑拍照。

⑰ 制冰机　实验室常用的是雪花制冰机，制冰机一般按每日制冰量分成不同型号。分子实验室中用来制造大多数核酸、蛋白质的实验操作均需低温环境，以减少核酸酶或蛋白质酶的水解。感受态制备也需要长时间冰浴。

⑱ 磁力搅拌器　在配制试剂过程中，有些试剂较难溶解，这时需要借助磁力搅拌器，磁力搅拌器可以加速溶解固体内容物。磁力搅拌器一般带加热功能。

⑲ 生物安全柜　分子实验中涉及的试剂和样品很多是有毒的，对操作人员伤害较大。为了防止有害悬浮微粒、气溶胶的扩散，可以利用生物安全柜对操作人员、样品和环境提供安全保护，同时预防样品间交叉感染。

⑳ 微波炉和电炉　用于溶液的快速加热、电泳琼脂糖凝胶的加热熔化配制、固体培养基的加热熔化。

㉑ 液氮罐　分子生物学实验中感受态细胞的制备需要液氮处理。感受态的细胞也可以

存于液氮中。

㉒ 微管移液器 微管移液器也有不同型号,用于准确量取特定体积的溶液。

4.2 微生物的分子生物学鉴定方法

近 15 年人们对微生物多样性进行了大量的研究,但是由于技术方法的局限,一些研究并不能深入展开。分子生物学方法的出现使人类可以在种属水平上对水生真核微生物群体的多样性进行鉴定和分类,但是对原核生物的研究仍然很少。原核生物体积微小,表型特征多样,而且大部分不能人工培养,因此实际上也只有 0.5%~10% 的原核生物被鉴定出。令人欣喜的是近年来出现的一些分子生物学方法为研究原核生物开辟了新途径。本节讨论研究水生态环境中微生物多样性的分子生物学方法,其中简要介绍 PCR 技术,重点介绍基于 PCR 技术和不依赖 PCR 技术的方法。

4.2.1 PCR 技术

PCR 技术的兴起是生物科学界的重要变革,它克服了原有技术的不足,具有高度的特异性和敏感性,使人类对微生物的研究有了大的进展。PCR 扩增技术已成为研究微生物的有力工具。随着 PCR 技术的成熟,一些更为先进和灵敏的方法应运而生,例如实时荧光 PCR(realtime-PCR)、反转录 PCR[reverse transcription(RT)-PCR]、触减 PCR(touch down-PCR)、嵌套 PCR(nested-PCR)、最小循环数 PCR[minimum cycles for detectable products(MCDP)-PCR] 等。其中实时荧光 PCR 可以定量测定微生物,此方法可以检测到扩增过程中任一时间反应物的变化,它可用于测定提取总 DNA 中靶基因的含量。如果靶基因含量较高,扩增几个循环就能检测到产物。反转录 PCR 中,用特殊的引物扩增可以得到大量的目的片段。RT-PCR 是一种非常灵敏的扩增活性基因的方法,它还可以测出活性较大的基因,并可以找到含有大量 RNA 的活性细胞。在触减 PCR 技术中,退火温度在每个连续的循环中持续降低 1~2℃,退火的起始温度要比 T_m 高 5~10℃,以后逐渐降低。起始扩增循环要在很严格的退火条件下进行,以后的扩增条件逐渐宽松,这样可扩增出大量产物。此方法可以达到最理想的扩增效果而不需耗费时间。最小循环数 PCR 技术可以找出能检测到微量产物的最少循环数,因此可以把循环数减少到最小,以使反应受到的干扰也最小。基因盒 PCR(gene cassette-PCR)技术靶向重组位点,因此内含子两侧的基因被用于探索环境基因群中的新基因。这种方法事先不需要知道基因的序列。尽管 PCR 技术是检测微生物多样性的最快的方法之一,但它本身也有着局限性,比如不同 DNA 模板的多样化扩增,扩增对模板浓度的敏感性,对不纯 DNA 的扩增,以及嵌合序列的构建等都影响 PCR 的测定结果。

4.2.2 基于 PCR 的分子生物学方法

4.2.2.1 克隆文库中的随机测序

克隆文库中的随机测序(random sequencing in clone libraries),此方法首先进行的是

PCR 产物的克隆，然后进行克隆文库的随机测序。序列分析可以鉴定出初始 PCR 产物中的优势拷贝，把这些序列与序列库中相似序列做比较，就可以对新序列进行鉴定或分析其与已知物种的关系，并可以通过构建系统发育树从分子序列库中推断出生物发育的关系。

克隆测序方法首先被 Giovannoni 等应用于 16S rDNA 的定位，以对海域中浮游细菌的多样性做检测。Zwart 等分析了北美和欧洲处于不同生长 pH 值和营养条件下的微生物的 16S rDNA，结果表明淡水细菌在全球都有分布。

4.2.2.2 梯度凝胶电泳

变性梯度凝胶电泳（denaturing gradient gel electrophoresis，DGGE）和温度梯度凝胶电泳（temperature gradient gel electrophoresis，TGGE）常用于微生物群体多样性的检测并监测其动力学变化。用这两种方法可以对生物多样性进行定性或者半定量测定。邢薇等利用 DGGE 技术研究了产甲烷污泥颗粒中的真细菌和古生菌。DGGE 和 TGGE 分别通过逐渐增加的化学变性剂线性浓度梯度和线性温度梯度把长度相同但只有一个碱基不同的 DNA 片段分离。DNA 分子的双链在特定温度下会分离，这个温度取决于互补链的氢键含量（富含 GC 的区域解链温度较高）和相邻碱基的引力。在进行凝胶电泳时，首先融解的区域会使整个分子的运动减慢，从而导致整个片段的断裂，改变分子的迁移率。两条单链由于 GC 夹板结构的存在而不能完全分离，GC 夹板是引物与模板形成的，它可增加模板与引物的结合率，从而增加扩增效率。DGGE 和 TGGE 可以快速测定优势菌群。

DGGE/TGGE 已广泛用于分析自然环境中细菌、蓝细菌、古菌、微型真核生物、真核生物和病毒群落的生物多样性。这一技术能够提供群落中优势种类信息并同时分析多个样品，具有可重复和操作简单等特点，适用于调查种群的时空变化，并且可通过对条带的序列分析或与特异性探针杂交分析鉴定群落组成。

4.2.2.3 单链构象多态性

单链构象多态性（single-strand conformation polymorphism，SSCP）分析可以检测 DNA 序列之间的不同。SSCP 首先由 Lee 等用于研究自然微生物群体的多样性。在低温条件下，单链 DNA 呈现一种由内部分子相互作用形成的三维构象，它影响了 DNA 在非变性凝胶中的迁移率。相同长度但不同核苷酸序列的 DNA，由于在凝胶中的不同迁移率而被分离。迁移率不同的条带可被银染或者荧光标记引物检测，然后用 DNA 自动测序进行分析。

用 PCR-SSCP 技术可以进行序列差异的测定，而敏感度会随着片段长度的增加而降低。但是只要条带被凝胶电泳分离开，就可以进行系统发育的研究。测序技术表明一个单链也许包含多种序列，电泳条件也会因此影响基因结构的确定，进而影响生物多样性的研究。

4.2.2.4 末端限制性片段长度多态性

末端限制性片段长度多态性（terminal-restriction fragment length polymorphism，T-RFLP）分析是一种分析生物群落的指纹技术，它的基本原理涉及末端荧光标记的 PCR 产物的限制性酶切。T-RFLP 是一种高效可重复的技术，它可以对一个生物群体的特定基因进行定性和定量测定。16S rRNA 基因片段通常作为靶序列，它可通过非变性的聚丙烯酰胺凝胶电泳和毛细管电泳分离，然后用激光诱导的荧光鉴定。此技术的优点是可以检测微生物群落中较小的种群。另外，系统分类也可以通过末端片段的大小推断出来。

此技术的局限性在于假末端限制性片段的形成，它可能导致对微生物多样性的过多估计。引物和限制酶的选择对于准确评估生物多样性也是很重要的。

4.2.2.5 核糖体间隔基因分析和自动核糖体间隔基因分析

核糖体间隔基因分析（ribosomal intergenic spacer analysis，RISA）技术由 Bornemam 和 Triplett 首先使用于对土壤中微生物多样性的研究。此技术应用到 rRNA 操纵子中 16S 和 23S 之间基因的 PCR 扩增。16S～23S rRNA 基因间隔区（intergenic spacer region，ISR）因其具有相当好的保守性和可变性而备受关注，可应用于种以下水平的分类鉴定，对 16S～23S rRNA基因的 ISR 进行扩增所用的引物往往是根据 16S rRNA 和 23S rRNA 基因两侧高度保守的区域进行设计的。RISA 技术可以揭示片段长度的不同。长度不同的扩增产物可以通过聚丙烯酰胺凝胶电泳分离，然后银染显像。此技术可以准确评估指纹结构群体，每一条带至少代表一个物种。

Fisher 和 Triplett 发展了 RISA 技术，使其达到自动化，此技术称为自动核糖体间隔基因分析（automated ribosomal intergenic spacer analysis，ARISA），它可以更快更高效地评估生物群体的多样性。16S～23S 区域的 PCR 扩增用的是荧光标记的快速引物，此引物可使自动毛细管电泳的进度得到直观检测。ARISA 中可以分辨的荧光峰的总数代表被分析样品中物种的总体数目，片段的大小也可以与基因库中的数据进行比较，以得到更多生物信息。

4.2.2.6 随机扩增多态 DNA

随机扩增多态 DNA（random amplification of polymorphic DNA，RAPD）使用一系列单链随机引物（通常为 10bp），对基因组的 DNA 全部进行 PCR 扩增以检测多态性。若遗传特性发生变化，对每一随机引物单独进行 PCR 扩增，则导致一系列 PCR 产物表现其差异性，由于使用一系列引物，几乎整个基因组差异都会显露出来。当利用一个随机引物对严谨性较低的多态 DNA 进行扩增时，引物可以和靶 DNA 的不同位点进行不太严谨的退火，也就是说引物和 DNA 结合部位的序列不是严格的互补，分散的 DNA 带也可以经过引物的退火在适于扩增的反向位置上进行扩增。尽管 RAPD 分析快速方便，但是它的可重复性差，甚至 *Taq* 聚合酶或者缓冲液（buffer）的很小改变就能影响结果。因此 RAPD 技术的应用条件必须被优化后才能发挥最大的作用。

总之，基于 PCR 的技术似乎都适用于水生微生物群体的结构和多样性的研究。各种技术都有自身的优缺点，我们应用时要视具体实验情况选择最有利的实验方法。

4.2.3 不涉及 PCR 的分子生物学方法

4.2.3.1 磷脂脂肪酸分析技术

磷脂脂肪酸（phospholipid fatty acid，PLFA）分析技术是基于不同物种 PLFA 的不同而进行分析的技术。PLFA 的提取、鉴定和定量分析可以提供水环境中总的生物群体的有关信息，群体中生物的大体代谢地位和此群体的应力也可以表现出来。对样品中磷脂脂肪酸的常规分析可以与放射标记的特定菌种结合起来应用，再对放射性的 PLFA 进行分析。此技术提供了微生物放射性标记的指纹图谱，它可用于研究生物群落中代谢选择的自然生物和非生命物质的混合物。目前 PLFA 技术还不能很好地对微生物群落进行准确分类，因为一些微生物也可能含有差别不大的 PLFA，这是应用此技术的一大障碍。

4.2.3.2 荧光原位杂交技术

荧光原位杂交（fluorescence in-situ hybridization，FISH）技术检测核酸序列的基本原理是通过荧光标记的探针在细胞内与特异的互补核酸序列杂交，激发杂交探针的荧光来检测信号。探针可以设计成物种特异序列、属特异序列或者界特异序列的互补序列。细胞被固定并处理成对探针有渗透性，以便探针在特异位点进行杂交。一般情况下，针对细菌特定基因区域的探针是与其他特异性探针联合使用的，杂交以后微生物群体被荧光显微镜特异性检测。尽管 FISH 技术有很多优点，用它研究自然样品还是会产生一些误差，因为实验方法和环境因素都可能影响它的准确性。荧光染料和探针的选择、反应条件的限制、杂交的温度等都明显影响此技术的准确性。

最近，FISH 技术的发展已得到重视，一些改进的技术比如 TSA-FISH（酪酰胺信号放大 FISH，tyramide signal amplification of FISH），使杂交的荧光信号增强了 20～40 倍，已被成功应用于实际研究。

4.2.3.3 DNA 联合分析技术

DNA 联合分析技术，此技术用于两个生物群体的全部 DNA 序列的比较或者同一群体中不同序列的比较。在这两种应用中都需要对物种的总 DNA 进行提取和纯化，其中一个种群的 DNA 被放射性标记并用作模板。两种 DNA 样品的交叉杂交也有所应用，相似程度也能被检测出来。为了研究序列的复杂性，就要对 DNA 变性单链及其相似序列的联合动力学进行监测，它可以反映基因组的大小及 DNA 的复杂性。两个群体之间的相似度越大，同一个群体中序列相似性越高，分析速率越快，反之亦然。此技术的主要局限性在于要从整个群体的 DNA 中提取目的基因，并且要进行高度纯化，这些大大限制了本技术的应用范围与前景。

4.2.4 展望

基于 PCR 扩增技术的指纹技术（DGGE、T-RFLP、SSCP 等）省去了建立克隆基因文库的麻烦，因此被广泛应用于水生微生物群体多样性的研究。尽管存在不足，但在过去的 10 年中人们还是通过这些技术得到了大量关于水生微生物群体多样性的信息。这些技术只是提供了群体中不同物种的信息，很少涉及细胞代谢和生态功能。我们现在只是处于分子生物学发展的开始阶段，在以后的时期会有大量的更有效的技术出现，它可以使我们对复杂微生物群体的分类和功能有更深入的研究，使我们更加了解生物多样性及其与生态功能的关系。

4.3 PCR 引物设计

自 1985 年聚合酶链式反应被 Karny Mullis 开创，PCR 已经成为分子生物学领域最关键的技术之一。其中，引物设计是 PCR 最重要的一步。PCR 扩增产物的大小是由特异引物限定的。因此，引物的设计与合成对 PCR 的成功与否有着决定性的意义。而且，合成的引物必须经聚丙烯酰胺凝胶电泳或反向高压液相色谱（HPLC）纯化。因为合成的引物中会有相当数量的"错误序列"，其中包括不完整的序列、可检测到碱基修饰的完整链和高分子量产物等，这些序列可导致非特异扩增和信号强度的降低。因此，PCR 所用引物质量要高，且需纯化。一般，冻干引物在－20℃至少可保存 24～32 个月，液体状在－20℃可保存 6 个月，引物不用时应在－20℃保存。目前，PCR 引物设计大都由计算机软件协助进行。一方面，提交模板序列到特定的网站可以得到引物；另一方面，也可以通过引物设计软件进行设计。

4.3.1 引物设计的基本原理

4.3.1.1 引物长度

一般引物长度为 18～30 碱基。总的说来，决定引物退火温度（T_m 值）最重要的因素就是引物的长度。以下算式可以用于粗略计算引物的退火温度（℃）。

在引物长度小于 20bp 时：$[4(G+C)+2(A+T)]-5$

在引物长度大于 20bp 时：$62.3+0.41(G-C)-500/length-5$

式中，G、C、A、T 分别表示相应碱基的个数；length 表示引物长度，即引物包含的碱基的个数。

另外有许多软件也可以对退火温度进行计算，其计算原理会各有不同，因此有时计算出的数值可能会有少量差距。为了优化 PCR，使用确保退火温度不低于 54℃的最短引物可获得最好的效率和特异性。

总的说来，每增加一个核苷酸引物特异性提高 4 倍，这样大多数应用的最短引物长度为 18 个核苷酸。引物长度的上限并不很重要，主要与反应效率有关。由于熵的原因，引物越长，它退火结合到靶 DNA 上形成供 DNA 聚合酶结合的稳定双链模板的速率越小。

4.3.1.2 G+C 含量

一般引物序列中 G+C 含量为 40%～60%，一对引物的 G+C 含量和 T_m 值应该协调。若是引物存在严重的 GC 倾向或 AT 倾向，则可以在引物 5′端加适量的 A、T 或 G、C 尾巴。

4.3.1.3 退火温度

退火温度需要比解链温度低 5℃，如果引物碱基数较少，可以适当提高退火温度，使 PCR 的特异性增加；如果碱基数较多，那么可以适当减低退火温度，使 DNA 双链结合。一对引物的退火温度相差 4～6℃不会影响 PCR 的产率，但是理想情况下一对引物的退火温度是一样的，可以在 55～75℃变化。

4.3.1.4 避开扩增模板的二级结构区域

选择扩增片段时最好避开模板的二级结构区域。用有关计算机软件可以预测目的片段的稳定二级结构，有助于选择模板。实验表明，待扩区域自由能（ΔG）小于 58.61kJ/mol 时，扩增往往不能成功。当不能避开这一区域时，用 7-脱氮-2′-脱氧鸟嘌呤-5′-三磷酸取代脱氧鸟苷三磷酸三钠（dGTP），对扩增的成功是有帮助的。

4.3.1.5 与靶 DNA 的错配

当被扩增的靶 DNA 序列较大的时候，一个引物就有可能与靶 DNA 的多个地方结合，造成结果中有多个条带出现。这个时候有必要先使用 BLAST 软件进行检测。选择 Align two sequences（bl2seq），如图 4-1 所示。BLAST 的使用方法也十分简单，如图 4-2 所示。

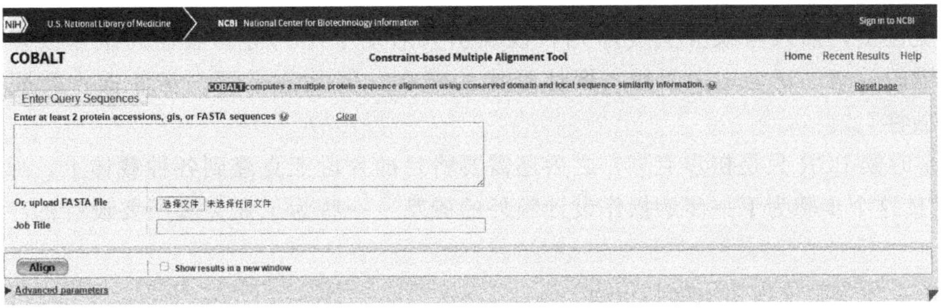

图 4-1　BLAST 软件界面 1

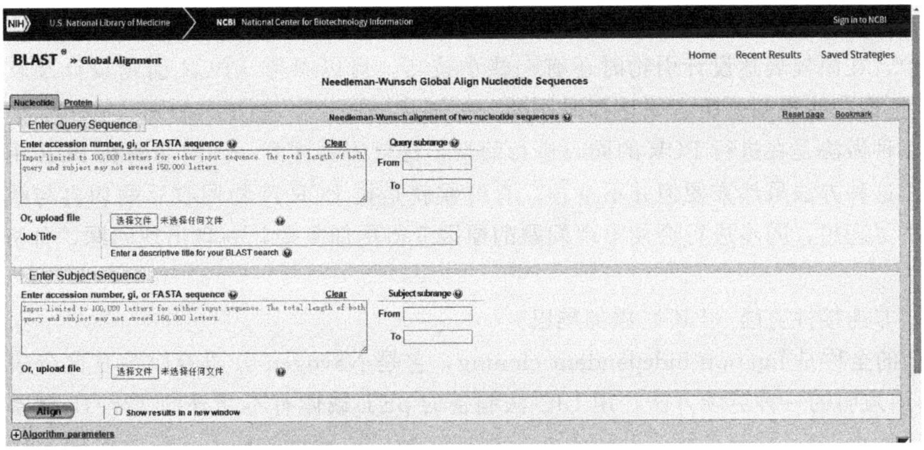

图 4-2　BLAST 软件界面 2

将引物序列粘贴到 1 区,将靶 DNA 序列粘贴到 2 区,这两者是可以互换的,并且 BLAST 会计算互补链、反义链等多种可能,所以不需要用户注意两条链是否都是有义链。如果知道序列在数据库中的 GI 号,也可以直接输入 GI 号,这样就不用粘贴一大段的序列了。最后点击 Align 就可以查看引物在靶 DNA 中是否有多个同源位点了。

可是使用 BLAST 还是有其不方便的地方,因为它一次只能比较两条序列,那么一对引物就需要分开进行比对。如果存在错配,还需要自己计算由于错配形成的片段长度有多大。在下一小节中将介绍一个软件,可以直接将靶 DNA 和引物输入对产物片段进行预测。

4.3.1.6　引物末端

引物 3′端是延伸开始的地方,因此要防止错配就从这里开始。3′端不应有超过 3 个连续的 G 或 C,因为那样会使引物在 G+C 富集序列区错误引发。3′端也不能有形成任何二级结构的可能,除非在特殊的 PCR(AS-PCR)中,引物 3′端不能发生错配。

4.3.1.7　引物的二级结构

引物自身不应存在互补序列,否则引物自身会折叠成发夹状结构,这种二级结构会因空间位阻而影响引物与模板的复性结合。若用人工判断,引物自身连续互补碱基不能大于 3bp。两引物之间不应该存在互补性,尤应避免 3′端的互补重叠,以防引物二聚体的形成。一般情况下,一对引物间不应有多于 4 个连续碱基的同源或互补。

4.3.1.8　为了下一步操作而产生的不完全匹配

5′端对扩增特异性影响不大,因此可以被修饰而不影响扩增的特异性。引物 5′端修饰包括：加酶切位点；标记生物素、荧光、地高辛、Eu^{3+} 等；引入蛋白质结合 DNA 序列；引入突变位点，插入与缺失突变序列，以及引入启动子序列等。额外的碱基或多或少会影响扩增的效率，还会加大引物二聚体形成的概率，但是为了下一步的操作就要做出适当的"牺牲"。

很多时候 PCR 只是初步克隆，之后还需要将目的片段亚克隆到各种载体上，那么就需要在 PCR 这个步骤为下一步的操作设计额外的碱基。一些为了亚克隆所要设计的序列总结如下。

（1）添加限制性内切酶酶切位点

添加酶切位点是将 PCR 产物进行亚克隆使用得最多的手段。一般酶切位点是六个碱基，另外在酶切位点的 5′端还需要加 2～3 个保护碱基。但是不同的酶需要的保护碱基数目是不相同的，例如：Sal I 不需要保护碱基，Eco R V 需要 1 个，Not I 需要 2 个，$Hind$ III 需要 3 个。其中，在原核表达设计引物时还有一些小技巧，可以参考《PCR 引物设计及软件使用技巧》，里面一些规则是所有表达都通用的。

有一种做法是在进行 PCR 的同时进行酶切，这就需要注意一些内切酶在 PCR 中的酶切反应率。这种方法虽然方便但并不推荐。有时候就是把 PCR 产物回收后酶切再与载体连接效果都不尽理想，同步进行会使出现问题的原因变得更加复杂，一旦出现问题，分析起来更麻烦。

（2）非连接性克隆（LIC）添加尾巴

LIC 的全称是 ligation-independent cloning，它是 Navogen 公司专门为其部分表达载体（pET）而发明的一种克隆方法。用 LIC 法制备的 pET 载体有不互补的 12～15 碱基单链黏端（即黏性末端），与目的插入片段上相应黏端互补。扩增目的插入片段的引物 5′序列要与 LIC 载体互补。T4 DNA 聚合酶的 3′→5′外切活性经短时间即可在插入片段上形成单链黏端。由于只能由制备好的插入片段和载体互相退火形成产物，这种方法非常快速高效，而且为定向克隆。

（3）定向 TA 克隆添加尾巴

在 T 载体刚出的时候大家都拍手称赞，因为方便。但是后来人们发现 TA 克隆无法将片段定向克隆到载体中，所以后来 Invitrogen 推出了可以定向克隆的载体，它的一端含有四个突出的碱基 GTGG。因此在 PCR 引物设计时也要相应地加上与之互补的序列，这样片段就可以"有方向"了。

（4）In-Fusion 克隆方法

此技术就其步骤来说是极其方便的，不需连接酶，不需长时间的反应。只要在设计引物的时候引入一段线性化载体两端的序列，然后将 PCR 产物和线性化的载体加入到含有 BSA（牛血清白蛋白）的 In-Fusion 酶溶液中，在室温下放置半个小时就可以进行转化了。这种方法特别适合大批量的转化。

4.3.2 设计引物的黄金原则

（1）引物最好在模板 cDNA 的保守区内设计

DNA 序列的保守区是通过物种间相似序列的比较确定的。在 NCBI（美国国家生物技术信息中心）上搜索不同物种的同一基因，通过序列分析软件（比如 DNAman）比对

（alignment），各基因相同的序列就是该基因的保守区。

（2）引物长度一般在 15～30 个碱基对

引物长度（primer length）常用的是 18～27bp，但不应大于 38bp，因为过长会导致其延伸温度大于 74℃，不适于 Taq DNA 聚合酶进行反应。

（3）引物 GC 含量在 40%～60%，T_m 值最好接近 72℃

GC 含量（composition）过高或过低都不利于引发反应。上下游引物的 GC 含量不能相差太大。另外，上下游引物的 T_m 值（melting temperature）是寡核苷酸的解链温度，即在一定盐浓度条件下，50% 寡核苷酸双链解链的温度。有效启动温度，一般高于 T_m 值 5～10℃。若按公式 $T_m=4(G+C)+2(A+T)$ 估计引物的 T_m 值，则有效引物的 T_m 值为 55～80℃，其 T_m 值最好接近 72℃ 以使复性条件最佳。

（4）引物 3′端要避开密码子的第 3 位

如扩增编码区域，引物 3′端不要终止于密码子的第 3 位，因密码子的第 3 位易发生简并，会影响扩增的特异性与效率。

（5）引物 3′端不能选择 A，最好选择 T

引物 3′端错配时，不同碱基引发效率存在着很大的差异。当末位的碱基为 A 时，即使在错配的情况下，也能有引发链的合成；而当末位链为 T 时，错配的引发效率大大降低；G、C 错配的引发效率介于 A、T 之间。因此 3′端最好选择 T。

（6）碱基要随机分布

引物在模板内应当没有相似性较高的序列，尤其是 3′端相似性较高的序列，否则容易导致错误引发（false priming）。降低引物与模板相似性的一种方法是，引物中四种碱基的分布最好是随机的，不要有聚嘌呤或聚嘧啶的存在。尤其 3′端不应有超过 3 个连续的 G 或 C，因为那样会使引物在 GC 富集序列区错误引发。

（7）引物自身及引物之间不应存在互补序列

引物自身不应存在互补序列，否则引物自身会折叠成发夹结构（hairpin），使引物本身复性。这种二级结构会因空间位阻而影响引物与模板的复性结合。引物自身不能有连续 4 个碱基的互补。

两引物之间也不应具有互补性，尤其应避免 3′端的互补重叠，以防止引物二聚体（dimer）的形成。引物之间不能有连续 4 个碱基的互补。

引物二聚体及发夹结构如果不可避免的话，应尽量使其 ΔG 值不要过高（应小于 4.5kcal/mol）。否则易导致产生引物二聚体带，并且降低引物有效浓度而使 PCR 不能正常进行。

（8）引物 5′端和中间 ΔG 值应相对较高，而 3′端 ΔG 值应较低

ΔG 值是指 DNA 双链形成所需的自由能，它反映了双链结构内部碱基对的相对稳定性，ΔG 值越大，则双链越稳定。应当选用 5′端和中间 ΔG 值相对较高，而 3′端 ΔG 值较低（绝对值不超过 9）的引物。若引物 3′端的 ΔG 值过高，容易在错配位点形成双链结构并引发 DNA 聚合反应。（不同位置的 ΔG 值可以用 Oligo 6 软件进行分析）

（9）引物的 5′端可以修饰，而 3′端不可以修饰

引物的 5′端决定着 PCR 产物的长度，引物的延伸是从 3′端开始的，不能进行任何修饰。3′端也不能有形成任何二级结构的可能。

（10）扩增产物的单链不能形成二级结构

某些引物无效的主要原因是扩增产物单链二级结构的影响,详见前述 4.3.1.4。

(11)引物应具有特异性

引物设计完成以后,应对其进行 BLAST 检测。如果与其他基因不具有互补性,就可以进行下一步的实验了。

值得一提的是,各种模板的引物设计难度不一。有的模板本身条件比较苛刻,例如:GC 含量偏高或偏低,导致找不到各种指标都十分合适的引物;用作克隆目的的 PCR,因为产物序列相对固定,引物设计的选择自由度较低。在这种情况下,只能退而求其次,尽量去满足条件。做实时(real time)时,用于荧光染料(SYBR Green I)法时的一对引物与一般 PCR 的引物,在引物设计上所要求的参数是不同的。其引物设计的要求如下。

① 避免重复碱基,尤其是 G。

② $T_m = 58 \sim 60℃$。

③ GC 含量 $= 30\% \sim 80\%$。

④ $3'$ 端最后 5 个碱基内不能有多于 2 个的 G 或 C。

⑤ 正向引物与探针离得越近越好,但不能重叠。

⑥ PCR 扩增产物长度:引物产物大小不要太大,一般在 $80 \sim 250bp$ 都可以,$80 \sim 150bp$ 最为合适(可以延长至 300bp)。

⑦ 引物的退火温度要高,一般要在 60℃以上。

要特别注意避免引物二聚体和非特异性扩增的存在。而且引物设计时应该考虑到引物要有不受基因组 DNA 污染影响的能力,即引物应该跨外显子,最好是引物能跨外显子的接头区,这样可以更有效地不受基因组 DNA 污染的影响。至于设计软件,Primer3、Primer5、Primer Express 都是可以的。对于引物,要有从一大堆引物中挑出一两个能用的引物的思想准备——寻找合适的引物非常不容易。关于 BLAST 的作用应该是通过比对,发现所设计的这个引物,在已经发现并在 GENEBANK 中公开的物种基因序列当中,除了和目标基因之外,还有没有和其他物种或其他序列当中存在相同的序列,如有和目标序列之外的序列相同的序列,则可能扩出其他序列的产物,那么这个引物的特异性就很差,从而不能用。

4.3.3　引物设计软件界面

Primer Premier 是一种用来帮助研究人员设计最适合引物的应用软件。利用它的高级引物搜索、引物数据库、巢式引物设计、引物编辑和分析等功能,可以设计出有高效扩增能力的理想引物,也可以设计出用于扩增长达 50kb 以上的 PCR 产物的引物序列。

该软件主要由以下四个主要功能板块组成:GeneTank 序列编辑、Primer 引物设计、Enzyme 酶切分析和 Motif 基序分析。四个功能板块都有各自的窗口和菜单。以下列出了各功能板块的主要菜单选项:

GeneTank File:Edit,View,Search,Function,Translate,Window,Help.

Primer File:Edit,Function,Report,Graph,Window,Help.

Enzyme File:Function,Window,Help.

Motif File:Function,Window,Help.

安装完 Primer Premier 5.0 以后打开该软件，出现如图 4-3 所示界面，点击"Activate Product"按钮。利用 GeneTank 可以打开 DNA 或者蛋白质序列，也可以选择不同的阅读框架（共三种）将 DNA 翻译成蛋白质或利用蛋白质序列反推出 DNA 序列。该软件已经提供了普通密码子列表和几种线粒体密码子列表，也可以输入自己的其他线粒体密码子列表。序列编辑器提供了包括多媒体语言校读在内的完整的序列编辑功能。这一功能板块包括以下部分：

GeneTank：打开、浏览、编辑及翻译序列。

Translation：将打开的序列翻译或反推成其他序列。

Edit Codon Table：编辑翻译所依据的密码子列表。

GeneTank 窗口用来显示序列及其文件题头信息。可以将打开的序列翻译或反推成其他序列，也可以使用通常的拷贝、剪切和粘贴命令编辑当前序列。GeneTank 的窗口上也有启用 Primer、Align、Enzyme、Motif 功能板块的快捷键。

粘贴序列窗口使得一段核酸序列可通过选择以四种不同的方式粘贴上去，分别为正向（As Is）、反向（Reversed）、互补（Complemented）以及反向互补（Reverse Complemented）。这样便于从其他程序中粘贴序列而不需考虑其序列保存的方向。

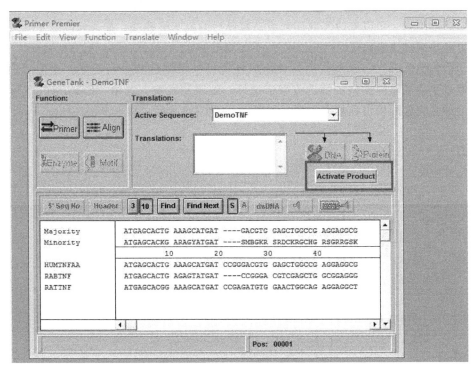

图 4-3　GeneTank 窗口

Primer 功能板块包括了设计引物的搜索引擎，软件包含了强大的自动搜索法则，只需要简单的操作就可以得到合适的引物。Primer Premier 也提供了人工控制搜索引擎的方法，便于根据特殊要求制定标准。该项功能板块由以下部分组成：

Preferences（参数设置）窗口；

Primer Premier（引物设计）窗口；

Edit Primer（引物编辑）窗口；

Search Criteria（搜索标准）窗口；

Search Parameter（搜索参数）窗口；

Search Results（搜索结果）窗口；

Multiplex/Nested Primer（复式及巢式 PCR 引物设计）窗口；

Database（引物数据库）窗口；

Synthesis Order Form（生成引物合成订单）；

Reports（结果报告）；

Graphs（图表）。

① 引物设计窗口　　该窗口是分析引物的关键，包括以下功能：即点即选（Direct Select）、引物性状列表和二级结构显示。

② 引物编辑窗口　　引物编辑窗口可以用来设计用于定点突变的引物或分析一条已有引物序列。可以使用 CTRL-X、CTRL-C 和 CTRL-V 快捷键来实施剪切、拷贝和粘贴。删除当前引物序列，并从剪贴板上粘贴是分析一条已有引物的好方法。进行粘贴时，Paste（粘贴）窗口会激活，用以将引物序列转化为反向、互补或反向互补形式。也可以手工键入引物序列，一旦引物被编辑发生变化，"Analyze" 按钮就可以使用，点击 "Analyze" 按钮即可分析编辑后的引物。可以修改实际序列或是翻译后的氨基酸残基，如果修改氨基酸残基，相应位置可能出现多义密码子。

除了引物性状和二级结构资料，该窗口还提供了限制性酶分析功能。点击 "Enzyme" 按钮，通过手动或软件提供的筛选方案来选择一组限制性酶。选中 "Enzyme" 图标，将所选质粒上的多克隆酶切位点加入左栏。如图 4-4、图 4-5 所示。

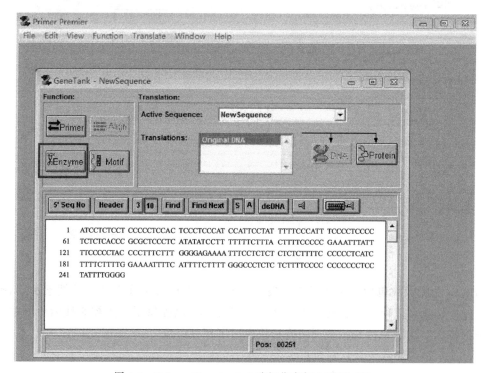

图 4-4　Primer Premier 5.0 酶切位点加入页面（1）

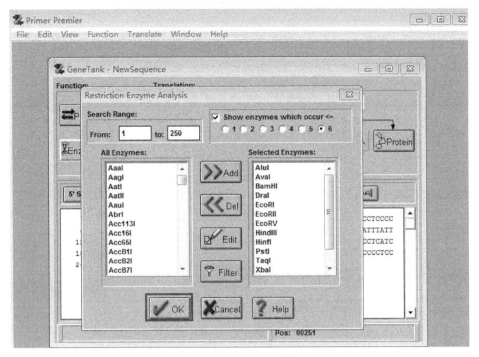

图 4-5　Primer Premier 5.0 酶切位点加入页面（2）

　　选中 "OK" 键，分析目的基因中所含的酶切位点，选插入位点时就应排除这些酶，如图 4-6所示。可将鼠标点在设计框的 3′端从右向左删除 7～9 个碱基，保留 16～18 个配对即可。选中 "Primer" 图标，点 "S" 图标、"Edit Primers" 图标，开始设计正义链，如图 4-7

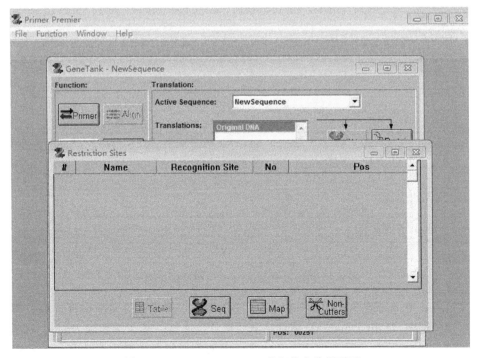

图 4-6　Primer Premier 5.0 酶切位点分析页面

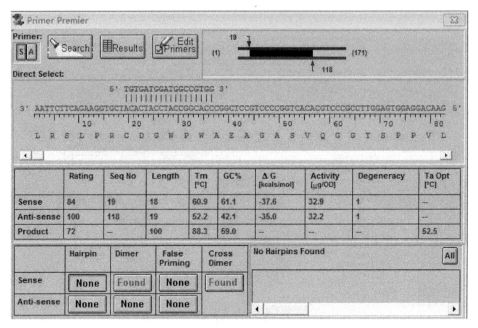

图 4-7　Primer Premier 5.0 设计正义链页面

所示。在引物的 5′ 端加入选好的酶切位点并在其左侧加 3 个保护碱基，完成后点 "Analyze"，认为可以后点 "OK"。如图 4-8、图 4-9 所示。

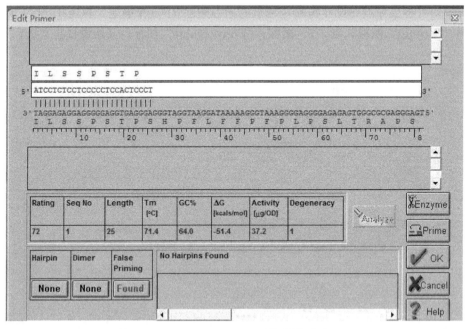

图 4-8　Primer Premier 5.0 引物编辑页面（1）

反义链可参考正义链设计。选中左上角 "A" 图标，用鼠标拉动滑块将待选引物放至目的基因末端。选中 "Edit Primers" 图标，开始设计反义链。从 3′ 端删除 7～9 个碱基（同正义链）。将酶切位点加在 5′ 端，应将产品目录所示的酶切位点序列从右至左加入（注意不要

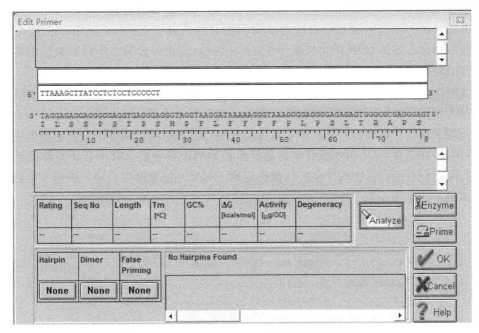

图 4-9　Primer Premier 5.0 引物编辑页面（2）

加反）。完成后点"Analyze"，认为可以后点"OK"。最后分析结果，反义链的错配（False Priming）可以不考虑，Rating 表示引物评分也可以不考虑，主要看 T_m 值，正义链和反义链相差不应超过 3℃，GC 含量不应超过 60%。

可以使用特征筛选窗口根据酶的特征来选择当前群组进行分析。选择相应的数字框，在 4～13 碱基范围内指定酶的识别位点，"Selected Enzymes"框内会即时更新为只包含符合条件的酶列表。可以根据需要指定黏端（Overhang）类型及黏端序列，如图 4-10 所示。

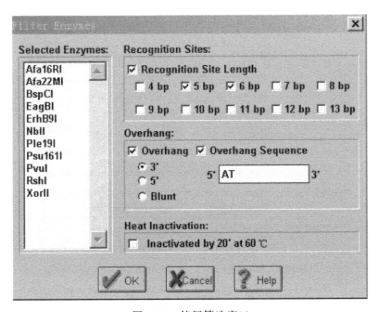

图 4-10　特征筛选窗口

③ 搜索参数窗口 Search Type（搜索类型）框将指定要搜索的是单个引物、两条单独引物、引物对或为当前引物找寻合适的反向引物。默认设置下，Search Range 搜索范围是当前序列的全长。默认 PCR 产物长度为 100~500bp。如果搜索单个引物该数值将不会起作用。也可以为搜索设定 Primer Length（引物长度）。

可以使用其他的自动搜索方法或者手动搜索。可以选择在自动搜索中需要使用哪些参数，点击去掉相应参数左边框中的对号，则该参数在搜索中不会被考虑。

自动搜索开始的标准很严格，但如果没有找到合适的引物，则标准会自动降低直到找到合适的引物。可以在 PCR 引物设计中自动搜索初始的严格参数。其中 T_m 值范围是根据指定搜索范围中所有可能引物的 T_m 平均值确定的。如果是搜索测序引物，则相应参数会有所不同，如图 4-11、图 4-12 所示。

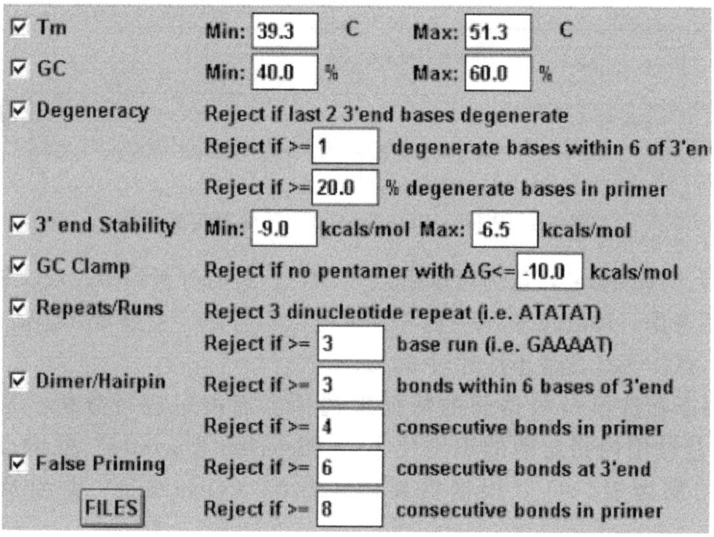

图 4-11 搜索参数窗口（1）

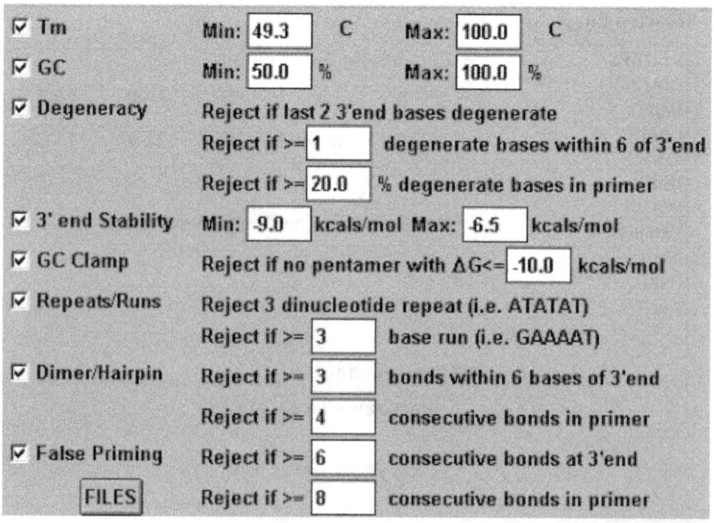

图 4-12 搜索参数窗口（2）

如果是搜索杂交探针，则相应参数如图 4-13 所示。

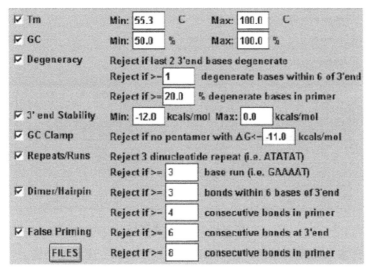

图 4-13 搜索参数窗口（3）

④ 引物数据库窗口 引物数据库可以用来保存引物序列（图 4-14）。可以为每一条引物命名并将其保存在一个原有的或新建的数据库中。在数据库窗口中，可以使用"Order Primers"按钮来定购引物。

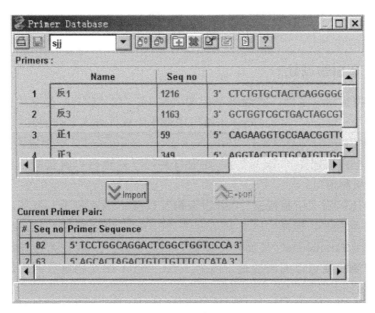

图 4-14 引物数据库窗口

有两种主要方法可以将已选的引物输入到数据库中。一种方法是在"Search Results"窗口中标记想选择的引物，然后在引物数据库窗口中使用"Get Marked Primers"按钮将标记的引物全部输入到数据库中。另一种方法是直接选择一条或一对引物，再利用 Current Primer Pair（当前引物对）图框将其输入数据库中。

⑤ 搜索结果窗口 当点击搜索程序窗口的"OK"按钮接受搜索结果后，Search Results（搜

索结果）窗口将会打开，它显示了搜索中找到的所有引物或引物对，如图 4-15 所示。

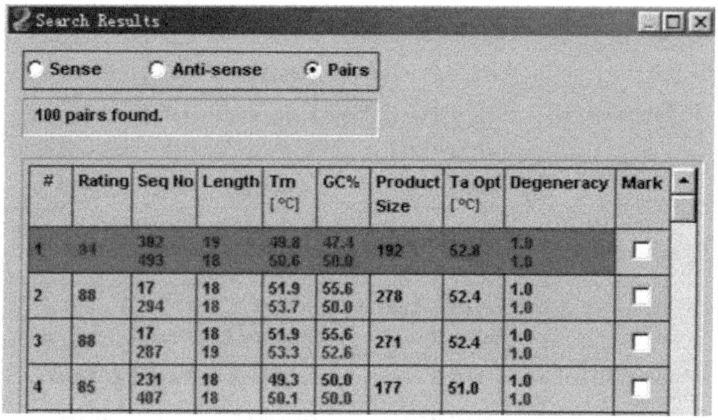

图 4-15　搜索结果窗口

显示满足设计参数的候选结果，点"OK"。点"Senes"选择正义链，"Rating"表示引物评分，最好选评分高的；点"Anti-sense"，相同方式选择反义链。整个一对引物评价同目的基因克隆的引物设计相同。

⑥ Motif Analysis 基序分析　软件提供了包含约 165 种常用基序的分析功能，同时也提供工具让使用者方便地添加其他基序。通过从默认群组中选择或剔除基序，可以创建一个新的群组使用，并作为当前群组来进行基序分析。这一功能板块有下列两个部分：Motif Analysis Window（基序分析窗口）和 Edit Window（编辑窗口）。

4.3.4　RT-PCR 引物设计

在 NCBI 上搜索到该基因，找到该基因的 mRNA，在"CDS"选项中，找到编码区所在位置，在下面的"origin"中，Copy 该编码序列作为软件查询序列的候选对象。

打开 Primer Premier 5.0，点击"File-New-DNA Sequence"，出现输入序列窗口，Copy 目的序列在输入框内（选择"As Is"），此窗口内，序列也可以直接翻译成蛋白质。点击"Primer"，进入引物窗口。

此窗口可以链接到"引物搜索""引物编辑"以及"搜索结果"选项，点击"Search"按钮，进入引物搜索框，选择"PCR Primers""Pairs"，设定搜索区域、引物长度和产物长度。在"Search Parameters"里面，可以设定相应参数。一般若无特殊需要，参数选择默认即可，但产物长度可以适当变化，因为 $100\sim200$bp 的产物电泳跑得较散，所以可以选择 $300\sim500$bp。

点击"OK"，软件即开始自动搜索引物，搜索完成后，会自动跳出结果窗口，搜索结果默认按照评分（Rating）排序，点击其中任一个搜索结果，可以在"引物窗口"中，显示出该引物的综合情况，包括上游引物和下游引物的序列和位置、引物的各种信息等。

对于引物的序列，可以简单查看一下，应遵循以下原则：$3'$端不要以 A 结尾，结尾最好是 G 或者 C，T 也可以；$3'$端不要出现连续的 3 个碱基相连的情况，比如 GGG 或 CCC，否则容易引起错配。此窗口中需要着重查看的包括：T_m 应该在 $55\sim70℃$，GC 含量应该在 $45\%\sim55\%$，上游引物和下游引物的 T_m 值最好不要相差太多，大概在 2℃ 以下较好。该窗口的最下面列出了两条引物的二级结构信息，包括发卡、二聚体、引物间交叉二聚体和错误引发位置。若按钮显示为红色，表示存在该二级结构，点击该红色按钮，即可看到相应二级结构位置图示。最理想的引物应该都不存在这些二级结构，即这几个按钮都显示"None"为好。但有时很难找到各个条件都满足的引物，所以要求可以适当放宽，如引物存在错配的话，可以就具体情况考察该错配的效率如何，是否会明显影响产物。对引物具体详细的评价需要借助于 Oligo 来完成，Oligo 自身虽然带有引物搜索功能，但其搜索出的引物质量感觉不如 Primer 5.0。

在 Primer 5.0 窗口中，若觉得某一对引物合适，可以在搜索结果窗口中点击该引物，然后在菜单栏选择"File-Print-Current Pair"，使用 PDF 虚拟打印机，即可转换为 PDF 文档，里面有该引物的详细信息。

在 Oligo 软件界面，"File"菜单下选择"Open"，定位到目的 cDNA 序列（在 Primer 中，该序列已经被保存为 Seq 文件），会跳出来两个窗口，分别为"Internal Stability(Delta G)"窗口和"T_m"窗口。在"T_m"窗口中，点击最左下角的按钮，会出来引物定位对话框，输入候选的上游引物序列位置（Primer 5.0 已经给出）即可，而引物长度可以通过点击"Change-Current Oligo Length"来改变。定位后，点击"T_m"窗口的"Upper"按钮，确定上游引物，同样方法定位下游引物位置，点击"Lower"按钮，确定下游引物。引物确定后，即可以充分利用"Analyze"菜单中各种强大的引物分析功能了。

"Analyze"中，第一项为"Key Info"，点击"Selected Primers"，会给出两条引物的概括性信息，其中包括引物的 T_m 值，此值 Oligo 是采用最邻近法（nearest neighbor method）计算的，会比 Primer 5.0 中引物的 T_m 值略高。此窗口中还给出引物的 Delta G（ΔG）和 $3'$端的 Delta G。若 $3'$端的 Delta G 过高，会在错配位点形成双链结构并引起 DNA 聚合反应，因此此项绝对值应该小一些，最好不要超过 9。

"Analyze"中第二项为"Duplex Formation"，即二聚体形成分析，可以选择上游引物或下游引物，分析上游引物间二聚体形成情况和下游引物间的二聚体形成情况，还可以选择"Upper/Lower"，即上下游引物之间的二聚体形成情况。引物二聚体是引起 PCR 异常的重要因素，因此应该避免设计的引物存在二聚体，至少也要使设计的引物形成的二聚体是不稳定的，即其 Delta G 值应该偏低，一般不要使其超过 4.5kcal/mol，结合碱基对不要超过 3 个。Oligo 此项的分析窗口中分别给出了 $3'$端和整个引物的二聚体图示和 Delta G 值。

"Analyze"中第三项为"Hairpin Formation"，即发夹结构分析。可以选择上游或者下游引物，同样，Delta G 值不要超过 4.5kcal/mol，碱基对不要超过 3 个。

"Analyze"中第四项为"Composition and T_m"，会给出上游引物、下游引物和产物的各个碱基的组成比例和 T_m 值。上下游引物的 GC 含量需要控制在 40%～60%，而且上下游引物之间的 GC 含量不要相差太大。T_m 值共有 3 个，分别采用三种方法计算出来，包括 nearest neighbor method、GC method(GC 法) 和 2(A+T)+4(G+C)-method[2(A+T)+4(G+C)法]，最后一种是 Primer 5.0 所采用的方法，T_m 值可以控制在 50～70℃之间。

第五项为"False Priming Sites"，即错误引发位点，在 Primer 5.0 中虽然也有 False Priming 分析，但不如 Oligo 详细，并且 Oligo 会给出正确引发效率和错误引发效率，一般原则是要使错误引发效率在 100 以下，当然有时候正确位点的引发效率很高的话，比如达到 400～500，错误引发效率超过 100 的幅度若不大的话，也可以接受。

"Analyze"中，有参考价值的最后一项是"PCR"，此窗口是基于此对引物 PCR 的小结（Summary），并且给出了此反应的最佳退火温度，另外，提供了对此对引物的简短评价。若该引物有不利于 PCR 的二级结构存在，并且 Delta G 值偏大的话，Oligo 在最后的评价中会注明，若没有注明此项，表明二级结构能值较小，基本可以接受。

引物评价完毕后，可以选择"File-Print"，打印为 PDF 文件保存，文件中将会包含所有 Oligo 软件中已经打开的窗口所包含的信息，多达数页。因此，打印前最好关掉"T_m"窗口和"Delta G"窗口，可以保留引物信息窗口、二级结构分析窗口（若存在可疑的异常的话）和 PCR 窗口。

引物确定后，对于上游和下游引物分别进行 BLAST 分析，一般来说，多少都会找到一些其他基因的同源序列，此时可以对上游引物和下游引物的 BLAST 结果进行对比分析，只要没有交叉的其他基因的同源序列就可以。

4.3.5 简并引物设计过程和原则

简并引物常用于从已知蛋白质到相关核酸分子的研究及用于一组引物扩增一类分子。

4.3.5.1 简并引物设计过程

① 利用 NCBI 搜索不同物种中同一目的基因的蛋白质或 cDNA 编码的氨基酸序列　因为密码子的关系，不同的核苷酸序列可能表达的氨基酸序列是相同的，所以氨基酸序列才是真正保守的。首先利用 NCBI 的 Entrez 检索系统，查找到一条相关序列即可。随后利用这一序列使用 BLASTP（通过蛋白质查蛋白质），在整个 NR 数据库中查找与之相似的氨基酸序列。

② 对所有的序列进行多序列比对　将搜索到的同一基因的不同氨基酸序列进行多序列比对，可选工具有 Clustal W/X，也可在线分析。所有序列的共有部分将会显示出来。"＊"表示保守，"："表示次保守。

③ 确定合适的保守区域　设计简并引物至少需要上下游各有一个保守区域，且两个保守区域相距 50～400 个氨基酸残基为宜，使得 PCR 产物在 150～1200bp，最重要的是每一个保守区域至少有 6 个氨基酸的保守区，因为每条引物至少 18bp 左右。若比对结果保守性不是很强，很可能找不到 6 个氨基酸序列的保守区，这时可以根据物种的亲缘关系，选择亲缘关系近的物种进行二次比对，若保守性仍达不到要求，则需进行三次比对。总之，究竟要选多少序列来比对，要根据前一次的结果反复调整，最终目的就是有两个含 6 个氨基酸且两者间距离合适的保守区域。

④ 利用软件设计引物　当得到保守区域后，就可以利用专业的软件来设计引物了，其中 Primer 5.0 支持简并引物的设计。将参与多序列比对的序列中的任一条导入 Primer 5.0 中，将其翻译成核苷酸序列，该序列群可用一条有简并性的核苷酸链来表示（其中 R＝A/G，Y＝C/T，M＝A/C，K＝G/T，S＝C/G，W＝A/C/T，B＝C/G/T，V＝A/C/G，D＝A/G/T，N＝A/C/G/T），该具有简并性的核苷酸链必然包含上一步中找到的氨基酸保守区域的对应部分，在 Primer 5.0 中修改参数，令其在两个距离合适的保守的 nt 区域内寻找引物对，总之要保证上下游引物都落在该简并链的保守区域内，结果会有数对，分数越高越好。

⑤ 对引物的修饰　若得到的引物为 5-NAGSGNGCDTTANCABK-3，则简并度＝4×

$2\times4\times3\times4\times3\times2=2304$，很明显该条引物的简并度很高不利于 PCR，可以通过用次黄嘌呤代替 N（因为次黄嘌呤可以很好地和 4 种碱基配对）和根据物种密码子偏好这两种方法来降低简并度。这样设计出来的简并引物对适用于比对的氨基酸序列所属物种及与这些物种分类地位相同的其他物种。

4.3.5.2 简并引物设计原则

① 尽量选择简并度低的氨基酸区域为引物设计区，如蛋氨酸和色氨酸仅有一个密码子。

② 充分注意物种对密码子的偏好性，选择该物种使用频率高的密码子，以降低引物的简并性。

③ 引物不要终止于简并碱基，对大多数氨基酸残基来说，意味着引物的 3′末端不要位于密码子的第三位。

④ 在简并度低的位置，可用次黄嘌呤代替简并碱基。

4.4 典型环境污染物修复基因工程菌的构建及应用

4.4.1 基因工程菌构建的基本原理

DNA 的体外操作已经成为生物学研究的常规技术手段，通过将经适当限制性内切酶消化的基因组 DNA 连接到 pUC19 等克隆载体上转化到 E.coli DH5α 中，根据外源片段表达的相应功能克隆基因的技术，称为功能表达法基因克隆。Sau3AI（酶切位点 GATC）可以随机对基因组进行切割，将甲基对硫磷降解菌的基因组经 Sau3AI 酶切后回收适当大小的片段（2～6kb）。将回收的片段与经 BamHI 酶切并脱磷的载体进行酶连，转化 E.coli DH5α 感受态细胞，挑取得转化子的总量即为甲基对硫磷降解菌的基因组文库。

如果所需降解基因可以在大肠杆菌中表达，则不需要挑取转化子，而是直接在选择性培养基上挑取表达农药降解功能的转化子，大大节省了工作量。

基因克隆后需要在表达载体中进行高效表达，以获得所需的降解酶。基因克隆得到以后可以送到商业公司进行测序，根据序列信息寻找编码降解基因的编码区。根据序列设计引物扩增降解基因的编码区并在两端设计适当的酶切位点，将基因克隆到表达载体中，就可以获得高效表达降解基因的工程菌。本节以甲基对硫磷降解基因的克隆和基因工程菌的构建为例进行阐述。

4.4.2 材料和器材

4.4.2.1 菌株与质粒

菌株：邻单孢菌（M6）具有甲基对硫磷水解酶活性。E.coli DH5α，Δlacμl69（Φ80/lacZΔml5）。

辅助转移菌株：Z.coli WD803（pRK2013）具染色体编码的 str 抗性和质粒编码的 Km 抗性，E.coli BL21（DE3）。

质粒：pUC19（Amp^r）、pET-29a（Km^r）。

4.4.2.2 培养基及试剂

LB 培养基、2×YT 培养基、SOC 培养基、SOB 培养基、LBM 培养基（LB 中添加 100mg/L 甲基对硫磷）。染色体、质粒提取试剂，感受态制备试剂及电泳缓冲液；Sau3AI、牛小肠碱性磷酸酶（CIAP）、Sal I、Bgl II、Rnase、Taq DNA 聚合酶、dNTP 及连接酶、琼脂糖。

4.4.2.3 仪器及其他用具

高速台式离心机、落地式高速冷冻离心机、恒温水浴、杂交炉、超净工作台、摇床、电泳仪、微量移液器、PCR 仪。

4.4.3 操作步骤

4.4.3.1 提取 M6 菌染色体总 DNA

M6 菌提前 2d 划 LB 平板活化，挑单菌落，接种于 5mL 试管，于 37℃ 剧烈振荡培养过夜，10% 接种并转接于 50mL LB 液体培养基摇至稳定期。12000r/min 离心 90s 收集菌体，TEN 洗涤后离心收集菌体，悬浮于等体积 TEN 中，加入 40μL 蛋白酶 K（19mg/mL，40μL/6mL 菌液），37℃ 过夜（约 12h），加 1/3 体积饱和 NaCl 溶液剧烈振荡 15s，12000r/min 离心 5min；上清液用等体积酚/氯仿抽提 2 次，12000r/min 离心 5min，收集上清液加入等体积 TE（稀释调整 NaCl 浓度）、0.6 体积异丙醇，沉淀离心后用 70% 乙醇洗涤沉淀，4℃ 2h 溶于 TE 中，加 1/10 体积 3mol/L pH 5.2 NaAc 后，用 2 体积 95% 乙醇沉淀 DNA，70% 乙醇洗涤后溶于 100μL TE 中，测定 OD_{260}/OD_{280}，确定 DNA 的纯度和浓度。

4.4.3.2 载体质粒 pUC19 DNA 的大量提取

从 500mL 培养物中大量提取质粒 DNA，所提取质粒沉淀溶于 500μL 含 40μg/mL 的核糖核酸酶（RNase）的 TE 中，于 −20℃ 保存。

4.4.3.3 制备大肠杆菌感受态细胞

制备好的感受态细胞可以立即使用，也可以加入 15% 的甘油于 −70℃ 短期保藏。

4.4.3.4 M6 染色体及质粒 DNA 的酶切

反应体系的建立：

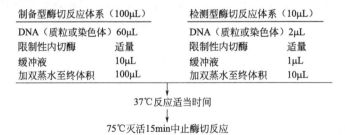

制备型酶切反应体系（100μL）		检测型酶切反应体系（10μL）	
DNA（质粒或染色体）	60μL	DNA（质粒或染色体）	2μL
限制性内切酶	适量	限制性内切酶	适量
缓冲液	10μL	缓冲液	1μL
加双蒸水至终体积	100μL	加双蒸水至终体积	10μL

37℃ 反应适当时间

75℃ 灭活 15min 中止酶切反应

M6 总 DNA 采用 Sau3AI 进行部分酶切，pUC19 质粒采用 BamH I 进行酶切，酶切后回收所需大小的片段。

4.4.3.5 载体脱磷

取适量 BamH I 酶切的 pUC19 质粒线状 DNA，按下列方式建立脱磷反应体系：

线状 pUC19   20μg(23.5pmol)

CIAP   1.2U

Buffer $10\mu L$

加 10mmol/L Tris・Cl $100\mu L$

37℃温育 30min

补加 1.2U CIAP 继续温育 30min

温育结束后，加 EDTA（pH 8.0）至终浓度为 5mmol/L，充分混匀，75℃加热 15min 以灭活 CIAP，然后用酚、酚-氯仿进行抽提，以纯化去磷酸化的 DNA。加入 0.1 体积 3mol/L 乙酸钠（pH 7.0），充分混匀，再加 2 体积的乙醇，充分混匀后于 0℃放置 15min。用微量离心机于 4℃以 12000g 离心 10min，以回收 DNA。用 TE（pH 7.6）重新溶解沉淀的 DNA，使浓度为 100μg/mL，储存于 −20℃备用。

4.4.3.6　酶连

按如下所述设立连接反应混合物：

将 0.1μL 载体 DNA 转移到无菌微量离心管中，加等物质的量的 M6 DNA 回收片段。加水至 7.5μL，45℃加温 5min 使重新退火的黏端解链，将混合物冷却到 0℃。建立如下反应体系：

10×T4 噬菌体 DNA 连接酶缓冲液 $1\mu L$

T4 噬菌体 DNA 连接酶 $0.5\mu L$

5mmol/L ATP $1\mu L$

加双蒸水至 $10\mu L$

于 14℃温育 12h。扩大反应体积 3 倍，22℃继续温育 3h。

另外，再设立两个对照反应：只有质粒载体，只有外源 DNA 片段。每个样品各取 1～2μL 转化大肠杆菌感受态细胞。

4.4.3.7　酶连产物转化及转化子筛选

取 200μL 感受态转移到无菌的微量离心管中，每管加 2μL 酶连产物进行转化，转化后菌株涂布 LBM 培养基。

观察菌落周围农药水解情况，有透明圈出现的即为表达甲基对硫磷降解酶的阳性克隆。挑取阳性克隆至 LB（含 Amp）平板上进行扩增，提取质粒检测质粒的插入片段，并进行序列测定。

4.4.3.8　基因工程菌构建

根据序列分析结果设计 PCR 引物，扩增甲基对硫磷水解酶基因的编码区，酶切后插入到表达质粒 pET29a 中，获得表达质粒 pET-mpd。将 pET-mpd 质粒转入到 *E.coli* BL21（DE3）菌株中，获得高效表达甲基对硫磷降解酶的工程菌株。将工程菌点接到含有异丙基硫代半乳糖苷（IPTG）的 LBM 平板测定工程菌的活性。

思　考　题

1. 建立一个分子生物学实验室主要需要哪些仪器？
2. PCR 引物设计的基本原理是什么？
3. PCR 引物设计时设计的黄金原则是什么？
4. 简并引物设计过程和原则是什么？
5. 基因工程菌构建的基本原理与主要操作步骤是什么？

5

5.1 活性污泥总 DNA 的提取

【实验目的】

① 熟悉从活性污泥样品中分离提取微生物总 DNA 的原理。

② 掌握从活性污泥中提取微生物总 DNA 的方法。

【实验原理】

从样品中提取微生物总 DNA,用特异性引物对 16S rDNA 进行 PCR 扩增,再采用 DGGE 技术分离扩增产物,通过测定 16S rDNA 序列可以建立系统发育树,从中了解活性污泥内微生物的种群组成和生物多样性。由于污泥样品中存在许多干扰物质(如腐殖酸、类腐殖酸化合物、重金属等),它们会严重干扰 DNA 的提取效率以及 DNA 的纯度。从活性污泥提取微生物总 DNA,一般包括裂解细胞、抽提核酸和纯化核酸三个过程。首先,采用物理的(剧烈振荡)、化学的[十二烷基硫酸钠(SDS)]以及生物的(溶菌酶)方法,使微生物细胞破碎,释放出胞内的 DNA。然后,采用乙酸钾对 DNA 进行沉淀,得到核酸初提液。由于核酸初提液中含有较多的腐殖酸等杂质,因此需要采用氯化铯密度梯度离心法纯化 DNA,以得到纯度较高的 DNA 样品。

【实验材料】

(1)样品

活性污泥。

(2)器皿

核酸电泳系统,凝胶成像分析系统,离心机(Eppendorf 管),移液枪,恒温水浴锅,涡旋振荡器。

(3)试剂

0.1mol/L 磷酸钠缓冲液(pH=8),溶菌酶,20%SDS,70%乙醇,TE 缓冲液,氯化铯,异丙醇,8mol/L 乙酸钾溶液,DNA 分子量标准,1%琼脂糖,核酸上样缓冲液。

(4)其他用品

细玻璃珠,各种规格的枪头。

【实验步骤与方法】

① 取 5g 活性污泥，加 5mL 0.1mol/L pH 为 8.0 的磷酸钠缓冲液，加细玻璃珠，于室温下剧烈振荡 10min。

② 加溶菌酶 25mg，使终浓度为 2.5mg/mL，振荡 5min，37℃水浴 30min。

③ 加 600μL 20％SDS 轻柔振荡 15min，6000r/min 离心 10min。

④ 取上清液分装，每个 1.5mL Eppendorf 管装 1.0mL，然后加 0.2 体积冰冷的 8mol/L 乙酸钾溶液，颠倒混匀 1min，12000r/min 离心 10min。

⑤ 吸取上清液移至新的 Eppendorf 管中，加 0.6 体积预冷的异丙醇，颠倒混匀 1min，室温放置 10min，12000r/min 离心 10min。

⑥ 弃上清液，加 1mL 70％乙醇洗涤 DNA 沉淀，12000r/min 离心 2min，弃乙醇后于 37℃干燥 10min。

⑦ 每管加 200μL TE 缓冲液重新悬浮样品，并将它们合并为 1 管（总体积约 1mL），加氯化铯（使终浓度为 1g/L），混匀，室温下静置 2h，14000r/min 离心 30min。

⑧ 取上清液，加 4.0mL 去离子水，加 0.6 体积冰冷的异丙醇，颠倒混匀，室温下静置 10min，12000r/min 离心 10min。

⑨ 弃上清液，将沉淀定容于 1000μL TE 缓冲液中，加入 0.2 体积 8mol/L 乙酸钾溶液，混匀，室温放置 5min，12000r/min 离心 10min。

⑩ 吸取上清液移至新的 Eppendorf 管中，加 0.6 体积冰冷的异丙醇，颠倒混匀，室温下放置 10min，12000r/min 离心 10min。

⑪ 弃上清液，用 1.0mL 70％乙醇清洗 DNA 沉淀，12000r/min 离心 10min，干燥，定容于 200μL TE 缓冲液中。

⑫ 吸取 5μL DNA 溶液，在 1.0％（质量浓度）琼脂糖凝胶上电泳，检测 DNA 提取效果。DNA 电泳时，加上 DNA 分子量标准作为判断 DNA 大小的标准。

【注意事项】

① 由于实验操作步骤较多，除第一和第二步以外，其余步骤都应轻柔操作，避免机械作用对 DNA 的过度剪切。

② 弃上清液时应小心、轻柔，避免 DNA 随液体流失。

③ 在加乙醇清洗样品时，应让枪头贴着管壁加入，使乙醇缓慢流入管底，避免 DNA 损失。

【思考问题】

① 影响样品微生物总 DNA 提取效率的因素有哪些？

② 怎样从活性污泥样品中获得高纯度的微生物总 DNA？

5.2　质粒 DNA 分离纯化与鉴定

【实验目的】

① 了解质粒 DNA 的分离、纯化和鉴定的一般原理。

② 掌握用碱裂解法小量制备质粒 DNA。

③ 掌握 DNA 电泳技术。

【实验原理】

质粒是染色体外的 DNA 分子，大小从 1kb 到大于 200kb 不等，大多数质粒是双链环状分子，可以从细菌中以超螺旋的形式被分离纯化。质粒分布于细菌、放线菌、真菌以及一些动植物细胞中，但在细菌细胞中含量最多。细菌质粒大小为 1~200kb，是应用最多的质粒。质粒可以在众多的细菌中存在，但多数具有宿主选择性。质粒是细菌内的共生型遗传因子，携带额外的遗传信息。它利用细菌的酶和蛋白质，独立于宿主染色体进行复制和遗传，并且赋予宿主细胞一些表型。经过改造的质粒可以携带外源目的基因进入细菌，并在其中进行高效表达。通常用作基因工程的质粒载体含有遗传选择标记，可以在相应的选择条件下赋予宿主生长优势。

质粒提取常用的有碱裂解法、煮沸法等多种方法，在实际操作中可以根据宿主菌株类型、质粒分子大小、碱基组成和结构等特点以及质粒 DNA 的用途进行选择。

碱裂解同时结合去垢剂 SDS 从细菌中分离质粒 DNA 的方法是 Birnboim 和 Doly 于 1979 年发明的。当细菌悬液与高 pH 值的强阴离子去垢剂混合后，细胞壁被破坏，染色体 DNA 和蛋白质变性，质粒 DNA 被释放到上清溶液中。尽管碱溶液完全打断了碱基配对，但由于环形质粒 DNA 在拓扑结构上是相互缠绕在一起的，因此质粒的 DNA 链不会彼此分开。只要处理不太剧烈，当 pH 值恢复中性后，DNA 的两条链会立即重新配对。

在裂解过程中，细菌蛋白质、破碎的细胞壁以及变性的染色体 DNA 形成一些网状的大复合物，表面被十二烷基硫酸钠包裹。当 Na^+ 被钾离子取代时，这些复合物将被有效地从溶液中沉淀出来，当变性物通过离心被去除后，可从上清液中得到质粒 DNA。

本实验介绍碱裂解法小量制备质粒 DNA 和检测的过程。

【仪器及试剂】

(1) 菌株和质粒

E. coli DH5α、具有 Amp^r 标记的质粒 pUC19。

(2) 缓冲液及试剂

缓冲液 I、缓冲液 II、缓冲液 III、无水乙醇、冰预冷的 70% 乙醇、酚、氯仿、TE(pH8.0)、TE(pH8.0) 含 20μg/mL 核糖核酸酶 A(RNaseA)、LB 培养基、氨苄青霉素、TAE 电泳缓冲液、溴化乙锭(EB)、聚乙二醇(PEG 8000)、琼脂糖。

溶液 I：50mmol/L 葡萄糖，25mmol/L Tris-HCl(pH 8.0)，10mmol/L EDTA。

溶液 II：0.2mol/L NaOH，1% SDS(临用前用 10mol/L NaOH 和 20% SDS 母液配制)。

溶液 III：5mol/L KAc 60mL，冰醋酸 11.5mL，重蒸水 28.5mL；溶液终浓度为：K^+ 3mol/L，Ac^- 5mol/L。

(3) 仪器及其他用具

摇床、振荡混合器、微波炉、高速冷冻离心机、电泳仪、电泳槽、制胶槽、电子天平、微量取液器、枪头、Eppendorf 管、紫外灯、吸水纸。

【实验步骤】

(1) 质粒 DNA 的小量快速提取

① 挑取 *E. coli* DH5α 单克隆，接种到含氨苄青霉素 100μg/mL 的 2mL LB 培养液中，37℃ 250r/min 培养过夜。

② 用 1.5mL 的微量离心管收集 1.0mL 菌液。在最高速度离心 30s，剩余的菌液保存于 4℃。

③ 尽量去除上清液。

④ 加入 100μL 冰预冷的溶液Ⅰ，在振荡器上剧烈振荡，使细菌完全悬浮。

⑤ 加 200μL 新鲜配制的溶液Ⅱ，盖紧盖子，快速颠倒 5 次，以混匀溶液，并确保整个管子表面都与溶液Ⅱ接触。切勿振荡。

⑥ 加 150μL 冰预冷的溶液Ⅲ，盖紧盖子，颠倒数次以保证溶液Ⅲ与黏稠的裂解物混合均匀，置冰上 3～5min。

⑦ 于 4℃以最高速度离心 5min，将上清液转移到新的离心管中。

⑧ 加等体积的酚/氯仿，盖紧盖子，振荡 30s。于 4℃以最高速度离心 2min，将上清液转移到新的离心管中。

⑨ 加等体积的氯仿，盖紧盖子，振荡 30s。于 4℃以最高速度离心 2min，将上清液转移到新的离心管中。

⑩ 加 2 体积的无水乙醇，振荡混匀后置室温 2h。

⑪ 于 4℃以最高速度离心 5min。

⑫ 小心吸除上清液。将离心管倒置在吸水纸上，吸干流出的液体，尽量吸干管壁的液滴。

⑬ 加 1mL 70%的乙醇，颠倒管子数次，于 4℃以最高速度离心 2min。

⑭ 按步骤⑫的方法去除上清液。

⑮ 将离心管敞开盖子置室温 5～10min，直至管中的液体完全蒸发。

⑯ 用 50μL 含 20μg/mL 的无脱氧核糖核酸酶（DNase）的 RNaseA 的 TE(pH8.0) 溶解 DNA。振荡若干秒，保存于−20℃。

（2）质粒 DNA 的纯化（PEG 法）

① 加等体积饱和酚，混匀，于室温离心 5min。

② 取上清液，加等体积氯仿，混匀，于室温离心 10min。

③ 取上清液，加等体积 13%PEG 8000，于冰上放置 30min。

④ 室温离心 10min，弃上清液，用 TE 溶解备用。

（3）DNA 电泳检测

① 用 1×TAE 配制 0.7%的琼脂糖凝胶。

② 置微波炉中加热至沸腾。

③ 按 1ng/100mL 的量加入溴化乙锭。

④ 待稍冷却后倒入胶槽中，制备 DNA 检测用凝胶。

⑤ 待凝胶完全凝固后，将凝胶放入电泳槽中。在电泳槽中加入 1×TAE 至液面恰好漫过凝胶表面。

⑥ 吸取 10μL DNA 样品与 1μL 10×电泳样品缓冲液混匀。

⑦ 将样品加入凝胶的样品孔中。

⑧ 在实验组样品旁的样品孔中加入 5μL DNA 分子量标准。

⑨ 在加样孔侧接负电极，相反方向接正电极，以 5V/cm 的恒定电压电泳。

⑩ 电泳结束后，将凝胶取出，置紫外暗箱观察 DNA 样品的电泳情况，进行记录或

拍照。

【结果与讨论】

绘图表示质粒的电泳情况，并依据分子量标准判断片段的大小。质粒 DNA 在含有溴化乙锭的琼脂糖凝胶电泳中，被染成橘黄色，实验中注意观察。质粒电泳图谱如图 5-1 所示。质粒 DNA 可以观察到 3 条带，电泳速度最慢的条带显色最浅。质粒 DNA 有 3 种构型，即共价闭合环状质粒（cccDNA）、开环质粒（ocDNA）和线状质粒 DNA(lDNA)。

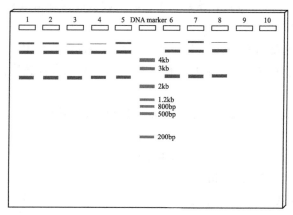

图 5-1　质粒电泳图谱

上样缓冲液中含有溴酚蓝（bromophenol blue，别名四溴苯酚磺酞，最大吸收波长为 422nm），以 0.25％溴酚蓝作为电泳指示剂。溴酚蓝分子式为 $C_{19}H_{10}Br_4O_5S$，分子量为 669.96，氨基酸的平均分子量为 110，每对核苷酸的平均分子量为 659，电泳时溴酚蓝会跑在前面，在到达凝胶底部 3/4 位置时，即可停止电泳，进行结果观察。

【注意事项】

（1）质粒快速提取的注意事项

① 步骤③和步骤⑫中，应尽可能去除残存的液体，不然残存物质可能影响限制酶对质粒 DNA 的切割。

② 步骤⑤及步骤⑥中不可剧烈振荡离心管，不然易造成质粒 DNA 断裂。

③ 步骤⑭中，吸除上清液时要十分小心，因为此时沉淀与管底贴附不紧。

④ 步骤⑮中，质粒 DNA 不宜过于干燥，不然将难以溶解，并可能变性。通常室温下干燥 10～15min 足以保证乙醇的蒸发，同时 DNA 不至于脱水。

⑤ 所用离心管及枪头在使用前必须灭菌。

（2）相关研究进展

细菌的裂解可以通过多种方法实现，包括采用离子型或非离子型去污剂、有机溶剂、碱和加热。方法的选择取决于三个因素：质粒的大小、大肠杆菌菌株以及后续纯化的方法。大于 15kb 的质粒比较容易被物理剪切作用打断，因此在纯化过程中的处理必须温和。通常采用蔗糖等渗溶液悬浮后用溶菌酶和 EDTA 处理，以破坏细胞壁，再用阴离子去污剂（如 SDS）裂解细胞。小于 15kb 的质粒一般不需要特殊的考虑来防止物理剪切作用，可用上述各种方法裂解。

某些大肠杆菌菌株不能用加热的方法裂解。如 HB101 来源的细菌由于用去污剂和加热裂解后会释放较多的糖类物质，若后续用 CsCl 梯度离心的方法进一步纯化，则难以去除这些糖类。这将使最终的质粒 DNA 受到污染而不被许多限制性内切酶切割。另外，某些表达核酸内切酶 A 的菌株（包括 HB101）也不能用加热的方法裂解。因为核酸内切酶 A 不能在加热的过程中完全灭活，可能在后续的纯化过程中使质粒 DNA 降解。

碱裂解法可以适用于不同规模质粒提取的需要。小量（1～2mL 菌液）提取产物可达到足够用于限制性酶切或 DNA 测序的目的。中规模（20～50mL 菌液）提取的质粒 DNA 可满足转染哺乳动物细胞实验的需要。利用该方法提取质粒 DNA 的规模可以达到 500mL 菌液甚至更大体积。目前已有多种不同策略的质粒提取方法可适用于不同实验目的的需要。如煮沸裂解法，也可以用于不同规模的质粒纯化。直接从琼脂板的菌落中快速提取质粒 DNA 的方法，可以得到足够的 DNA，用于琼脂糖凝胶电泳初步筛选重组质粒。多年来，CsCl 梯度平衡离心法曾经是大规模纯化质粒 DNA 的首选方法。

5.3　感受态细菌的制备及细菌的转化

【实验目的】

① 了解感受态细菌制备及细菌转化的一般原理。

② 掌握用氯化钙处理制备感受态细菌的方法，以及感受态细胞的冻存及解冻方法。

③ 掌握细菌转化的方法。

【实验原理】

在基因克隆技术中，转化是特指以质粒 DNA 或以它为载体构建的重组质粒 DNA 导入细胞的过程，是一种常用的实验技术。该过程的关键是受体细胞的遗传学特性及其所处的生理状态。用于转化的受体细胞一般是限制-修饰系统缺陷的变异株，以防止对导入外源 DNA 的切割。此外，为了便于检测，受体菌一般应具有可选择的标记（如抗生素敏感性、颜色变化等）。

质粒 DNA 是否能进入受体细胞取决于该细胞是否处于感受态。所谓感受态是指受体细胞处于容易吸收外源 DNA 的一种生理状态，可通过物理化学的方法诱导形成，也可自然形成。在基因工程技术中，通常是采用诱导的方法。大肠杆菌是常用的受体菌，其感受态一般是通过 $CaCl_2$ 在 0℃条件下处理细胞而形成的。细菌处于 0℃ 的 $CaCl_2$ 低渗溶液中，会膨胀成球形，细胞膜的通透性发生变化，转化混合物中的质粒 DNA 形成抗 DNase 的羟基-磷酸钙复合物黏附于细胞表面，经 42℃ 短时间热激处理，促进细胞吸收 DNA 复合物，在丰富培养基上生长数小时后，球状细胞复原并分裂繁殖，在选择培养基上便可获得所需的转化子。

【实验材料】

（1）菌株和质粒

E. coli DH5α，重组质粒 DNA。

（2）缓冲液和溶液

$CaCl_2 \cdot 2H_2O$（1mol/L），冰预冷的 $MgCl_2$-$CaCl_2$ 溶液，冰预冷的 $CaCl_2$ 溶液，二甲亚砜（DMSO），LB 培养液，SOB 琼脂平板（含 20mmol/L $MgSO_4$ 和适当的抗生素），SOC

培养液（每个转化约需 1mL），液氮。

（3）仪器及其他用具

恒温振荡培养箱，紫外可见分光光度计，离心机，42℃水浴锅，无菌 50mL 离心管，无菌 1.5mL 微量离心管，无菌冻存管，锥形瓶，吸水纸，试管。

【实验步骤与方法】

（1）感受态细胞的制备

① 从在 37℃培养了 16～20h 的培养板上挑取一个 2～3mm 的细菌单菌落，转移到一个装有 100mL LB 培养液的 1L 锥形瓶中。在 37℃剧烈振荡培养 3h，通过检测菌液的 OD_{600}，监测细菌的生长。当培养液 OD_{600} 达到 0.35 时收集细菌。

② 将细菌转移到冰预冷的无菌 50mL 离心管中。将培养产物置冰上 10min，使之冷却。

③ 4℃、2700g 离心 10min。

④ 倒掉培养液。将离心管倒立在吸水纸上 1min，使残留的培养液流干。

⑤ 每个管中加入 30mL 冰预冷的 $MgCl_2$-$CaCl_2$ 溶液（80mmol/L $MgCl_2$，20mmol/L $CaCl_2$），搅动沉淀使之重新悬浮。

⑥ 4℃、2700g 离心 10min。

⑦ 倒掉培养液。将离心管倒立在吸水纸上 1min，使残留的培养液流干。

⑧ 每个管中加入 2mL 冰预冷的 $CaCl_2$ 溶液，搅动沉淀使之重新悬浮。至此，细菌可直接用于转化，或分装成小份后于-70℃冻存。

（2）感受态细菌的保存及复苏

① 按每 4mL 感受态细菌 140μL 的量加入二甲基亚砜，温和转动混匀，将离心管置冰上 15min。

② 再按每 4mL 感受态细菌 140μL 的量加入 DMSO，温和转动混匀后置冰上。

③ 快速将细胞悬液分装至预冷的无菌冻存管中，用液氮快速冷冻后，置-70℃冻存。

④ 复苏时，将冻存管握于手中，当细胞悬液刚融化时，立即将管子转移到冰上，放置 10min 后进行转化。

（3）转化

① 将 10ng DNA(10～25μL) 加入到一个 15mL 无菌的圆底试管中，并放置在冰上。

② 复苏感受态细胞立即加入到管中，轻轻旋动，并放置冰上 10min。

③ 将管放 42℃水浴 2min 进行热休克，然后加入 1mL SOC 培养液于每一支试管中，于 37℃、250r/min 培养 1h。

④ 将几个稀释度菌液涂布于含有合适抗生素的平板上，于 37℃培养 12～16h。

【实验结果与分析】

数出阳性克隆数，计算转化率。

【注意事项】

① 所有步骤都应无菌操作。

② 在每个实验中，应该包括一个阳性对照和一个阴性对照。阳性对照可用来检测转化的效率，而阴性对照可用来排除污染，以及确定失败的可能原因。

阳性对照：用已知量的标准环状超螺旋质粒 DNA 转化感受态细菌。这种对照提供了一种衡量转化效率的方法，并可作为与以前转化实验对照的标准。一般建议大规模制备标准超螺旋质粒 DNA 后稀释（对氯化钙方法制备的感受态细菌，稀释成 500ng/mL），然后分装成小份，保存在－70℃。用适当量的标准液（2～5μL）检测每批新制备的感受态细胞转化效率，并检查每次实验的转化效率。如果一次实验不能得到转化的克隆，则意味着或是感受态细菌、或是转化缓冲液有问题。

阴性对照：在转化实验中，用一份不加质粒 DNA 的感受态细菌作为阴性对照。然后铺在含有适当抗生素的培养板上培养，不应该观察到有任何细菌克隆的生长。如果有细菌克隆，可能的原因有：

a. 感受态细菌被带有抗性的细菌污染。

b. 选择性平板失效。

c. 选择性平板被带有抗性的细菌污染。

③ 在感受态细胞制备步骤⑧中，细胞可保存在 4℃的 CaCl$_2$ 中 24～48h。在第一个 12～24h 时，转化效率可增加 4～6 倍，然后降到原先的水平。

④ 热休克是十分重要的步骤，细胞必须以合适的速率升温到合适的温度。这里给出的时间是用 Falcon 2059 管子得到的。

⑤ 转化后细胞铺板方法如下：将一个弯的玻璃棒浸到酒精中，然后在酒精灯上点燃消毒。待玻璃棒冷却到室温后，温和地在琼脂板表面涂布转化的细菌。

⑥ 剩下的转化物可储存于 4℃并用于以后涂板。

【相关研究进展】

1983 年 Hanahan 发表了另外一种制备高转化效率的感受态细菌的方法。用此方法制备的感受态细菌转化效率极高，每微克超螺旋质粒 DNA 可达到 5×10^8 个细菌克隆。1990 年 Inoue 等人发明的方法可以与 Hanahan 的方法相媲美，在最佳条件下每微克质粒 DNA 可得到 $(1 \sim 3) \times 10^8$ 个转化细菌克隆的效率。与 Hanahan 的方法相比，该方法的好处是重复性好、较为简单。和其他方法不同的是，此方法中细菌的培养温度为 18℃而不是通常的 37℃。20 世纪 80 年代末，有人发现 DNA 可以通过短时间的高电压放电直接导入细菌。制备电感受态细菌要比制备化学感受态细菌方便得多。只要让细菌生长到对数中期，然后冷却、离心，用冰冷的水清洗以降低细胞悬液的离子强度，最后再用 10% 甘油的冰冷缓冲液悬浮。电感受态细菌可以在快速冷冻后保存在－70℃，至少保存 6 个月不会降低转化效率。

5.4　利用 16S rDNA 方法分析不同污染土壤中微生物种群的变化

【实验目的】

学习采用细菌核糖体小亚基 16S rDNA 基因序列分析土壤中微生物群落组成技术的基本原理和实验过程。

【实验原理】

大量的研究表明微生物的多样性十分丰富，土壤中可培养的微生物的数量只占总数的不到 1%，而微生物的群落结构在土壤的物质转化中具有重要的作用，采用常规活菌计数的方法限制了人们对土壤微生物功能群的了解。近 10 年来对土壤微生物群落结构的免培养分析技术得到了迅猛的发展，其基本原理是基于 16S rDNA 序列的保守性。16S rDNA 被称为细菌进化的分子钟，其序列在所有的原核生物中具有极高的保守性，可以为细菌的系统发育分析提供有用的信息。本实验从土壤中直接提取微生物 DNA，采用通用引物扩增 16S rDNA。通过对 16S rDNA 序列或结构的分析可以获得关于土壤微生物群落结构的信息。对 16S rDNA 序列的进一步分析可以从几种途径进行，可以采用核糖体 DNA 扩增片段限制性内切酶分析（ARDRA）、变性梯度凝胶电泳分析（DGGE）或温度梯度电泳分析（TGGE）、末端限制性片段长度多态性分析（T-RFLP）等技术。本实验采用 ARDRA 技术来研究污染土壤中微生物群落结构的变化。

【实验材料】

（1）样品

农药或多环芳烃污染的土壤样品，pMD-T 载体。

（2）试剂及溶液

蛋白酶 K 10mg/mL，*Taq* DNA 聚合酶，*Hha* I 和 *Ras* I 内切酶，连接酶，氯仿-异戊醇（24∶1）混合液，20%SDS，异丙醇，dNTP（脱氧核苷酸混合物）25mmol/L，无水乙醇，DNA 提取液（100mmol/L Tris-HCl，100nmol/L EDTA，100mmol/L 磷酸钠，1.5mol/L NaCl，1%CTAB，pH 8.0），电泳缓冲液，0.7% 和 0.1% 琼脂糖，无菌去离子水，DL2000 Marker，溴化乙锭（EB），乙酸钠，10×*Taq* 缓冲液，ddH₂O，1% 琼脂糖凝胶。

（3）仪器及其他用具

PCR 扩增仪，台式高速离心机，高速冷冻离心机，涡旋混合仪，电泳仪，透析袋（分子量＜14000），电子天平，离心管，紫外灯，摇床。

【实验步骤与方法】

（1）土壤 DNA 的提取方法

称取 5g 污染土壤样品，与 13.5mL DNA 提取液混合，再加入 100μL 蛋白酶 K，于 225r/min、37℃摇床振动 30min；接着加入 15mL 20%SDS，65℃水浴 2h，每隔 15～20min 轻轻颠倒几下。室温下 6000g 离心 10min，收集上清液，转移到 50mL 离心管中。土壤沉淀再加入 45mL 提取液和 5mL 20% 的 SDS，涡旋 10s，65℃水浴 10min，室温下 6000g 离心 10min，收集上清液合并于上次上清液。重复上述操作，收集上清液与前两次上清液合并。上清液与等体积的氯仿-异戊醇（24∶1，体积比）混合，离心，吸取水相转移至另一 50mL 离心管中，以 0.6 体积的异丙醇室温沉淀 1h，室温下 16000g 离心 20min。收集核酸沉淀，用冷的 70%乙醇洗涤沉淀，重悬于灭菌的无离子水中，最终体积为 500μL。

（2）土壤 DNA 的纯化

提取的粗 DNA 用 0.7%琼脂糖凝胶在 150V 电泳 1h，使得 DNA 与杂质尽量分开，凝胶 EB 染色后，在紫外灯下切割含有 DNA 条带的胶块，置于透析袋中（尽量避免袋中鼓气泡），100V 电泳 2h，使 DNA 从胶中洗脱。倒转电极电泳 15min，停止电泳。吸取透析袋中液体，加入 1/3 体积乙酸钠，加入 2 体积无水乙醇沉淀 DNA，70%乙醇洗涤、干燥后溶于 200pL 无菌水中备用。

（3）纯化后的土壤总 DNA 中 PCR 扩增 16S rDNA

从土壤 DNA 扩增 16S rDNA 的引物：

引物 1 序列为：5′ AGAGTTTGATCCTGGCTCAG 3′($E.\,coli$ 碱基 8 to 27)。

引物 2 序列为：5′ TACCTTGTTACGACTT 3′($E.\,coli$ 碱基 1507 to 1492)。

PCR 扩增反应体系：10×Taq 缓冲液 5μL，dNTP 4μL，引物 1(25pmol/μL) 2μL，引物 2(25pmol/μL)2μL，Mg^{2+}(25mmol/L)4μL，模板（土壤 DNA)10μL，Taq DNA 聚合酶 2.5U，ddH_2O 22.5μL，总体积 50μL。

反应参数：95℃变性 10min，94℃变性 2min，42℃ 30s，72℃ 4min，35 个循环，72℃ 延伸 20min。

（4）电泳检测扩增产物

1μL 扩增液进行 1%琼脂糖凝胶电泳，同时，以 DL2000 Marker 作为对照，100V 电泳 30min 后染色观察。

（5）16S rDNA 文库的构建

Taq 酶介进行扩增的时候，倾向于在产物末端多加 1 个腺苷酸（A），因此可以与末端 带胸腺嘧啶（T）的载体进行连接。酶连体系如下：

pMD-T 载体　　　　　　1μL

16S rDNA 扩增产物　　　2μL

DNA 连接酶　　　　　　1μL

连接缓冲液　　　　　　1μL

ddH_2O　　　　　　　　5μL

总体系 10μL，14℃酶连过夜。按每微升酶连产物转化 200μl 感受态细胞进行转化，转 化后的大肠杆菌细胞涂氨苄青霉素抗性平板，37℃培养 16h 后挑取转化子（尽可能多），并 检查外源片段插入情况。

（6）16S rDNA 酶切分析

采用通用引物 1 GGAAACAGCTATGACCATGATTAC 和引物 2 CGACGTTGTA-AAACGACGGCCAGT 从转化子中重新扩增插入的 16S rDNA 序列，对每个序列分别用 Hha I 和 Rsa I 进行酶切分析，根据酶切图谱进行聚类分析，确定土壤中微生物的群落 结构。

【实验结果与分析】

（1）结果

① 计算土壤中微生物 DNA 提取的量及每克土壤的 DNA 含量。

② 给出 16S rDNA 酶切分析结果（附电泳图谱）及微生物的发育类型（phylotype）。

（2）思考题

查阅相关文献分析传统微生物培养技术与现代分子生态学技术对土壤微生物群落组成分 析的优缺点，以及现代分子生态学技术需要进一步改进的方向。

【注意事项和相关研究进展】

（1）注意事项

本实验采用的 16S rDNA 分析技术只能对土壤原核生物群落组成进行分析，而无法对 真菌等微生物进行分析（其核糖体小亚基 RNA 为 18S）。如需分析真菌群落组成需要用 18S rDNA引物，但会受到其他真核生物 DNA 污染的干扰。由于土壤中原核生物的种类繁多，要分析较为完全的群落结构，需要建立大的 16S rDNA 文库，因此在挑取转化子时应尽可能多地挑取。

（2）相关研究进展

① 土壤微生物群落结构分析是微生物多样性研究的一个侧面，近年来已经成为微生物学、污染生态学的研究热点，对人类深入了解生命的奥秘、保护生物多样性、保护生态环境具有重要的意义。

② 微生物以群落的形式存在于各种环境中，发挥着重要的生态功能。微生物群落的种群结构组成决定其生态功能。例如，活性污泥微生物群落的种群组成特征，在很大程度上决定着废水处理的效果。传统的微生物学研究方法是以纯培养技术为基础的。但是，由于培养条件的限制，对许多重要的微生物生态系统中种群结构的认识仍然是很不全面的。目前从自然界中分离得到的细菌种类可能只占总种类数量的 10％左右。传统的分离计数技术也难以满足对微生物群落结构变化进行动态监测的要求。

分子生物学、基因组学和生物信息学等新兴学科的发展及其向微生物学领域的渗透，形成了一个新的交叉学科分支——微生物分子生态学（molecular microbial ecology），它为克服纯培养的局限性，全面客观地研究微生物生态系统提供了全新的技术手段。

微生物分子生态学以微生物基因组 DNA 的序列信息为依据，通过分析环境样品中 DNA 分子的种类和数量来反映微生物的区系组成和群落结构。由于每种微生物细胞都具有自己的基因组 DNA，其核苷酸序列组成也具有各自独有的特征，因此，通过直接从环境样品中提取所有微生物的基因组总 DNA，依据核苷酸序列的不同，分析这些 DNA 的种类和相对数量，就可以反映出微生物的种类组成以及种群数量比例情况，从而对微生物的群落结构得到一个比较客观、全面的认识。这种研究方法不仅免除了纯培养的局限，而且分析速率快，提供的信息量大，因而特别适合于对活性污泥微生物群落这样的复杂系统的种群结构进行连续动态分析，从而达到解析群落结构与功能的关系、实现对群落功能定向调控的目的。

③ 微生物基因组 DNA 十分庞大，分析其混合物的组成需要依赖能够体现每个基因组基本特征的序列片段，一般称为标记序列（marker sequence）。目前，用于微生物群落结构分析的基因组 DNA 的序列信息（标记序列）包括 3 种：

a. 进化指针序列，例如核糖体小亚基基因序列（16S/18S rRNA 基因序列）；

b. 各种功能基因序列，例如氨氧化菌群的氨单加氧酶基因序列；

c. 随机扩增的基因组序列。

④ 用于群落结构的分析技术主要有 3 类。

a. 克隆文库分析法（clone library profiling）。通过构建群落样品总基因组 DNA 的文库，分析文库中标记序列的类型和出现频率，可以得到微生物群落种群组成的分析数据。如果是用 16S rRNA 基因作标记，可以通过与 GenBank 和 RDP 数据库中已有序列数据的比对，鉴定出各种序列类型的分类地位，许多序列可以鉴定到种的水平。这种方法工作量大、成本高，但是，如果分析的克隆数目足够多，可以比较完整地了解微生物群落的基本构成特征。因此，这类方法适合于对微生物群落多样性特征进行"人口普查式"的研究，不适合对微生物群落结构变化进行动态跟踪研究。

b. 分子杂交技术（molecular hybridization）。用已知的标记序列作探针，可以检测微生物群落样品中是否有特定的微生物种类存在及其种群水平的高低。例如，通过荧光原位杂交（FISH）可以把一个样品中特定微生物种类的细胞染色成具有一定的荧光，从而可观察其在自然状况下的数量与分布特点。但是，使用分子杂交技术的前提是要有已知种类的标记序列作探针，对于大量存在的未知种类不能用分子杂交来研究。另外，由于设计探针时主要依据是数据库中已经获得的序列数据，而微生物群落样品中可能有大量未知但与探针序列接近的序列，这样探针的专一性往往难以保证。

c. 遗传指纹图技术（genetic finger printing）。利用 PCR 技术扩增标记序列，然后通过一定的电泳、色谱等技术把扩增产物解析成具有特定条带特征的图谱。一般每个条带（或峰）可以看作是一个微生物类群，条带的染色强度（或峰下面积）可以反映这个类群的数量水平的高低，这样，一个样品的微生物种群组成就可以通过一组条带组成的图谱（指纹图）反映出来。这类技术也叫"微生物群落指纹图分析技术"（PCR-based community finger printing）。

⑤ 目前用于群落结构分析的指纹图技术很多，最常用的是 16S rRNA 和 18S rRNA 基因序列多变区的扩增以及 DGGE/TGGE 电泳分析技术，已经被广泛用于分析微生物的区系结构组成与动态变化。随机扩增技术（RAPD）也被用于监测微生物群落结构的动态变化，或者是用于比较不同微生物群落样品的结构差异。但是，RAPD 具有结果不稳定、重复性差的问题。在比较两个样品的差异时，迁移率相同的条带会被认为在两个样品中代表同样的类群，但是，由于分子量相同的 DNA 片段其序列可以不一样，普通的 RAPD 实际上会高估样品间的相似性。为了克服普通 RAPD 指纹图技术的局限性，以 ERIC（肠杆菌基因间重复共有序列）-PCR 技术为基础，发展了新的分析复杂微生物群落结构特征的 DNA 指纹图技术和相应的群落分子杂交技术。DNA 指纹图技术可以对一个微生物群落的种群结构进行连续动态跟踪研究，从 DNA 指纹图的变化中寻找重要功能菌群的基因组序列信息，结合分子克隆和探针杂交等手段可以实现对功能菌群的分离。这个技术路线可以在各种复杂微生物生态系统的结构解析、动力学监测和功能调控中得到应用，为优化种群结构、调节系统功能和发现新的重要微生物功能类群提供了一条可行的途径。

⑥ 以 DNA 指纹图中反映种群数量变化的 DNA 条带为线索，可以分析得到功能菌群的部分基因组序列信息，随着技术的发展和测序成本的降低，可以在得到一个细菌的纯培养物之前就测定出该细菌的基因组全序列，或者将环境样品中的总 DNA 制成克隆文库，通过表达筛选得到一些具有特殊功能的基因，从而实现对大量难培养细菌的基因资源的研究和利用。这是一个基因组学与微生物生态学交叉的领域，被称为生态基因组学，是一个理论价值和应用效益都十分重大的领域。随着人类基因组计划的完成，大量的测序能力必将会转向新的、具有重要生态功能微生物的基因组测序上来，从而使这个领域成为最有生命力的学科生长点之一。

5.5 活性污泥总 DNA 的 16S rDNA-PCR 扩增实验

【实验目的】
① 了解以通用引物进行 16S rDNA PCR 扩增的基本原理。

② 掌握从活性污泥微生物总 DNA 中进行 16S rDNA PCR 扩增的方法。

【实验原理】

PCR（polymerase chain reaction，聚合酶链式反应）是一种选择性体外扩增 DNA 的方法，它包括以下三个基本步骤（图 5-2）。

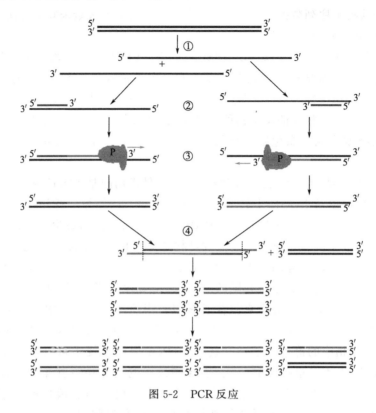

图 5-2 PCR 反应

① 变性（denature）：使目的双链 DNA 片段在高温下（一般为 95℃）解链，分离出单链的模板；

② 退火（annealing）：使两种寡核苷酸引物在适当温度下（55℃左右）与模板上的目的序列通过氢键配对；

③ 延伸（extension）：使 DNA 聚合酶在最适温度（72℃）下以单链 DNA 为模板利用反应混合物中的四种脱氧核苷三磷酸（dNTPs）合成新生的互补链，并从引物的结合端开始，按 5′→3′ 方向延伸。

上述三个基本步骤称为一轮循环，理论上重复 25～30 轮这样的循环，就可使目的 DNA 扩增至 106 倍。

在本实验中，PCR 扩增的模板是从活性污泥内提取得到的微生物总 DNA，扩增的目的序列是微生物 16S rDNA 的 V3 区。采用的引物是细菌的一对通用引物，正向引物 338F：5′-CGCCCG CCG CGC GCG GCG GGC GGG GCG GGG GCG CGG GGG GAC TCC TAC GGGAGG CAG CAG-3′；反向引物 518R：5′-ATT ACC GCG GCT GCT GG-3′。其中，正向引物 338F 的 5′端连接有 40bp 的 GC 发夹，以增加 DNA 解链区的 GC 含量，提高解链温度。

【实验材料】

（1）样品

从活性污泥内提取得到的微生物总 DNA。

（2）仪器及相关用品

PCR 扩增仪 [图 5-3(a)]，琼脂糖凝胶电泳所需设备 [电泳槽及核酸电泳仪，图 5-3(b)]，凝胶成像分析系统 [图 5-3(c)]，移液枪及吸头，硅烷化的 PCR 管，台式高速离心机。

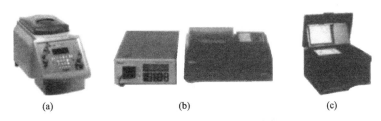

| (a) | (b) | (c) |

图 5-3　PCR 扩增仪（a）、电泳仪（b）、凝胶成像分析系统（c）

（3）试剂

Taq DNA 聚合酶，10×PCR 反应缓冲液，25mmol/L MgCl$_2$，四种 dNTP 混合物各为 2.5mmol/L，正向引物和反向引物（浓度为 25pmol/L），灭菌的去离子水（ddH$_2$O），模板（从活性污泥中提取得到的微生物总 DNA，用灭菌的去离子水稀释 10 倍后用作模板进行 PCR 扩增），DNA 分子量标准，1% 琼脂糖，核酸上样缓冲液。

【实验步骤与方法】

（1）建立 PCR 扩增体系

PCR 扩增体系总体积为 50μL，向 PCR 管中依次加入以下试剂：

10×PCR 缓冲液	5μL
dNTP	2L
MgCl$_2$	5μL
引物	各 1μL
模板	1μL
Taq DNA 聚合酶	2.5U
ddH$_2$O	35μL

在做上述实验的同时，以 ddH$_2$O 代替扩增模板做一阴性对照。

（2）设置 PCR 条件

PCR 条件见表 5-1。

表 5-1　PCR 扩增条件

反应条件	反应时间	反应条件	反应时间
94℃预变性	5min	72℃延伸	30s
94℃变性	30s	72℃延伸	5min
57℃退火	30s,共 30 个循环		

（3）电泳检测结果

PCR 反应结束后，取 5μL 反应液在 1g/100mL 的琼脂糖凝胶上进行电泳，检测扩增产物。DNA 上样时，加上 DNA 分子量标准作为判断 PCR 产物大小的参照物。

【注意事项】

① 在建立 PCR 扩增体系的过程中，应在加入 dNTP 混合物后再加入 *Taq* DNA 聚合

酶，因为有些酶的 $3'→5'$ 外切酶活性较强，如果反应体系中不含 dNTP，可能导致引物分解。

② 应对吸头和 PCR 管进行高压灭菌，每次操作前必须更换吸头，以免试剂相互污染。

【思考问题】

① 以细菌通用引物扩增细菌 16S rDNA 的目的是什么？

② 影响 PCR 扩增效率的因素有哪些？

③ 如果出现非特异性 DNA 条带，可能的原因有哪些？

5.6 DNA 琼脂糖凝胶电泳

【实验目的】

①学习 DNA 琼脂糖凝胶电泳的使用技术。②掌握有关的技术和识读电泳图谱的方法。

【实验原理】

琼脂糖凝胶电泳是常用的用于分离鉴定 DNA、RNA 分子混合物的方法，这种电泳方法以琼脂糖凝胶作为支持物，利用 DNA 分子在泳动时的电荷效应和分子筛效应，达到分离混合物的目的。DNA 分子在高于其等电点的溶液中带负电，在电场中向阳极移动。在一定的电场强度下，DNA 分子的迁移速度取决于分子筛效应，即分子本身的大小和构型是主要的影响因素。DNA 分子的迁移速度与其分子量成反比。不同构型的 DNA 分子的迁移速度不同。

核酸分子是两性解离分子，pH3.5 时碱基上的氨基解离，而三个磷酸基团中只有一个磷酸解离，所以分子带正电，在电场中向负极泳动；而 pH8.0～8.3 时，碱基几乎不解离，而磷酸基团解离，所以核酸分子带负电，在电场中向正极泳动。不同的核酸分子的电荷密度大致相同，因此对泳动速率影响不大。在中性或碱性时，单链 DNA 与等长的双链 DNA 的泳动率大致相同。影响核酸分子泳动率的因素主要有样品的物理性状、支持物、电场强度以及缓冲液离子强度等。

（1）样品的物理性状

样品的物理性状包括样品的分子大小、电荷数、颗粒形状和空间构型。一般而言，电荷密度愈大，泳动率愈大。但是不同核酸分子的电荷密度大致相同，所以对泳动率的影响不明显。

对线形分子来说，分子量的常用对数与泳动率成反比，用此标准样品电泳并测定其泳动率，然后对 DNA 分子长度（bp）的负对数-泳动距离作标准曲线图，可以用于测定未知分子的长度大小。

DNA 分子的空间构型对泳动率的影响很大，比如质粒分子，泳动率的大小顺序为：cDNA＞lDNA＞ocDNA。但是由于琼脂糖浓度、电场强度、离子强度和溴化乙锭等的影响，可能会出现相反的情况。

（2）支持物

核酸电泳通常使用琼脂糖凝胶和聚丙烯酰胺凝胶两种支持物。琼脂糖是一种聚合链线性分子，含有不同浓度琼脂糖的凝胶构成的分子筛网孔大小不同，适于分离不同浓度范围的核酸分子。聚丙烯酰胺凝胶由丙烯酰胺（Acr）在 N,N,N',N'-四甲基乙四胺（TEMED）和过硫酸铵（AP）的催化下聚合形成长链，并通过交联剂 N,N'-亚甲双丙烯酰胺（Bis）交叉连接而成，其网孔的大小由 Acr 与 Bis 的相对比例决定。

琼脂糖凝胶适合分离长度 $60\sim100$bp 的分子，而聚丙烯酰胺凝胶对于小片段（$5\sim500$bp）的分离效果最好。选择不同浓度的凝胶，可以分离不同大小范围的 DNA 分子。

（3）电场强度

电场强度愈大，带点颗粒的泳动愈快。但凝胶的有效分离范围随着电压增大而减小，所以电泳时一般采用低电压，不超过 4V/cm。而对于大片段电泳，甚至在 $0.5\sim1.0$V/cm 电压下电泳过夜。进行高压电泳时，只能使用聚丙烯酰胺凝胶。

（4）缓冲液离子强度

核酸电泳常采用 TAE、TBE、TPE 三种缓冲系统，但它们各有利弊。TAE 价格低廉，但缓冲能力低，必须进行两极缓冲液的循环。TPE 在进行 DNA 回收时，会使 DNA 污染磷酸盐，影响后续反应。所以多采用 TBE 缓冲液。

在缓冲液中加入 EDTA，可以螯合二价离子，抑制 DNase，保护 DNA。缓冲液 pH 值常偏碱性或中性，此时核酸分子带负电，向正极移动。

核酸电泳中常用的染色剂是溴化乙锭（ethidium bromide，EB）。溴化乙锭是一种扁平分子，可以嵌入核酸双链的配对碱基之间。在紫外线照射 EB-DNA 复合物时，出现不同的效应。254nm 的紫外线照射时，灵敏度最高，但对 DNA 损伤严重；360nm 紫外线照射时，虽然灵敏度较低，但对 DNA 损伤小，所以适合对 DNA 样品的观察和回收等操作；300nm 紫外线照射的灵敏度较高，且对 DNA 损伤不是很大，所以也比较适用。

使用溴化乙锭对 DNA 样品进行染色，可以在凝胶中加入终浓度为 0.5μg/mL 的 EB。EB 掺入 DNA 分子中，可以在电泳过程中随时观察核酸的迁移情况，但是如果要测定核酸分子大小，不宜使用以上方法，而是应该在电泳结束后，把凝胶浸泡在含 0.5μg/mL EB 的溶液中 $10\sim30$min 进行染色。EB 见光分解，应在避光条件下于 4℃保存。

【实验材料】

（1）材料

λDNA/HindⅢ Marker（分子量标准），系列质粒提取物，酶切产物，连接产物。

（2）试剂

加样缓冲液（$6\times$）：0.25% 溴酚蓝，40% 蔗糖；琼脂糖；溴化乙锭（EB）；酶液（10mg/mL）；$0.5\times$TBE 电泳缓冲液。

（3）器具

① 电泳系统：电泳仪、水平电泳槽、制胶板等。

② 紫外透射仪、微波炉、电子天平、锥形瓶、载玻片、移液枪、梳子、保鲜膜、透明胶带。

【实验步骤与方法】

① 按所分离的 DNA 分子的大小范围，称取适量的琼脂糖粉末，放到一锥形瓶中，加入适量的 $0.5\times$TBE 电泳缓冲液。然后置微波炉加热至完全熔化，溶液透明，稍摇匀，即得胶液。冷却至 60℃左右，在胶液内加入适量的溴化乙锭至浓度为 0.5μg/mL。

② 取有机玻璃制胶板槽，用透明胶带沿胶槽四周封严，并滴加少量的胶液封好胶带与胶槽之间的缝隙。

③ 水平放置胶槽，在一端插好梳子，在槽内缓慢倒入已冷至 60℃左右的胶液，使之形

成均匀水平的胶面。

④ 待胶凝固后，小心拔起梳子，撕下透明胶带，使加样孔端置阴极端放进电泳槽内。

⑤ 在槽内加入 0.5×TBE 电泳缓冲液，至液面覆盖过胶面。

⑥ 把待检测的样品按以下量在洁净载玻片上小心混匀，用移液枪加至凝胶的加样孔中。1μL 加样缓冲液(6×)＋5μL 待测 DNA 样品 ［＋0.5μL EB 液 （10mg/mL）（注：若胶内未加 EB，可选用此法）］。

⑦ 接通电泳仪和电泳槽，并接通电源，调节稳压输出，电压最高不超过 5V/cm，开始电泳。点样端放阴极端。根据经验调节电压使分带清晰。

⑧ 观察溴酚蓝的带（蓝色）的移动，当其移动至距胶板前沿约 1cm 处，可停止电泳。

⑨ 染色：把胶槽取出，小心滑出胶块，水平放置于一张保鲜膜或其他支持物上，放进EB 溶液中进行染色，完全浸泡约 30min。

⑩ 在紫外透视仪的样品台上重新铺上一张保鲜膜，赶去气泡平铺，然后把已染色的凝胶放在上面。关上样品室外门，打开紫外灯 （360nm 或 254nm），通过观察孔进行观察。

【注意事项】

① 电泳中使用的溴化乙锭 （EB） 为中度毒性、强致癌性物质，务必小心，勿沾染衣物、皮肤、眼睛、口鼻等。所有操作均只能在专门的电泳区域进行，戴一次性手套，并及时更换。

② 预先加入 EB 时可能使 DNA 的泳动速率下降 15% 左右，而且对不同构型 DNA 的影响程度不同。所以为取得较真实的电泳结果可以在电泳结束后再用 0.5μg/mL 的 EB 溶液浸泡染色。若胶内或样品内已加 EB，染色步骤可省略；若凝胶放置一段时间后才观察，即使原来胶内或样品已加 EB，也建议增加此步。

③ 加样进胶时若形成气泡，需在凝胶液未凝固之前及时清除，否则需重新制胶。

④ 以 0.5×TBE 作为电泳缓冲液时，溴酚蓝在 0.5%～1.4% 的琼脂糖凝胶中的泳动速率大约相当于 300bp 线性 DNA 的泳动速率，而二甲苯青 FF 的泳动速率相当于 4kb 的双链线形 DNA 的泳动速率。

5.7　聚丙烯酰胺凝胶中 DNA 的回收、 测序及系统发育树的构建

【实验目的】

① 掌握从聚丙烯酰胺凝胶中回收和纯化 DNA 片段的技术。

② 学习应用生物信息学软件构建基于微生物 16S rDNA 序列的系统发育树的方法。

【实验原理】

本实验采用压碎浸泡法纯化回收凝胶中的 DNA，适用于从 3.5%～5.0% 聚丙烯酰胺凝胶内回收小分子量(<1kb)的 DNA 片段，具有操作简便、分离物纯度高、杂质含量少（不含酶抑制剂以及对转染细胞有毒性的物质）的优点，但存在回收率低和不能回收大片段DNA 的缺点。由于 DNA 存在于三维网格状的聚丙烯酰胺凝胶内，凝胶被捣碎后，DNA 溶解于洗脱缓冲液中，通过高速离心，可使 DNA 分离。对回收的 DNA 片段进行测序，可得到两方面的信息：①将该序列与 GenBank 中的相关序列进行 BLAST 比对，初步判定 DNA

条带所代表的微生物种类；②将该序列与其他样品中分离的序列相比较，可建立系统发育树，判断各样品细菌种群的多样性。

【实验材料】

（1）样品

采用 DGGE 技术分离 16S rDNA 的 PCR 扩增产物所得的 DNA 条带。

（2）仪器

台式高速离心机、移液枪、Eppendorf 管、玻璃棒、一次性吸头、刀片。

（3）试剂

洗脱缓冲液 E 0.5mol/L 乙酸铵，10mmol/L 乙酸镁，1mmol/L EDTA（pH8.0），0.1％SDS，TE 缓冲液（pH8.0），3mol/L 乙酸钠（pH5.2），饱和酚，氯仿-异戊醇（24∶1），100％和 70％乙醇、硅烷化的玻璃棉。

【实验步骤与方法】

（1）凝胶回收

① 用洁净的刀片将含有目的 DNA 片段的凝胶切下，将胶条放入 1.5mL 的 Eppendorf 管，用小玻璃棒捣碎凝胶。

② 估计凝胶的体积，向离心管中加入 1～2 体积的洗脱缓冲液。

③ 盖紧管盖，在 37℃ 下轻摇，小片段（＜500bp）洗脱 3～4h，更大片段则需要洗脱12～16h。

④ 4℃ 下 12000r/min 离心 1min，用拉长的吸管将上清液转移至另一个新的离心管中，转移时要小心，不要夹带聚丙烯酰胺凝胶碎片。

⑤ 再加 0.5 体积的洗脱缓冲液，充分混匀后，离心，合并两部分上清液。

⑥ 将上清液通过一个装有硅烷化的玻璃棉的一次性吸头，除去残余的聚丙烯酰胺凝胶碎片。

⑦ 加 2.5 体积的乙醇，置 -20℃ 30min，12000r/min 离心 10min，回收沉淀的 DNA。

⑧ 用 200μL TE 缓冲液溶解 DNA，再以等体积酚和氯仿-异戊醇各抽提一次，将水相转移到另一 Eppendorf 管中。

⑨ 加 1/10 体积的 3mol/L 乙酸钠和 2.5 体积的乙醇再次沉淀 DNA，置 -20℃30min。

⑩ 12000r/min 离心 15min，弃上清液后，用 70％乙醇清洗沉淀，真空干燥后，将 DNA 溶解于 10～20μL TE 缓冲液中。

（2）DNA 测序

将回收得到的 DNA 样品寄送到有关生物技术公司测序。

（3）细菌 DNA 序列的种属判定

① 应用 BLAST 程序，在 NCBI（http：//www.ncbi.nlm.nih.gov/Blast.Cgi）中，将测得的 DNA 序列进行同源比对。

② 根据同源比对返回的结果，初步判定该 DNA 条带所代表微生物（前提是 DGGE 中 DNA 分离彻底，该条带只含有一种微生物的 16S rDNA）的种属范围。

（4）系统发育树的建立

① 登录密歇根州立大学的 RDP 网站（http：//rdp.cme.msu.edu/），上传所有测得的 DNA 序列，如果测得的 DNA 序列数量有限，也可在网站数据库内选取相关细菌的 16S rDNA 序列作为参比菌株序列。

② 按照网站上的指示步骤，将各有关参数选定为默认值，逐步操作，最终建立各序列的系统发育树。

③ 根据建立的系统发育树，比较样品内各细菌之间的种群关系以及不同样品各细菌之间的种群关系。

【注意事项】

① 如果由于某些原因导致 DNA 回收量过低，不能达到测序所需的 DNA 数量，则可用回收的 DNA 作模板，以细菌 16S rDNA 序列的通用引物（不含 GC 夹）进行扩增，再对特异性的扩增产物进行测序。

② 在构建细菌 16S rDNA 序列系统发育树的过程中，选取不同的参数会返回不同的结果，若需构建多个系统发育树，应注意选取参数的一致性。

【思考问题】

① 在 NCBI 中进行 DNA 的 BLAST 比对，为什么不能根据返回结果直接判定该条带 DNA 所代表的 DNA 种属类别？

② 在分析细菌的种属系统发育树时，发育树的横向距离代表什么含义？

5.8 酶的固定化

【实验目的】

① 掌握酶固定化的基本原理和技术。

② 学习固定化酶去除废水中尿素的方法。

【实验原理】

大多数酶是一种蛋白质，其稳定性差，对热、强酸、强碱、有机溶剂等均不够稳定。酶即使在最适反应条件下，也往往会很快失活，随着反应时间的延长，反应速率会逐渐下降。反应后又不能回收，而且只能采用分批法生产手段，对现代工业来说酶不是一种理想的催化剂。固定化酶是将酶束缚在特殊的相中，使它与整体相分隔开，但能够进行底物和效应物（激活剂或抑制剂）的分子交换，这样固定化酶既具有酶的催化性质，又像一般化学催化剂一样能回收、可以反复使用，并且生产工艺可以实现连续化、自动化。

酶的固定化方法有以下几种。

① 吸附法。吸附法是最简单、最具经济吸引力的方法，操作简单，可供选择的载体类型多，吸附过程可以同时达到纯化和固定化的目的，且酶失活后可重新活化再生。吸附法分为物理吸附法和离子交换吸附法，常用载体有无机载体、有机载体、有机大分子物质等。

② 包埋法。包埋法是将酶物理包埋在多聚物内的一种方法，反应条件温和，成本低，操作简便，分为凝胶包埋法和微囊化法（界面聚合法、分相法、流体干燥法等），常用包埋载体有聚丙烯酰胺、淀粉、聚乙烯醇、海藻酸盐、胶原、明胶等。

③ 载体偶联法。将酶分子的必需基团经共价键与载体结合的方法，又称共价结合法。载体含功能基团（如芳香氨基、羟基、羧基、羧甲基、氨基等），可以与酶分子上的基团共价结合，从而将酶分子固定在载体上。

④ 交联法。利用双功能或多功能试剂，使酶分子之间或酶蛋白与其他惰性蛋白之间发生交联，凝聚成网状结构，对酶进行固定。戊二醛是应用最广泛的双功能试剂。

上述各种固定化酶的方法具有各自的不足之处。如：吸附法中无机吸附剂在固定化之后，常引起酶变性，活力回收率低；包埋法中高分子凝胶或半透膜对分子大小的选择性不利于大分子底物与产物的扩散；交联法与共价结合法使酶活力损失较大等。

壳聚糖即 2-氨基-1,4-β-葡聚糖，是从蟹、虾等甲壳动物废弃的外壳中提取的一种氨基多糖，它具有来源丰富、制备简单、应用广泛等优点。在蟹、虾壳中壳聚糖与蛋白质及无机盐交织成网状结构，在除去钙盐和蛋白质后，其力学性能大为改善，而且化学性质稳定、耐热性好。特别是它的分子中存在氨基，既易与酶共价结合，又可络合金属离子，使酶免受金属离子的抑制，同时又易于通过接枝而改性，是一种良好的载体。戊二醛一端的醛基可以同壳聚糖上的游离氨基通过席夫碱反应相连接，另一端醛基可以与酶分子上的氨基反应，从而将酶交联在载体上。

本实验采用壳聚糖作为载体，通过戊二醛将脲酶交联固定，获得固定化脲酶，对尿素废水进行处理。脲酶能促进水解含氮有机物，它专性地把尿素分解为 NH_3 和 CO_2，反应式为：

$$(NH_2)_2CO + H_2O \longrightarrow 2NH_3 + CO_2$$

此反应可在常温下进行，反应效率极高，生成的 NH_3 和 CO_2 可用解吸方法加以回收。

【实验材料】

(1) 酶及载体

脲酶 (1g/L，溶于 pH 6.7 的柠檬酸缓冲液中)，壳聚糖。

(2) 试剂

25％戊二醛，模拟尿素废水 (含尿素 200mg/L)，柠檬酸缓冲液 (pH 6.7)，硫酸铵标准溶液 (原液：称取 0.4714g 硫酸铵溶至 1L；工作液：吸取 10mL 原液稀释至 50mL)，苯酚钠溶液 (称取 62.5g 苯酚溶于少量乙醇，加 2mL 甲醇和 18.5mL 丙酮，用乙醇稀释至 100mL，保存于冰箱；称取 27g 氢氧化钠溶至 100mL，保存于冰箱。使用前将上述两种溶液各 20mL 混合，用蒸馏水稀释至 100mL)，次氯酸钠溶液 (将次氯酸钠稀释至活性氯的浓度为 0.9％)、0.9％的 NaCl 溶液、磷酸缓冲液 (pH7.4，0.1mol/L)。

(3) 仪器及其他

离心机，磁力搅拌器，恒温振荡器，分光光度计，4℃冰箱，50mL 带盖离心管，烧杯，锥形瓶，50mL 容量瓶，漏斗，致密滤纸，电子天平。

【实验步骤与方法】

(1) 脲酶的活性测定

① 绘制氨标准曲线。分别吸取硫酸铵标准溶液的工作液 (每毫升含 20μg 氮) 0mL、0.5mL、1mL、2.5mL、4mL、6mL、8mL 置 50mL 容量瓶中，加蒸馏水至 10mL。各加 4mL 苯酚钠溶液混合，再加 3mL 次氯酸钠溶液充分摇匀，放置 20min，显色后稀释至刻度。

在分光光度计上用 1cm 比色皿于 578nm 波长处以不含氨的溶液为对照比色测定各含氨溶液的光密度，以含氨溶液的浓度为横坐标、光密度为纵坐标绘制氨的标准曲线。

② 酶活的测定。取三个容量瓶，一个加酶液和 10mL 尿素溶液，一个只加尿素溶液，另一个加酶液和 10mL 蒸馏水代替尿素溶液作为无基质对照。

三个容量瓶均加 20mL 柠檬酸缓冲液 (pH 6.7)，混匀后塞紧置 37℃恒温培养 24h。培养结束后，用 38℃左右蒸馏水稀释至刻度，用滤纸过滤到锥形瓶中。

分别吸取滤液 1mL 至 50mL 容量瓶中，另一瓶不加滤液作为比色对照。分别加蒸馏水至 10mL，然后加 4mL 苯酚钠溶液混合，再加 3mL 次氯酸钠溶液充分摇匀，放置 20min，显色后稀释至刻度。

按照测定氨标准曲线的方法比色测定各样品的光密度，根据所测光密度值在氨标准曲线上查出对应的氨浓度，计算得出各样品中产生氨的量（mg）。

酶活定义：在 35℃，每分钟催化生产 1mol NH_3 的酶量为 1 个单位。脲酶活性值应该是酶样利用基质所产生的氨与无酶对照（基质纯度和自身分解）和无基质对照（酶样与非基质反应）所产生氨的数量之差。

（2）戊二醛活化壳聚糖

称取 10g 壳聚糖置小烧杯中，加入 0.5％的戊二醛溶液 50mL，放在磁力搅拌器上，于室温下搅拌混合数小时，获得活化壳聚糖。离心取出壳聚糖，用 0.9％的 NaCl 溶液和磷酸缓冲液（pH 7.4，0.1mol/L）交替洗涤、抽滤数次，称重，备用。

（3）固定化酶的制备

将上述经过再沉淀处理后的壳聚糖置于 30μg 脲酶溶液中，搅拌均匀后，在磁力搅拌下反应 6h。抽滤，先用蒸馏水洗涤，再用上述缓冲液洗涤 4 次，真空干燥后即得颗粒状固定化酶。

（4）固定化酶酶活的测定

按步骤（1）的方法，将酶液换成固定化酶，测定固定化酶的酶活，计算固定化后酶活回收率。

（5）固定化酶底物处理实验

按上述制得的 10g 固定化脲酶，加入 100mL 200mg/L 的尿素溶液，每隔 20min 取样，测定滤液中尿素的分解率，连续处理 60min，计算不同时间固定化脲酶对尿素的转化率。

【实验结果与分析】

按下式计算固定化脲酶的回收率和尿素转化率，并计算不同取样时间尿素转化率。

$$固定化脲酶的回收率＝固定化酶总酶活/加入总酶活$$
$$尿素转化率＝被分解尿素的量/加入尿素的量$$

【注意事项】

脲酶是蛋白质，对热、酸、碱敏感，易变性失活，操作时要注意保持低温。

【相关研究进展】

（1）对载体材料的改进

借助现代技术可设计合成新型载体材料或通过载体结构改变来改进酶的固定化技术。如：包埋法中，Parthasarathy 等用模板聚合法制备了一种阵列式聚吡啶囊化酶，具有酶活性高、稳定性良好的特点，可作为生物传感器和生物反应器在水及有机介质中应用；辐照冰冻态水溶性单体与酶的水溶液混合时，将单体聚合与酶固定化同步完成，其回到常温时因融化而形成的多孔结构非常有利于底物与产物的扩散以及酶活性的提高。另外，还有温敏载体、酸敏载体、磁性载体等新型载体出现。改变载体结构也可改进酶的固定，如：缩短载体活性侧基的空间悬臂（spacer）的长度，有利于减少空间阻碍而提高载酶量及固定化酶活性；不同链长的二元胺活化聚丙烯酸甲酯及聚氯乙烯大孔球状载体时，通过增长活化侧基链长可提高酶的活力。

而磁性高分子微球作为结合酶的载体，则具有以下优点：

① 有利于固定化酶从反应体系中分离和回收，操作简便。对于双酶反应体系，当一种

酶的失活较快时，就可以用磁性材料来固载另一种酶，回收后反复使用，可降低成本。

② 磁性载体固定化酶放入磁场稳定的流动床反应器中，可以减少持续反应体系中的操作，适于大规模连续化操作。

③利用外部磁场可以控制磁性材料固定化酶的运动方式和方向，替代传统的机械搅拌方式，提高固定化酶的催化效率。Munko 将 cellulose-Fe$_3$O$_4$、polyacrylamide-Fe$_3$O$_4$、nylon-Fe$_3$O$_4$ 等磁性微球用于凝乳化蛋白酶的固定。Yoshimoto 等在用过氧化氢还原三价铁离子合成 Fe$_3$O$_4$ 磁载体时，以 α,ω-二羧甲基聚乙二醇作分散剂，然后用 N-羟基琥珀酰亚胺法活化磁性微球，将微球和脂肪酶或 L-天冬酰胺酶的磷酸缓冲液混合后，室温下搅拌 1h，得到的磁性固定化酶很容易从反应混合物中回收，并且没有酶的活性损失。

（2）利用辅酶类物质实现酶的固定

除对新型载体、载体结构以及其他原有材料的尝试外，通过辅酶类物质的固定也可提高酶的稳定性与活性。辅酶类物质是一些"全酶"的组成成分，参与催化反应，当其与某些高分子物质结合时，可大大提高催化效率，为研制"人工酶"提供实验模型。

（3）包囊法及微胶囊法

包囊法及微胶囊法也是一种有效的酶固定化方法。该法将酶用一层膜包起来而使其免受环境的影响，但是以天然高分子物质作壁材，在反应中易受微生物侵蚀且本身也不牢固，所以必须对其进行改进。如藻酸钠是一种天然高分子物质，传质效果好，但使用时须先用钙盐处理，使其变为藻酸钙坚固壁膜。有人报道了乳液形式的固定化酶，在三相体系中，将酶相用水性表面活性胶粒从水相中分隔开来，此方法是一种简单而高效的方法。

（4）固定化酶的应用

固定化酶可用于生产 L-氨基酸、葡萄糖、果葡糖浆、医药工业原料的核苷酸、抗生素工业中半合成抗生素母核等、还可用于农畜产品深度加工等。纤维素固定化胰蛋白酶活力回收达 57.5%，酶的半衰期达 480h，可用于制备符合质量标准的玻璃酸。在医药治疗上，由于酶的蛋白质属性，进入人体后产生免疫反应，因稀释效应而无法集中于靶器官组织，常不能保持最适合的治疗浓度；而固定化酶则很好地克服了游离酶的这些缺点，应用于治疗镁缺乏症、代谢异常症及制造人工内脏方面，如固定化 L-天冬酰胺酶用于治疗白血病，葡萄糖氧化酶被固定化在纳米微带金电极上可用于活体检测的微生物传感器。酶在分析化学中的应用也相当广泛，如乳糖酶试纸用于检测癌症病人粪尿中的排泄乳糖含量。酶柱和酶管可与分光光度计、荧光计或电量计结合，酶电极的研究使用最早且至今仍很受关注。

固定化酶在环境上的应用范围也日趋扩大：在有机磷的农药检测上，采用固定化酶可以获得稳定的反应效果和灵敏的酶抑制响应；在污染物的处理上，已经成功地将真菌漆酶和辣根过氧化物酶固定在壳聚糖和磁性壳聚糖微球上用于含酚废水的处理。

酶作为生物催化剂，具有专一性、高效性、反应条件温和等优点，因此受到人们的普遍关注。传统观念认为酶只能在水溶液中发挥其催化作用，在有机溶剂中酶蛋白容易变性失活，而大多数有机物不溶于水，因此限制了酶催化反应在有机合成中的应用与发展。直到 20 世纪 80 年代中期，Klibanov 等发现了酶能在接近无水的有机溶剂中起催化作用，从而打破了人们传统观念的认识，极大地拓宽了酶作为催化剂的应用范围。固定化酶能有效地改善酶在有机溶剂中的分散状态，降低底物或产物转移时的扩散限制，提高催化效率。

酶传感器是生物传感器领域中研究最多的一种类型。生物传感器中的生物活性物质是传感器的核心部分，然而它们一般都溶于水，其本身也不稳定，需要固定在各种载体上才可延长生物活性物质的活性，固定化技术的运用很大程度上决定着传感器的性能，包括选择性、灵敏度、稳定性、检测范围与使用寿命等。随着广大科技工作者的不断努力，我国酶传感器的研究取得了很大的进步，主要表现在防止电子媒介体和酶的流失、提高固定化酶活力的技术、载体选择范围扩大和各种高新技术在酶传感器中的应用等方面。

5.9 活性污泥的脱氢酶活性测定

【实验目的】

通过活性污泥的脱氢酶活性测定实验，掌握脱氢酶活性常温萃取测定法（TCC）的原理和方法，掌握 TTC-2 型脱氢酶活性测定仪的使用方法，观察曝气过程中总脱氢酶活性（Dt）、基质代谢脱氢酶活性（Ds）、内源呼吸脱氢酶活性（De）的变化，比较脱氢酶活性与 COD 的关系、Dt 与 Ds 的关系和外加基质量与脱氢酶活性的关系，分析污水处理过程中去除有机物的内在规律。

【实验原理】

脱氢酶的正式命名应是 AH：B 氧化还原酶，它能促进从一定的基质中脱出氢而进行氧化作用。脱氢酶广泛存在于动植物组织和微生物细胞内。脱氢酶的种类因电子供给体和接受体的特异性而有所不同。单位时间内脱氢酶活化氢的能力表现为它的酶活性。通过测定活性污泥或土壤中微生物的脱氢酶活性，可以了解微生物对污泥或土壤中有机物的氧化分解能力，即污泥酶或土壤酶的活性。

利用已知受氢体能接受脱氢酶脱出的氢原子，如无色的氯化三苯基四氮唑（2,3,5-triphenyl tetrazolium chloride，TTC，俗称红四唑）接受氢后变成红色的三苯基甲䐀（triphenyl formazan，TF），根据产生红色的色度进行比色定量分析，以判断脱氢酶活性。

TTC 作为受氢体，其还原过程可用下式表示：

（无色TTC）　　　　　　　　　（红色TF）

根据红色的深浅，测出相应的吸光度（A 值），求出脱氢酶的活性。通常 A 值愈大（红色越深），脱氢酶活性越高。

分光光度法要点：①所有操作应当尽量在避光条件下进行；②脱氢酶最适反应条件，温度 30～37℃，pH 值为 7.4～8.5；③取用甲醛时要小心，不要碰到皮肤上，若沾到皮肤上要迅速用自来水冲洗。

【实验材料】

（1）样品

活性污泥悬浮液或土壤悬浮液。

（2）试剂

Na_2SO_3 溶液，Tris-HCl 缓冲液（pH 值为 7.6），连二亚硫酸钠（$Na_2S_2O_4$），甲醛，

丙酮，生理盐水。

（3）仪器

离心机，带塞比色管，水浴锅，紫外分光光度计，锥形瓶，玻璃珠，具塞离心管。

【实验步骤与方法】

（1）绘制 TTC 标准曲线

① 配制系列浓度的 TTC 标准溶液。先取 5 支 50mL 带塞比色管，按顺序尽快分别加入 0.36％Na_2SO_3 溶液 2.5mL、Tris-HCl 缓冲液（pH 值为 7.6）7.5mL，再分别吸取 0.4％ TTC 溶液 0.1mL、0.2mL、0.3mL、0.4mL、0.5mL，放入 5 支比色管中，用蒸馏水定容至 50mL，使成 8μg/mL、16μg/mL、24μg/mL、32μg/mL、40μg/mL 系列浓度。同时另取一支 50mL 比色管，加入 0.36％Na_2SO_3 溶液 2.5mL、Tris-HCl 缓冲溶液（pH 值为 7.6）7.5mL，加入蒸馏水至 50mL，作为空白对照。

② 向每支比色管中各加入少许（十几粒）连二亚硫酸钠（$Na_2S_2O_4$）混匀，使 TTC 全部还原成红色的 TF（三苯基甲𬭩）。

③ 向各管滴加 5mL 甲醛终止反应，摇匀后加入 5mL 丙酮，振荡摇匀，37℃ 水浴 10min。

④ 在 485nm 波长下测定吸光度（A）。

⑤ 以 A 值为纵坐标、TTC 浓度为横坐标，绘制出 TTC 标准曲线。

（2）活性污泥脱氢酶活性的测定（略）

① 活性污泥悬浮液的制备：取 50mL 活性污泥液（约 1.5～3g/L）放入锥形瓶中，加入数粒玻璃珠剧烈摇动将污泥打碎，40000r/min 离心 5min，弃去上清液，再用生理盐水补充水分，悬浮，洗涤，离心，反复三次，最后用生理盐水补至原体积。

② 取 4 个 40mL 具塞离心管（1 个对照，3 个平行），分别加入 Na_2SO_3 溶液 0.5mL、Tris-HCl 缓冲液（pH 值为 7.6）2mL、污泥悬浮液 2mL，以及 0.4％TTC 液 0.5mL（对照管不加 TTC 液，以 0.5mL 蒸馏水取代），使最终体积都为 5mL，盖紧塞子。

③ 将离心管摇匀，立即放入 37℃ 水浴中培养 10min（以显色为准）。

④ 各管分别加入 0.5mL 甲醛终止反应，再向各管分别加入 5mL 丙酮振摇数十次，37℃ 水浴保温 10min。

⑤ 4000r/min 离心 5min，取上清液在 485nm 波长下测定 A 值并在标准曲线上查出相应的 TTC 浓度。

（3）土壤脱氢酶活性的测定

① 取 3 个 50mL 具塞比色管，分别称取通过 2mm 筛的土样 5g，加入比色管中，再加入 5mL 0.4％TTC 液；另取一个 50mL 具塞比色管，加入同种土样的灭菌土 5g，也加入 5mL 0.4％TTC 液，作为对照。

② 将以上 4 个具塞比色管避光，37℃ 水浴锅中保温培养 12～24h。

③ 培养结束后，加入 5mL 甲醛终止反应，再分别加入 5mL 丙酮振荡并在 37℃ 保温 10min，转入离心管。

④ 4000r/min 离心 5min，取上清液在 485nm 波长下测定 A 值，在标准曲线上查出相应的 TTC 浓度。

【实验结果与分析】

① 脱氢酶活性的计算：

$$脱氢酶活性＝ABC$$

式中　A——由标准曲线上查出的 TTC 浓度，$\mu g/mL$；

　　　　B——培养时间校正值，h；

　　　　C——比色时稀释倍数，当 A 值大于 0.8 时，要适当稀释，使 A 值在 0.8 以下。

② 影响脱氢酶活性的因素有哪些？

③ 已知乳酸脱氢酶（LDH）在 NAD^+ 的递氢作用下，使乳酸脱氢生成丙酮酸。丙酮酸在碱性溶液中与 2,4-二硝基苯肼生成 2,4-二硝基苯腙使溶液呈棕色，颜色的深浅与丙酮酸浓度成正比。请设计一个测定动物肝脏乳酸脱氢酶活性的实验。

丙酮酸标准溶液配制：称取丙酮酸钠 11mg，用 0.05mol/L 硫酸溶解后，定容至 100mL，置冰箱中保存。

5.10　有机污染物的微生物降解——高效脱酚菌的分离和筛选

【实验目的】

学习并掌握分离纯化微生物的基本技能和筛选高效降解菌的基本方法。

【实验原理】

环境中存在各种各样的微生物，其中某些微生物以有机污染物作为其生长所需的能源、碳源或氮源，从而使有机污染物得以降解。本实验以苯酚为例：

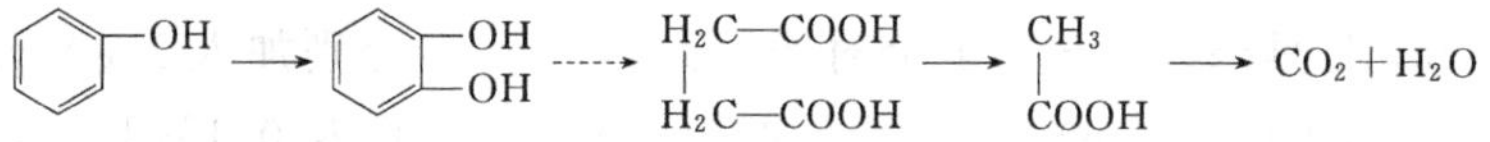

采样后，在以苯酚为唯一碳源的培养基中，经富集培养、分离纯化、降解实验和性能测定，可筛选出高效降解菌。

【实验材料】

（1）培养基及试剂

脱酚菌分离培养基（蛋白胨 0.5g、磷酸氢二钾 0.1g、硫酸镁 0.05g、蒸馏水 1000mL，调 pH 值为 7.2～7.4，固体培养基添加 2% 琼脂），苯酚标准液（称取分析纯苯酚 1.0g，溶于蒸馏水中，稀释至 1000mL，摇匀。此溶液含苯酚 1mg/mL。取此溶液 10mL，移入另一 100mL 容量瓶，用蒸馏水稀释至刻度，摇匀。用 K_2CrO_4 标准溶液对此溶液的酚浓度进行标定），四硼酸钠饱和溶液（称取 $Na_2B_4O_7$ 40g，溶于 1L 热蒸馏水中，冷却后使用，此溶液 pH 值为 10.1），3% 4-氨基安替比林溶液（称取分析纯 4-氨基安替比林 3g 溶于蒸馏水，并稀释至 100mL，置于棕色瓶内，冰箱保存，可用两周），2% 过硫酸铵溶液（取化学纯过硫酸铵 $[(NH_4)_2S_2O_8]$2g，溶于蒸馏水，并稀释至 100mL，冰箱保存，可用两周），无菌水。

（2）仪器及其他用具

恒温培养箱，恒温振荡器，离心机，分光光度计，移液管（50mL，10mL，1mL），容量瓶（250mL，100mL），培养皿（9cm），50mL 离心管，玻璃刮棒，接种环和酒精灯，固体平板，玻璃珠，锥形瓶。

【实验步骤与方法】

(1) 富集培养

采集活性污泥、生物膜或土样，接种于装有 50mL 液体培养基和玻璃珠并加有适量苯酚的锥形瓶中，30℃振荡培养。待菌生长后，用无菌移液管吸取 1mL 转至另一个装有 50mL 液体培养基并加有适量苯酚的锥形瓶中。如此连续转接 2~3 次，每次所加的苯酚量适当增加，最后可得脱酚菌占绝对优势的混合培养物。

(2) 平板分离和纯化

① 用无菌移液管吸取经富集培养的混合菌液 0.1mL，注入 9.9mL 无菌水中，充分混匀，并继续稀释到适当浓度。

② 取最后两个稀释管，分别自各管中吸取稀释菌液，滴一滴（约 0.05mL）于固体平板（倒平板时添加适量的酚）中央，每个稀释度做 2~3 个重复。

③ 用无菌玻璃刮棒把滴加在平板上的菌液推平，盖好皿盖。室温放置，待接种菌液被培养基吸收后，倒置于 30℃恒温箱，培养 1~2d。

④ 挑选不同形态的菌落，在含适量酚的固体平板上划线纯化。平板倒置，于 30℃恒温箱培养 1~2d。

(3) 转接斜面

将纯化后的单菌落转接至补加适量酚的试管斜面，30℃恒温箱培养 24h。

(4) 降解实验

用接种环取各斜面菌苔一环，分别接种于 100mL 液体培养基中，30℃振荡培养 22~24h。

(5) 测定含酚量

① 绘制标准曲线。取 100mL 容量瓶 7 只，分别加入 100mg/L 苯酚标准溶液 0mL、0.5mL、1.0mL、2.0mL、3.0mL、4.0mL、5.0mL。于每只容量瓶中加入四硼酸钠饱和溶液 10mL、3% 4-氨基安替比林溶液 1mL，再加入四硼酸钠饱和溶液 10mL、2% 过硫酸铵溶液 1mL，然后用蒸馏水稀释至刻度，摇匀。放置 10min 后将溶液转至比色皿中，在 560nm 处以试剂空白为参比读取吸光度。根据吸光度和苯酚标准溶液的用量（苯酚毫克数），绘制标准曲线。

② 取经降解的培养液 30mL，离心。

③ 移取上清液 10mL 于 100mL 容量瓶内，加入四硼酸钠饱和溶液 10mL、3% 4-氨基安替比林溶液 1mL，再加入四硼酸钠饱和溶液 10mL、2% 过硫酸铵溶液 1mL，然后用蒸馏水稀释至刻度，摇匀。同时做空白对照。

④ 放置 10min 后用分光光度计测定吸光度。

⑤ 由测得的吸光度和绘制的标准曲线查得酚的量（mg）。

⑥ 计算酚含量：

$$苯酚(mg/L) = \frac{查得酚的量}{10} \times 1000$$

【实验结果与分析】

① 根据含酚量，求出各株降解菌的脱酚率。

② 选出高效降解菌。

【注意事项】

① 分离用平板在使用前 2~3d 倒好，放置于室温下或 30℃左右的恒温箱内，使平板表

面无水膜。

② 涂布时，若不更换无菌刮棒，应按稀释倍数从高至低的顺序进行。

③ 涂布后待菌液被平板充分吸收，再倒置于恒温箱培养。测定时，如分光光度计读数超过标准曲线值，可对待测液进行适当稀释后测定。

【相关研究进展】

在筛选某些有机污染物的降解菌时，可能不易筛到以此污染物为唯一碳源的降解菌，而这并不意味着此类物质不能为微生物所降解。通过微生物的作用，一些难降解的有机物能发生化学结构的变化，但并不能被微生物用作碳源和能源，微生物必须从其他底物获取大部分或全部的碳源和能源，这一过程称为共代谢。因此，有的化合物需要一种以上的微生物或有别的底物存在时通过共代谢得到降解。

自然界中细菌众多，但分离出有特定降解功能的菌株却并非易事。如降解吲哚的细菌其专一性非常高，它们不能将 3-甲基吲哚矿化，同样荧光假单胞菌（*Pseudomonas fluorescens*）也不能矿化 3-甲基吲哚。反应的第一步水化反应的专一性较低，对吲哚和 3-甲基吲哚均适应，但对 1-甲基吲哚或 2-甲基吲哚则没有任何反应。因为降解酶的专一性，造成很多新合成的化合物不能被微生物降解。另外，有些化合物能够被混合菌矿化，但不能被混合菌中的纯菌株转化。

5.11　Biolog 法测试土壤微生物多样性

【实验目的】

通过 Biolog 法分析废水处理工艺中微生物多样性，掌握并理解 Biolog 法应用原理和数据处理方法，熟悉实验操作基本流程。掌握 Biolog 生态（Biolog ECO）板接种液制备及数据读取方法，能通过不同坡位碳源平均颜色变化率（AWCD）图绘制、微生物群落功能多样性分析以及微生物群落多样性的主成分分析分析待处理样品的微生物多样性。

【实验原理】

Biolog 微生物鉴定系统测试的是微生物在鉴定板中利用或氧化化合物的能力。测试会产生特征性的紫色孔模式，组成代谢指纹。所有必需的营养物质和生化试剂都预先加进 ECO 孔板中，四唑紫是一种氧化还原染料，指示碳源的利用情况。纯化分离到的菌株经扩大培养，再制成接种液加到鉴定板中。在培养过程中，一些孔中的化学物质能被氧化并使显色物质呈紫色，对照孔和阴性孔仍然为无色。鉴定板在相应的培养条件下培养 4～6h 或 16～24h 即可形成代谢模式。系统软件自动和数据库对比，如果能找到合适的匹配，就可以得出一个鉴定结果。

Biolog ECO 板上有 96 个微孔，每 32 个孔为 1 个重复，每板共计 3 个重复。32 个微孔中除对照孔外其余各个孔中都含有一种不同的有机碳源和相同含量的四唑紫染料。将微孔内的有机碳源作为微生物的唯一能量来源，微生物接种到微孔板的孔中后，若能利用碳源，即能够对其进行生物氧化，有电子转移，四唑紫染料就能优先俘获电子而变成紫色。颜色的深浅反映了微生物对相对碳源的利用能力。通过 Biolog 系统的微平板读数器，测定 ECO 板在 590nm 波长下的光密度值（OD 值），完成数据的采集与存储。运用主成分分析（PCA）法或相似类型的多变量统计分析方法展示不同处理条件下微生物群落产生的代谢特征指纹。其理论依据是 Biolog 代谢类型的变化与群落组成的变化相关。

【实验材料】

（1）样品与试剂

新鲜土壤，培养基，接种液，巯基乙酸钠，生理盐水。

（2）仪器及其他

控温培养箱和相应的鉴定板，长棉签，接种棒，储液槽，八道移液器，移液器枪头，浊度仪（浊度标准品），锥形瓶，无菌棉花，移液枪，Biolog ECO 板，分光光度计，超净工作台。

【实验步骤与方法】

① 称取相当于 10.0g 干土的新鲜土壤放入锥形瓶中，加入 90mL 灭菌的生理盐水（0.85g/100mL），用无菌棉花塞封口。

② 振荡 30min 后，静置 15min，用移液枪吸取 10mL 上清液，加入 90mL 灭菌生理盐水。

③ 按逐步稀释法，将土壤悬液稀释为 10^{-3}g/mL。

④ 在超净工作台中用移液器将制备好的土壤悬液接种到 Biolog ECO 板的各孔中，每孔 $150\mu L$。

⑤ 将接种好的 Biolog ECO 板盖好盖子，放入 25℃的培养箱中培养 7d。

⑥ 每隔 24h 用 Biolog 读板仪在 590nm 下测定各孔的吸光度值。

结合有机化合物化学官能团、微生物代谢途径和生态功能 3 个方面，将 ECO 板的 31 种碳源底物分为 6 大类：糖类、氨基酸类、羧酸类、胺类、酚酸类和聚合物类。如表 5-2 所示。

表 5-2　Biolog ECO 微平板 31 种不同碳源

糖类	氨基酸类	羧酸类	胺类	酚酸类	聚合物类
β-甲基-D-葡萄糖苷	L-精氨酸	γ-羟丁酸	苯乙胺	2-羟基苯甲酸	吐温 40
D-木糖/戊醛糖	L-天冬酰胺	α-丁酮酸	腐胺	4-羟基苯甲酸	吐温 80
i-赤藓糖醇	L-苯丙氨酸	D-葡糖胺酸			α-环式糊精
D-甘露醇	L-丝氨酸	D-苹果酸			肝糖
N-乙酰-D-葡萄糖氨	L-苏氨酸	D-半乳糖醛酸			
D-纤维二糖	甘氨酰-L-谷氨酸	丙酮酸甲酯			
α-D-乳糖		衣康酸			
D-半乳糖酸-γ-内酯					
D,L-α-磷酸甘油					
1-磷酸葡萄糖					

【实验结果与分析】

① 将 Biolog 微平板培养 120h 的数据进行统计，采用 Shannon 指数、Shannon 均匀度、Simpson 指数、Mclniosh 指数和 Mclniosh 均匀度各种多样性指数来反映细菌群落代谢功能的多样性。

② Biolog ECO 平板反应一般采用每孔颜色平均变化率（AWCD）来描述。计算公式为：

$$AWCD=[\Sigma(C_i-R)]/31$$

式中　C_i——除对照孔外各孔吸光度值；

　　　R——对照孔吸光度值。

③ 通过主成分分析（PCA）将 Biolog 生态板（ECO）平板的 31 种碳源的测定结果形成的描述细菌群落代谢特征的多元向量变换为互不相关的主元向量（PC_1 和 PC_2 是主元向量的分量），在降维后的主元向量空间中可以用点的位置直观地反映出不同细菌群落的代谢特征。

【注意事项】

① 所要进行鉴定的微生物必须是纯种，此系统不是为在混合菌群中鉴定单一菌种而设计的。

② 在鉴定之前，选择合适的培养基和进行适量的传代培养是非常重要的。在接种之前，许多菌种会因为培养条件的不同而产生不同的代谢模式。

③ 在操作过程中必须使用无菌器材和进行无菌操作，杂菌的污染会干扰结果。

④ 大多数消耗品为一次使用，重复使用的（如试管、移液器枪头）必须用去污剂清洗干净。

⑤ 在将菌悬液接种到鉴定板之前，应把鉴定板拿出冰箱，让鉴定板恢复到常温。因为有些菌种（如 *Neisseria*）对温度的快速变化很敏感。

⑥ 仔细校正浊度计，接种菌悬液的浊度应在规定的范围内。

⑦ 鉴定板中包含多种对温度和光照敏感的物质，如果个别孔出现棕黑色，说明碳源已经被降解。有时候，在保质期内或超过保质期不长的时间里，个别孔会出现黄色或粉红色，这是正常的。

⑧ Biolog 测试的是活菌的代谢特性，一些菌在很短的时间里会由于温度、pH 值和渗透压的压力而丧失代谢活性，所以以为了获得良好的鉴定结果必须确保菌种为活菌，操作要小心。

⑨ 为了延长鉴定板的保质期限，应在 $2\sim8℃$ 的条件下避光保存。

5.12　PLFA 测定土壤菌群实验

【实验目的】

通过本实验掌握磷脂脂肪酸（PLFA）分析方法的基本原理、实验步骤和方法，包括 PLFA 的提取（纯培养微生物的提取）、鉴定方法。

【实验原理】

传统微生物多样性研究多依赖于培养方法和显微技术，即采用选择性培养基从样品中分离出纯菌株后进行鉴定，以获得可培养微生物的种类和数量信息。但该方法存在以下缺点：

① 许多微生物是不可培养的，分离鉴定到的微生物只占微生物总数很少一部分，因此，通过该传统方法只能得到微生物群落信息的极小部分。

② 只能了解可培养的极少数微生物数量和群落结构，具有选择性且不能对大多数微生物定量研究。

③ 对微生物群体相互作用研究的贡献很小。

目前，磷脂脂肪酸分析被广泛地应用于微生物多样性研究。磷脂是所有生物活细胞重要的膜组分，在真核生物和细菌的膜中磷脂分别占约 50% 和 98%。PLFA 是磷脂的构成成分，它具有结构多样性和生物特异性，PLFA 的存在及其丰度可揭示特定生物或生物种群的存在及其丰度。磷脂在细胞死亡后快速降解（厌氧条件下约需 2d，而好氧条件下约需 12～16d），故用以表征微生物群落中"存活"的那部分群体。

【实验材料】

（1）试剂

去离子水，氯仿，丙酮，甲醇，正己烷；

0.2mol/L KOH 甲醇溶液：0.34g KOH 溶于 30mL 甲醇；

1mol/L 冰醋酸：1.74mL 冰醋酸溶于 30mL 去离子水（现用现配）；

甲醇：甲苯＝1：1（现用现配）（30mL）；

0.1mol/L pH 为 4.0 的柠檬酸缓冲液：准确称取 20.66g 柠檬酸、15.23g 柠檬酸钠，加去离子水定容至 1000mL。

提取液：柠檬酸缓冲液：氯仿：甲醇＝0.8：1：2（体积比）（约 850mL）。

硅胶柱（0.8g，100～200 目）：于 120℃烘干 2h 进行活化，并于干燥器中保存；

十九烷酸甲酯（19：0，Sigma 牌）：190μg/mL；

37 种脂肪酸甲酯混标：1000μg/mL；

细菌脂肪酸甲酯：1000μg/mL。

上 GC 前：取 30μL 19：0 脂肪酸甲酯＋150μL 37 种脂肪酸甲酯混标对 GC 进行校准定标。

（2）仪器及其他

气相色谱仪一台，高纯 N_2，N_2 吹扫系统，5mL 衍生瓶，气谱上样瓶，150μL 内插衬管，90mL 带盖玻璃离心管，玻璃吸管，锡箔纸，电子天平，锥形瓶，防毒面具，离心机，烘箱及干燥器，色谱 HP-5 柱，火焰离子检测器。

【实验步骤与方法】

（1）准备工作

所有的器皿用去离子水和正己烷洗，玻璃管用锡箔纸包好，并编号；土壤样品冻干后，于干燥器中保存。

（2）从全土样品中提取脂肪酸

第 1 天（6 个样品＋1 个控制样＋1 个空白，每个样品三次重复）：

① 准确称取冻干土样 5g，倒入 50mL 玻璃锥形瓶中。

土壤样品质量应该准确记录，不同样品与处理编号应该一一对应，且应防止字迹被有机溶剂溶去。

② 戴上防毒面具，于每个样品管中加浸提液 20mL。

③ 避光振荡 2h，小心放置以期达到最佳振荡效果。

④ 25℃、2500r/min 离心 10min。

⑤ 尽可能避光，上清液加入 50mL 具盖离心管中，于离心管外壁与盖上清楚地标记编号。

⑥ 于土壤沉淀中再次加入浸提液 12mL，充分振荡 1h。

⑦ 提取液再次离心，将上清液合并。

⑧ 于合并的上清液中加入 8.6mL 柠檬酸缓冲液、10.6mL 氯仿。

⑨ 振荡离心管 1min（盖子盖紧），定时放气。

⑩ 于黑暗（外加铝箔）中静置过夜，使两相分离，远离热源。

第 2 天：

① 戴上防毒面具，用吸管将上层（约 2/3）尽可能多地吸出。不同土壤样品用不同的吸管，保留下层的氯仿层，在氯仿层中勿留水相（水分子会攻击脂肪酸的双键）。

② 用 N_2 将氯仿层吹干，尽量避免光干扰。可以辅以加热，但温度不宜过 30℃（若中途要停止 N_2 吹干，则应保证装有氯仿层的离心管充满 N_2。因为空气中的氧可以损坏脂肪酸的结构）。

（3）PLFA 硅酸柱的分离

第 3 天：

① 硅胶的活化：将已经装好硅酸胶（0.8g）的玻璃柱于 120℃烘干 2h，冷却后置于干燥器内备用。

② 戴上防毒面具，用 5mL 氯仿预处理柱子。

③ 将提取物用氯仿 5mL（至少分 5 次）转移到柱中。

④ 加 8mL 氯仿于硅胶柱中，并使其在重力作用下流出。

⑤ 加 16mL 丙酮（分两次加入，一次 8mL），不要完全排干硅酸柱。

⑥ 用甲醇清洗柱子出口。

⑦ 用接收瓶收集 PLFA，而氯仿与丙酮洗脱液可以废弃不要。

⑧ 在硅酸柱中加 8mL 甲醇，收集甲醇洗脱液，并于收集管上标明样品编号与日期。

⑨ 在 N_2 下吹干甲醇，−20℃、黑暗冷藏。

（4）酯化

第 4～5 天（40 个样品）：

① 戴上防毒面具，将冻干的脂类样品溶解在 1mL 甲醇-甲苯（1∶1）和 1mL 0.2mol/L KOH 甲醇溶液中；在加入液体时，应直接加入管的底部，并短暂混匀。

② 加热至 35℃，保温 15min（水浴时，应避免甲苯等有机溶剂漏出而至污染）。

③ 冷却至室温。

④ 2mL 去离子水和 0.3mL 1mol/L HAc，加 2mL 正己烷，旋涡混匀 30s，提取上层甲基酯化脂肪酸（FAME）。

⑤ 2500r/min，离心 10min。

⑥ 将上层正己烷溶液转移至 4mL 具盖的 GC 衍生瓶中，每个样品用一个吸管，以防止污染，注意编好号。不要将任何下层的物质转移至衍生瓶中，可以为此而损失部分上层正己烷相。

⑦ 重复步骤④～⑥一次，这样可以洗去水相，并将所有的脂类全部转移。

⑧ 合并正己烷，35℃ N_2 吹干，−20℃、黑暗中保存。

⑨ GC 分析前，加入适量（150μL）正己烷溶解，加 50μL 160μg/mL 19∶0 甲基酯作内标。取 50μL 19∶0 脂肪酸甲酯＋150μL 37 种脂肪酸甲酯混标对 GC 进行校准定标。

（5）转移至 GC 瓶中

第 6 天：

将每个样品分装入两个 2mL 的 GC 衍生瓶中（最好内部有衬管），以便在应对突发事件时，仍然有剩余的样品而有再次重复的余地。

（6）GC 分析

色谱条件：HP-5 柱（30.0m×320μm×0.25μm），进样量 1μL，分流比 10∶1，载气

（N_2）流速 0.8mL/min。初始温度 140℃维持 3min，分四个阶段程序性升温：140～190℃，4℃/min，保持 1min；190～230℃，3℃/min，保持 1min；230～250℃，2℃/min，保持 2min；250～300℃，10℃/min，保持 1min。火焰离子检测器（FID）检测。

【注意事项】

① 所有容器应避免用洗衣粉清洗，在使用前应用正己烷清洗并烘干。

② 在由土壤样品中提取 PLFA 之前，应加入未酯化内标物，以便定量测定土壤样品中的 PLFA 及其回收率。

③ 整个过程应该避光、防水、防热、防氧气。

④ 在向玻璃柱中装硅胶时，要注意检查柱下口是否有渗漏处，以防止脂肪酸的损失或走干；柱下口以玻璃丝封柱，以防止硅胶漏出。

⑤ 在用氯仿等有机溶剂时，应小心，以防止中毒。

⑥ 由于提取液中有甲醇、氯仿等有机溶剂，因此要避免挥发。

⑦ 应该至少做两个空白样品作为对照。

⑧ 注射器、针头、封柱、胶塞等需要用正己烷洗净并事先烘干。

⑨ 土壤样品量不宜太多，应根据玻璃离心管大小来确定。

⑩ 冷热交替变化时，注意湿度稳定后再开启盛有冻干后的脂肪酸样品的容器，否则水汽会在冷凝后结于容器底部而破坏样品。

5.13　DGGE 法分析活性污泥微生物多样性

【实验目的】

① 学习 DNA 变性梯度凝胶电泳（DGGE）技术。

② 了解应用凝胶成像分析软件分析 DGGE 结果的方法。

【实验原理】

从活性污泥中获得微生物总 DNA 后，应用细菌 16S rDNA 通用引物进行 PCR 扩增，可以得到与碱基长度相同的细菌 16S rDNA。采用 DGGE 技术能够分离 PCR 产物，工作原理是：在聚丙烯酰胺凝胶中添加变性剂（尿素和甲酰胺的混合物），使其形成浓度梯度，在不同浓度变性剂的作用下，序列不同的双链 DNA 分子在聚丙烯酰胺凝胶上发生解链而停止迁移的位置也不相同，因此可使长度相同而序列不同的 16S rDNA 片段得到分离。由于每种细菌 16S rDNA 的可变区碱基序列相对稳定，而不同细菌 16S rDNA 的可变区碱基序列差异较大，因此根据电泳条带的多寡和条带的位置，可以初步辨别样品中微生物种类的多少，进而粗略分析活性污泥中微生物的多样性。

【实验材料】

（1）样品

活性污泥微生物总 DNA 中 16S rDNA 的 PCR 扩增产物。

（2）仪器

DGGE 电泳仪，凝胶成像分析系统，移液枪，脱色摇床，梯度胶制备装置。

（3）主要试剂

① DNA DGGE 所需试剂：去离子甲酰胺，尿素，聚丙烯酰胺，0.03% 过硫酸铵，

0.15％四甲基乙二胺（TEMED），上样缓冲液［含 0.08g/100mL 溴酚蓝、0.08g/100mL 二甲苯青（或 1∶1 的乙醚-酒精溶液）、30％（体积分数）甘油］，1×TAE 缓冲液。

② 聚丙烯酰胺凝胶染色所需试剂：固定液（含 40％乙醇和 10％冰醋酸的混合液），1％硝酸，染色液（0.2％硝酸银和 500μL 甲醛的混合液），显影液（2.5％无水碳酸钠和 250μL 甲醛的混合液），中止液（0.5mol/L EDTA-Na₂），10％甘油，50％乙醇，去离子水。

【实验方法与步骤】

（1）DGGE

① 制胶　使用梯度胶制备装置，制备变性剂浓度为 37.5％～62.5％（100％的变性剂为 7mol/L 尿素和 40％去离子甲酰胺的混合物）的 10％聚丙烯酰胺凝胶。凝胶体系中过硫酸铵浓度为 0.03g/100mL，TEMED 浓度为 0.15％（体积分数）。其中，变性剂浓度由上而下依次递增。

② 加样　待变性胶完全凝固后，将胶板放入装有 1×TAE 电泳缓冲液的装置中，在每个加样孔中加入含有 50％上样缓冲液的 PCR 产物 20～25pL。

③ 电泳　在 150V 的电压下，60℃电泳 330min。

（2）凝胶染色

凝胶银染法的操作步骤如下。

① 在浴盆中，以固定液固定胶片 20min 后，小心沥去固定液，加入 1％硝酸浸泡 10min。

② 小心沥去硝酸液，用去离子水浸洗胶片 3 次，每次 5min，以洗去胶片表面的硝酸。

③ 将清洗后的胶片浸泡在染色液中 20min，然后小心取出胶片。

④ 在去离子水中浸洗 10s，立即浸泡在显影液中，缓慢摇晃直至条带完全显现。

⑤ 立即取出胶片，置于中止液中浸泡 10min。

⑥ 小心取出胶片，用去离子水浸洗胶片 3 次，每次 10min，以洗去胶片表面溶液。

（3）条带分析

对 DGGE 胶片上显现的 DNA 指纹图谱，可借助凝胶分析软件进行条带判读以及迁移率、强度和面积的计算，然后采用统计分析方法对胶片上的样品进行分析。相似性指数是表征群落中物种多样性的简便方法。本实验采用 Jaccard 指数、聚类分析和主成分分析（PCA）三种方法分析不同样品间的细菌群落相似性，其计算步骤如下。

① 在凝胶成像系统中，观察并拍照显影胶片，保存图片。

② 打开凝胶分析软件，进行条带判读以及迁移率、强度和面积的计算。

③ 计算样品之间微生物的同源性。Jaccard 指数的计算公式为：

$$C_j = \frac{j}{a+b+j}$$

式中　C_j——Jaccard 指数；

　　　　j——两样品间共有的 DNA 条带数；

　　a、b——样品各自特有的条带数。

根据 Jaccard 指数值，可初步判定两样品间细菌群落结构的相似性和多样性程度。

④ 根据胶片上各条带的相对迁移率和相对密度进行聚类分析和主成分分析。聚类分析采用 ward 相关矩阵法，主成分分析使用软件 JMP4.0（SAS Institute Inc.，Cary，NC，USA）。通过主成分分析，可进一步判定各样品之间的相似程度。通过聚类分析可建立系统

发育树，使群落结构相似的样品聚集成簇，借此判定各个样品群落结构的相似程度（参考 Boon N，et al. FEMS Microbiology Ecology，2002，39：101-112）。此外，如果需要了解每一 DNA 条带所代表的微生物种类，则需要对条带进行割胶回收、测序，然后在 GenBank 中进行比对。

【注意事项】

① 在制胶过程中，配好聚丙烯酰胺凝胶混合液后必须马上利用梯度灌胶器灌入制胶槽，以防止变性胶凝固。

② 在染色过程中，应把握好显色时间与终止时间，防止因染色时间不够而导致条带不清或因染色过度导致条带模糊。

③ 丙烯酰胺是一种神经毒试剂，实验过程中应戴上手套，避免皮肤直接接触。

【思考题】

① DGGE 技术分离 DNA 片段的原理是什么？

② DGGE 技术分析微生物多样性的缺陷是什么？如何减少实验偏差？

5.14 包埋固定化凝胶小球对废水中染料的吸附特性实验

【实验目的】

① 了解包埋固定化凝胶小球的制作方法及其对污染物的处理原理。

② 认识包埋固定化凝胶小球对废水中染料的吸附特性。

③ 探索水浊度与小球吸附量之间的关系。

【实验原理】

（1）方法原理

包埋法是一种常用的微生物细胞固定化技术，它是将微生物封闭在天然高分子多糖类物质或合成高分子凝胶中，从而使微生物固定化的技术。它具有以下优点：防止微生物流失，反应器中可以达到较高的微生物浓度，抗毒物和冲击负荷，沉降性能好，有利于固液分离。如图 5-4 所示为格子型包埋和微胶囊型包埋。

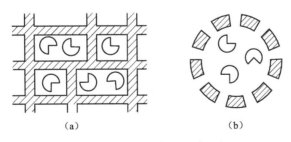

（a）　　　　　　　　　　（b）

图 5-4　格子型包埋（a）与微胶囊型包埋（b）

PVA（聚乙烯醇）-硼酸包埋固定化法是包埋法中研究较多的一种，相比于其他包埋固定化法它具有机械强度高、耐曝气强度高、耐生物分解性好、成本低、使用寿命长等优势。PVA 加热后溶于水，在其水溶液中加入添加剂后发生化学反应形成凝胶，常用的添加剂有硼酸和硼砂；也可在低温下（—10℃）冷冻形成凝胶，从而将微生物包埋固定在凝胶网络中。PVA 是一种高黏性物质，并且 PVA 与硼酸反应较慢，滴下时间相差不大的两液滴相碰时会黏结在一起,并逐步溶合成一团,即 PVA 颗粒有非常强的附聚倾向,使 PVA 凝胶成球困难。PVA 与硼酸进行反应固定时,硼酸上的三个羟基只部分地进行了反应,反应后形成的高聚物凝胶上还残留有亲水性的—OH,使得固定化颗粒在应用中存在很大的水溶胀性,随着使用时间的增长,强度大大减弱,在实际应用中极为不利。大量研究表明,在 PVA-硼酸交联过程中引入少量的海藻酸钠可较好地解决 PVA 颗粒的附聚问题,增强 PVA 凝胶的成球能力;在包埋剂中添加适量的活性炭、$CaCO_3$、$Ca(OH)_2$ 粉末、铁粉、SiO_2 粉末作为添加剂,可以提高固定化颗粒的强度。这些对 PVA 凝胶小球的性质进行改进的方法称为改进的 PVA-硼酸包埋固定化法。

PVA 水凝胶的制备按照交联的方法可分为化学交联和物理交联。化学交联又分辐射交联和化学试剂交联两大类。辐射交联主要利用电子束、γ 射线、紫外线等直接辐射 PVA 溶液,使得 PVA 分子间通过产生自由基而交联在一起。物理交联主要是反复冷冻解冻法。化学试剂交联则是采用化学交联剂使得 PVA 分子间发生化学交联而形成凝胶。在一定的条件下使 PVA 分子链之间进行化学交联从而形成水凝胶其交联方式有两种:共价键和配位键。常用的交联剂有醛类(如戊二醛)、硼酸、环氧氯丙烷以及可以与 PVA 通过配位络合形成凝胶的重金属盐等。化学试剂交联由于采用交联剂,交联后有交联剂残留问题,难以得到高纯度 PVA 交联产物,并且随着聚合物交联反应的进行,不断增高的溶体黏度使交联剂在基体中的分散性较差,出现不均匀交联、局部发生"焦烧"现象,化学交联难以控制交联度。

包埋了微生物的 PVA-硼酸凝胶小球用于废水处理时,对废水中污染物质的去除包含了凝胶小球自身的吸附作用以及包埋在其中的微生物的降解作用。由于凝胶小球自身的特殊性质,废水中的污染物质能够向凝胶小球中进行扩散传递,使小球表现出一定的吸附性能。

本实验采用改进 PVA-硼酸包埋法,制作不包埋任何微生物的凝胶小球,考察其对模拟废水中颜料的吸附效果并绘制吸附等温线。凝胶小球在使用一段时间后由于其溶解产生胶体,对水中氨氮的测定会产生影响,故绘制出水浊度曲线,并将浊度曲线与吸附等温线进行对比,探索水浊度与小球吸附量之间的关系。

(2)测定原理

① 分光光度计原理　物质的吸收光谱本质上就是物质中的分子和原子吸收了入射光中的某些特定波长的光能量,相应地发生了分子振动能级跃迁和电子能级跃迁的结果。由于各种物质具有各自不同的分子、原子和不同的分子空间结构,其吸收光能量的情况也就不会相同,因此每种物质就有其特有的、固定的吸收光谱曲线,可根据吸收光谱上的某些特征波长处的吸光度的高低判别或测定该物质的含量,这就是分光光度定性和定量分析的基础。分光光度分析是根据物质的吸收光谱研究物质的成分、结构和物质间相互作用的有效手段。紫外-可见分光光度法的定量分析基础是朗伯-比尔(Lambert-Beer)定律:物质在一定浓度的吸光度与它的吸收介质的厚度成正比。

② 浊度仪原理　浊度是表现水中悬浮物对光线透过时所发生的阻碍程度。水中含有泥土、粉尘、微细有机物、浮游动物和其他微生物等悬浮物和胶体物,都可使水呈现浊度。浊度仪采用 90°散射光原理。由光源发出的平行光束通过溶液时,一部分被吸收和散射,另一部分透过溶液。与入射光成 90°方向的散射光强度符合雷莱公式:

$$I_s = (KNV^2/\lambda) \times I_0$$

式中　I_0——入射光强度;

I_s——散射光强度；

N——单位溶液微粒数；

V——微粒体积；

λ——入射光波长；

K——系数。

在入射光恒定条件下，在一定浊度范围内，散射光强度与溶液的浊度成正比。上式可表示为：

$$I_s/I_0 = K'N \quad (K' 为常数)$$

根据这一公式，可以通过测量水样中微粒的散射光强度来测量水样的浊度。如图 5-5 所示。

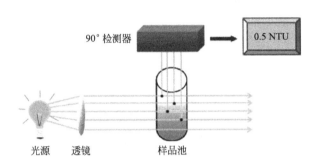

图 5-5 浊度仪原理图

【实验材料】

（1）实验仪器

① 浊度仪一台（SGZ-2 数显浊度仪，上海悦丰仪器仪表有限公司）。

② 紫外分光光度计（型号：MAPADA V-1100D；厂家：上海美谱达仪器有限公司）。比色皿：10mm（厂家：上海美谱达仪器有限公司）。

③ 调速多用振荡器（HY-2 国华电器有限公司）。

④ 注射器及 $0.45\mu m$ 微孔滤膜。

⑤ 电子天平［赛多利斯科学仪器（北京）有限公司］。

⑥ 大小烧杯若干、100mL 量筒、玻璃棒、药匙。

⑦ 250mL 锥形瓶 8 个。

⑧ 比色管、试管若干。

（2）实验试剂

① 染料：活性红 3BS(C. I. Reactive red 195)，浓度 200 mg/L，分子式 $C_{31}H_{19}ClN_7Na_5O_{19}S_6$，特征波长 $\lambda_{max} = 541nm$。

② PVA-硼酸凝胶小球（实验室提前制备）。

a. 包埋剂的配制。称取一定质量的 PVA、海藻酸钠溶解于 90℃ 的蒸馏水中，使 PVA 和海藻酸钠的最终浓度分别为 10g/100mL 和 1g/100mL，待完全溶解后使其冷却至室温。

b. 交联剂的配制。将 3g/100mL 的 $CaCl_2$ 溶解于饱和硼酸溶液中，降温至 4℃。

c. 固定化。用注射器将混合均匀的包埋剂从 10cm 的高处滴入交联剂中，交联剂用磁力搅拌器搅拌。包埋剂与交联剂交联形成直径为 3mm 左右的小球。将固定化小球浸没在交联剂中，储存于4℃的冰箱内继续硬化24h。

③ 染料溶液组成。采用自来水配制，浓度为200mg/L。

【实验步骤与方法】

① 染料溶液的配制。用量筒分别量取10mL染料溶液于8个锥形瓶中，再分别量取90mL自来水于以上8个锥形瓶中，混匀，配制成浓度为20mg/L的染料溶液。

② 样品的配制。向已编号的8个250mL锥形瓶中分别加入10g PVA-硼酸硅胶小球，并立即将锥形瓶放入调速多用振荡器中，在室温、30r/min的条件下振荡。

③ 浊度的测定。每隔一段时间取出一个锥形瓶，将上层液体倒入50mL的试管内，取一部分测定浊度。（先取蒸馏水于浊度仪的管中，调零，再换标准液校正。取少量水样于管中测定浊度，待显示稳定后，读取水样浊度值。）它们的反应时间分别为：10min、30min、60min、90min、120min、150min、180min、240min。

④ 吸光度的测定。取50mL试管内的部分水样经0.45μm的微孔滤膜过滤后在波长541nm处测定吸光度，并记录，如表5-3所示。

表5-3　不同反应时间溶液的吸光度及浊度

反应时间/min	0（原液）	10	30	60	90	120	150	180	240
吸光度									
浊度/NTU									

【实验结果与分析】

绘制脱色率、浊度伴随反应时间的变化曲线。分析讨论凝胶小球的吸附容量、凝胶小球对染料的吸附特点及与水溶液浊度的关系。并思考：

① 凝胶小球对染料的吸附与活性炭吸附有何异同？

② 浊度的增加与凝胶小球的性质及其吸附容量之间有怎样的联系？

【注意事项】

本实验在浊度测定中，样品池的清洁以及损坏程度会很大程度上影响实验结果。若样品池表面有污垢，污垢会产生光散射，使得测量结果值偏高；若样品池的表面有划痕，划痕也会产生光散射，使测量结果值偏高。实验应注意：使用清洁的样品池，手指不要直接接触样品池，防止样品池受污染。

应在良好环境下使用样品池，倾倒时注意不要产生气泡。应尽快测试样品，防止由于温度漂移和沉淀而使样品特征发生变化。

5.15　漆酶系列实验

漆酶是一种含铜的多酚氧化酶（laccase，*p*-diphenol oxidase，EC 1.10.3.2），广泛分布于高等动植物、昆虫、真菌分泌物和少量细菌中，其中最主要的是担子菌亚门的白腐真菌。

漆酶为含铜的糖蛋白，约由500个氨基酸组成，多为单一多肽，个别为四聚体。糖配基占整个分子的10%～45%，糖组成包括氨基己糖、葡萄糖、甘露糖、半乳糖、岩藻糖和阿拉伯糖等。由于分子中糖基的差异，漆酶的分子量随来源不同会有很大差异，甚至来源相同的漆酶分子量也会不同。通过对漆酶蛋白质晶体结构的研究发现，漆酶具有 3 个铜离子结合位点，共结合 4 个铜离子，且这 4 个铜离子处于漆酶的活性部位，在催化氧化反应中起决定作用，如果除去铜离子，漆酶将失去催化作用。

漆酶具有较强的氧化还原能力，能催化多酚、多氨基苯等物质的氧化，使分子氧直接还原成水，将酚类和芳胺类化合物还原成醌类物质，没有副产物的生成。漆酶具有特殊的催化性能和广泛的作用底物，使得漆酶具有广泛的应用价值。漆酶应用主要集中在制浆造纸，特别是纸浆的生物漂白、环境保护、木质纤维素降解等方面。造纸工业方面，漆酶能高效地降解木质素及与木质素具有相似结构的物质，避免造纸工序中所使用的化学物质影响环境。环境保护方面，漆酶能有效地除去工业废水、化学农药当中的毒物酚、芳胺、鞣质（又称单宁）和酚醛化合物，生物消除有毒化合物，使得漆酶在废水处理等环保事业有广阔的应用前景。

分光光度法测定漆酶活力最常用的底物是 2,2′-联氮双(3-乙基苯并噻唑啉-6-磺酸)二铵盐（ABTS）。

5.15.1　漆酶产生菌的筛选

【实验目的】

掌握漆酶产生菌的筛选原理与步骤。

【实验原理】

菌种筛选包括分离、初筛和复筛等几个步骤，挑选具有某种能力的有用菌种，根据不同的筛选目的，采用不同的筛选路线。

白腐菌能够分泌胞外氧化酶降解木质素，被认为是最主要的木质素降解微生物。木质素降解酶系主要包括 3 部分：木质素过氧化物酶（Lip）、锰过氧化物酶（MnP）以及漆酶（Lac）。由于漆酶能把分子氧直接还原为水，与其他木质素降解酶相比，具有更大的实际应用价值。漆酶是一种含铜多酚氧化酶，分子量在 64000～390000 之间。由于漆酶具有氧化与木质素有关的酚类、非酚类化合物以及高度难降解环境污染物的能力，在食品工业、制浆和造纸工业、纺织工业、土壤的生物修复等领域具有广泛的应用前景，因此筛选高产漆酶的白腐菌显得至关重要。

由于木质素结构的复杂性，可选用木质素类典型化合物，如单聚物香草酸、愈创木酚、苯酚、磷甲基苯酚，二聚物愈创木基甘油-β-松柏醇醚（GGE）、脱氢联松柏醇（DCA）、1,2-二愈创木基丙烷-1,3-二醇等。可选用相对便宜的愈创木酚为唯一碳源的选择性培养基，从土壤中分离就可以筛选出产漆酶的木质素降解菌。漆酶可以使无色的愈创木酚氧化为褐色，因此愈创木酚平板可以作为漆酶的筛选平板。

对于白腐菌来说，变色圈的形成有两种：一种是变色圈在菌丝的外圈，此时菌丝圈直径：变色圈直径小于 1；另一种是变色圈在菌丝的内圈，菌丝圈直径与变色圈直径比值大于 1。菌丝圈与变色圈直径的比值可作为判断该菌是否能选择性降解木质素的依据，比值小于 1 则该菌能选择性降解木质素，比值大于 1 的菌则首先降解纤维素。由于选择性降解木质素的菌株在制浆造纸等行业更显优势，因此本实验主要是筛选选择性降解木质素的菌株。

【实验材料】

（1）仪器设备

电子天平，磁力搅拌器，高压灭菌锅，超净工作台，恒温培养箱，冰箱，移液枪等。

（2）样品与试剂

土样，0.5mol/L 2,2′-联氮双（3-乙基苯并噻唑啉-6-磺酸）二铵盐（ABTS）溶液，0.1mol/L 乙酸钠缓冲液（pH 4.5），葡萄糖，KH_2PO_4，$MgSO_4 \cdot 7H_2O$，维生素 B_1，愈创木酚，酒石酸钾，蛋白胨，$MgSO_4$，Na_2HPO_4，琼脂等。另外还需要未生芽的马铃薯。

（3）器皿工具

打孔器，游标卡尺，培养皿（洗净烘干），150mL 锥形瓶，250mL 锥形瓶，配套封口膜（配棉绳或橡皮筋）或硅胶塞若干，报纸一叠，15mL 试管及配套硅胶塞（或试管帽、棉塞等），玻璃棒，标签纸，记号笔（蓝、黑），1000mL 烧杯，50mL 量筒，药匙，纱布，卫生纸，称量纸，玻璃珠，接种环，PDA 平板等。

（4）培养基

PDA 培养基：马铃薯提取液 1L，葡萄糖 20g，KH_2PO_4 3.0g，$MgSO_4 \cdot 7H_2O$ 1.5g，维生素 B_1 微量（约 1mg），琼脂 15g，pH 为 6.0。马铃薯提取液制法如下：取去皮马铃薯 200g，切成小块，加水 1L，煮沸 30min，滤去马铃薯块，将滤液补足至 1L。灭菌后倒平板即可，并做斜面。

选择性培养基（g/L）：愈创木酚 1.0，酒石酸钾 0.1，蛋白胨 2.6，$MgSO_4 \cdot 7H_2O$ 0.5，KH_2PO_4 1.0，Na_2HPO_4 0.2，琼脂 15。灭菌后倒平板，即为漆酶产生菌筛选平板。

PDA-Bavendamm 培养基：在 PDA 培养基中加入鞣酸至终浓度为 0.01g/100mL。

【实验方法与步骤】

（1）实验准备

实验准备工作在实验课前一天晚上进行。主要工作是收拾实验台，进行器皿耗材准备，配制培养基，同时在 150mL 锥形瓶中加入 45mL 水、适量玻璃珠。以上材料灭菌备用。

（2）取样

在校园内取富含有机质的深层土样。

（3）分离纯化

将土样放入装有玻璃珠的锥形瓶中，轻轻晃动锥形瓶，用玻璃珠打碎土粒，静置 30min，获得土壤浸提液。用接种环蘸取土壤浸提液，在筛选平板上连续划线，28℃培养 2～3d。每天观察一次平板，至出现褐色菌斑为止，挑取菌丝，接种于斜面上 28℃培养 2d 后保存于 4℃冰箱中。

（4）初筛

重新培养入选的菌株，每个菌株一个 PDA 平板，到覆盖整个平板为止。用无菌打孔器打取直径为 0.3mm 的菌块，接种到选择性培养基上，每个菌株做 3 个重复，在 30℃条件下培养 7d，观察菌落周围棕红色变色圈的形成，挑选变色圈在菌丝外围形成的菌株，并测量记录菌丝直径（d_1）、变色圈直径（d_2），计算两者比值（d_1/d_2）。根据所产生变色圈的大小及变色程度，选出 d_1、d_2 比值较小且生活力较高的菌株并用保藏培养基留种。

（5）复筛

用打孔器打取经初筛后的菌株，菌块直径为 0.3mm，接种于 PDA-Bavendamm 平板上，28℃条件下培养 7d，每个菌株做 3 个重复，观察变色圈的形成情况并记录显色时间，如能产生棕褐色轮环则为阳性反应（＋），反之则为阴性反应（－），每天测量变色圈的直径，选择显色快、变色圈直径大的菌株保存。

（6）酶活性测定

将筛选出的菌株采用 PDA 平板培养，待长满平板后，用无菌打孔器切取培养好的菌落，接入产酶液体 PDA 培养基中，每瓶接种 3 个菌片，（25±1）℃、120r/min 恒温振荡培养。每天取样一次，经 8 层纱布过滤，4℃、6000r/min 离心 10min，取上清液，用于酶活性测定。

测定方法：采用 ABTS 方法。总反应体系 3mL 中含 0.5mol/L 2,2'-联氮双（3-乙基苯并噻唑啉-6-磺酸）二铵盐（ABTS）溶液 0.2mL、0.1mol/L 乙酸钠缓冲液（pH 4.5）2.7mL、酶液 0.1mL，启动反应。测定反应前 3min 内反应液在 420nm 处的吸光度增加。以煮沸灭活 15min 酶液作对照。酶活定义为每分钟使 1μmol/L ABTS 转化所需的酶量为一个活力单位（U）。

（7）菌株保存

取经过初筛和复筛获得的菌株，接种于 PDA 斜面 28℃培养后保存于 4℃冰箱中备用。

5.15.2 高产漆酶菌株酶活的测定

【实验目的】

掌握漆酶酶活测定的基本原理与操作步骤。

【实验原理】

分光光度法测定漆酶酶活的基本原理是：选定某种漆酶作用的底物，底物在漆酶催化作用下首先形成底物自由基，底物自由基在特定的光波波长下有最大的吸光系数，随着底物自由基浓度的增加，吸光度增大，依据吸光度（OD）随时间变化的关系可计算出酶活。

【实验材料】

（1）试剂

① 0.2mmol/L pH4.5 柠檬酸-柠檬酸钠缓冲溶液

A 液（0.2mmol/L 柠檬酸溶液）：称取柠檬酸 21.014mg，加入蒸馏水溶解定容至 500mL。

B 液（0.2mmol/L 柠檬酸钠溶液）：称取柠檬酸钠 29.412mg，加入蒸馏水溶解定容至 500mL。

A 液和 B 液混合，搅匀，于 pH 计上调节 pH 至 4.5。

② 0.5mmol/L ABTS 溶液

将一片 ABTS 片剂（142mg/片）用 0.2mmol/L pH4.5 柠檬酸-柠檬酸钠缓冲溶液溶解定容至 250mL，配成 1.0308mmol/L 的 ABTS 母液；再取 48.5mL 的 ABTS 母液，用 0.2mmol/L pH4.5 柠檬酸-柠檬酸钠缓冲溶液定容至 100mL。

③ PDA 培养基。

（2）仪器

离心机，恒温水浴锅，分光光度计，比色皿。

【实验方法与步骤】

① 从锥形瓶中取出适量酶液，离心取上清液得到粗酶液，放于样品管中。空白管加入 1mL 液体的 PDA 培养基。

② 每支离心管中加入 5 倍的柠檬酸-柠檬酸钠溶液稀释。

③ 将样品管、空白管、0.5mmol/L ABTS 溶液放在恒温水浴锅中，30℃预热 10min。

④ 加入 2mL 预热好的酶液，再加入 0.5mmol/L ABTS 溶液，使反应液达到 3mL，于 1cm 比色皿中，启动反应 5min，测定 420nm 下吸光度随时间的变化值，每分钟读一次数。

在上述条件下，取吸光度变化的线性部分，定义每分钟转化 $1\mu mol$ 的底物所需的酶量为一个酶活力单位，用 U/mL 表示。运用以下公式计算酶活：

$$漆酶酶活(U/mL) = \frac{\Delta OD \times V_1}{\Delta t \times V_2 \times \varepsilon \times 10^{-6}} \times 酶液稀释倍数$$

式中　ε——ABTS 在 420nm 下吸光系数，为 $3.6 \times 10^4 L/(mol \cdot cm)$；

　　　Δt——1min；

　　ΔOD——1min 内吸光度（OD）的变化值；

　　　V_1——酶反应中反应液的总体积，3mL；

　　　V_2——酶反应中酶液的体积，2mL。

5.15.3　高产漆酶菌株的酶学特性

【实验目的】

掌握酶学特性分析的基本方法与步骤。确定高产漆酶的最佳发酵条件，确定其酶学特性，为进一步开发应用奠定基础。

【实验原理】

酶学特性主要包括酶作用的底物范围、最适 pH 值、最适温度、作用时间、酶的稳定性等。

【实验材料】

（1）试剂

① 0.2mmol/L pH 2.0～8.0 的柠檬酸-柠檬酸钠缓冲溶液

A 液和 B 液混合，搅匀，于 pH 计上分别调节至 pH 值为 2.0、3.0、4.0、5.0、6.0、7.0、8.0。

② 0.1～0.5mmol/L 的 ABTS 溶液

将一片 ABTS 片剂（142mg/片）用 0.2mmol/L pH 4.5 柠檬酸-柠檬酸钠缓冲溶液溶解定容至 250mL，配成 1.0308mmol/L 的 ABTS 母液；再取 48.5mL 的 ABTS 母液，用 0.2mmol/L pH 4.5 柠檬酸-柠檬酸钠缓冲溶液分别配制 100mL 0.1mmol/L、0.2mmol/L、0.3mmol/L、0.4mmol/L、0.5mmol/L 的 ABTS 溶液。

③ 表面活性剂［Tris(三羟甲基氨基甲烷)、EDTA、吐温 80］。

（2）仪器

同实验 5.15.2。

【实验方法与步骤】

（1）米氏常数（K_m 值）的测定

在 pH 3.5 的条件下，将配制好的 0.1mmol/L、0.2mmol/L、0.3mmol/L、0.4mmol/L、0.5mmol/L 不同浓度 ABTS 溶液，于 30℃反应，测定漆酶反应的初速率，求出二者的倒数，以 $1/v$ 对 $1/[S]$ 作图，按照双倒数法（Lineweave-Burk 法）作图，得到斜率为 K_m/v 的直线，由此得到米氏常数（K_m 值）。

（2）漆酶的最适反应 pH 值和 pH 值稳定性测定

将漆酶分别加入 pH2.0～8.0 缓冲液中，在 30℃下，测定漆酶活性，检测漆酶的最适反应 pH 值。另外，将漆酶分别加入 pH2.0～8.0 缓冲液中，放置 1h 后，在 30℃、最适反应 pH 值条件下，测定漆酶活性，以开始时漆酶活力为对照，计算漆酶的相对活力，得出漆酶的 pH 值稳定性。

（3）漆酶的最适反应温度和热稳定性测定

在漆酶最适反应 pH 值条件下，分别在不同温度（20～80℃）下，测定漆酶活性，得出漆酶的最适反应温度。将漆酶在 pH 3.5 环境中，分别在不同温度（20～80℃）下保温 1h，在最适反应温度、最适反应 pH 值条件下测定漆酶活性，以保温前漆酶活力为对照，计算漆酶的相对活力，得出漆酶的热稳定性。

（4）表面活性剂对漆酶活性的影响

将漆酶置于含有 1mmol/L 表面活性剂［Tris、EDTA、失水山梨醇单油酸酯聚氧乙烯醚（吐温 80）］、pH 8.0 缓冲液中，测定漆酶活性，以不添加表面活性剂漆酶活力为对照，计算漆酶的相对活力，测定表面活性剂对漆酶活性的影响。

5.15.4 漆酶的固定化

【实验目的】
掌握漆酶固定化的基本方法与操作步骤。

【实验原理】
壳聚糖是一种生物相容性好、可生物降解、无毒易得的天然功能高分子材料，被广泛用来作为固定化酶的载体。壳聚糖分子中 D-葡胺糖的—NH_2 可与双功能试剂戊二醛的一个—CHO 缩合，戊二醛的另一个—CHO 与酶的游离氨基缩合，从而形成壳聚糖-戊二醛-酶结构，即固定化酶。本实验采用以戊二醛为双功能试剂的载体交联法固定化漆酶。

【实验材料】
（1）材料
壳聚糖，漆酶。

（2）试剂
1%的冰醋酸溶液，1mol/L 的 NaOH 溶液，0.8%的戊二醛溶液（将 25%的戊二醛用磷酸缓冲液配制而成，现配现用），0.1mol/L 的磷酸缓冲液（pH7.2，$Na_2HPO_4 \cdot 12H_2O$ 25.79g、$NaH_2PO_4 \cdot 12H_2O$ 4.37g，用蒸馏水溶解并定容至 1000mL），2mol/L 的 NaOH 溶液，37%的甲醛溶液。

（3）仪器
电子天平，恒温水浴锅，研钵，烧杯，抽滤漏斗。

【实验方法与步骤】
（1）壳聚糖凝胶颗粒的制备

称取 0.5g 壳聚糖充分溶解于 35mL 1%的冰醋酸溶液中，加入 3mL 甲醛溶液（37%）迅速混匀，在 40℃水浴中静置保温 60min，得到透明的凝胶，加少量蒸馏水将凝胶挤压破碎，倒出并在研钵中进一步破碎成适当大小的凝胶颗粒，接着在烧杯中使其悬浮于 100mL 蒸馏水中，不断地用 2mol/L 的 NaOH 将悬浮液的 pH 值调至 8.0，放置 10min，然后用蒸馏水在抽滤漏斗上洗涤凝胶颗粒数次，抽去多余水分，备用。

（2）壳聚糖凝胶颗粒的活化

取上述凝胶颗粒10g，加入40mL 0.8%的戊二醛溶液，室温放置60min，用0.1mol/L磷酸缓冲液（pH7.2）洗涤凝胶颗粒3～4次，以除去多余的戊二醛，抽滤备用。

（3）酶的固定化

向上述的凝胶颗粒中加入15mL漆酶酶液，4℃下放置1h，中间搅动数次，而后用0.1mol/L磷酸缓冲液（pH7.2）洗涤凝胶颗粒3～4次，以除去未固定的酶，即得固定化酶。

（4）酶活力的测定

① 溶液酶活力的测定。

② 残留酶活力的测定。

③ 固定化酶活力的测定。

【实验结果】

$$活力回收率(\%)=\frac{固定化酶总活力数}{溶液酶总活力数}\times100\%$$

$$相对活力(\%)=\frac{固定化酶总活力数}{溶液酶总活力数-残留酶活力数}\times100\%$$

5.16 利用微生物对石油污染土壤的生物修复

【实验目的】

了解并掌握生物修复技术的基本原理。

【实验原理】

在石油的开采、炼制、储运和使用过程中，不可避免地会造成石油落地污染土壤。石油是主要由烷烃、环烷烃、芳香烃、烯烃等组成的复杂混合物，其中多环芳香烃类物质被认为是一种严重的致癌、致诱变物质。石油通过土壤-植物系统或地下饮用水，经食物链进入人体，直接危及人类健康。因此，近年来世界各国对土壤石油污染的治理问题极为重视，目前的处理方法主要有3种：物理处理、化学处理和生物修复。其中生物修复技术被认为最具生命力。

利用微生物及其他生物，将土壤、地下水或海洋中的危险性污染物原位降解为二氧化碳和水或转化成为无害物质的工程技术系统称为生物修复（bioremediation）。大多数环境中都进行着天然微生物降解净化有毒有害有机污染物的过程。研究表明大多数下层土含有能生物降解低浓度芳香化合物（如苯、甲苯、乙基苯和二甲苯）的微生物，只要水中含有足够的溶解氧，污染物的生物降解就可以进行。但自然条件下由于溶解氧不足、营养盐缺乏和高效降解微生物生长缓慢等限制性因素，微生物自然净化速度很慢，需要采用各种方法来强化这一过程。例如提供氧气或其他电子受体，添加氮、磷营养盐，接种经驯化培养的高效微生物等，以便能够迅速去除污染物，这就是生物修复的基本思想。

石油污染土壤的生物修复技术主要有两类：一类是原位生物修复，一般适用于污染现场；另一类是异位生物修复，主要包括预制床法、堆式堆制法、生物反应器法和厌氧处理法。异位生物修复是将污染土壤集中起来进行生物修复，可保证生物降解的较理想条件，因而对污染土壤处理效果好，又可防止污染物转移，被视为一项具有广阔应用前景的处理技术。本实验采用异位生物修复技术堆式堆制处理方法，对石油污染土壤进行生物处理研究，通过监测土壤含油量、降解石油烃微生物数量、污染土壤含水量的变化等指标，反映该技术处理石油污染土壤的效果。

【实验材料】

（1）石油污染土样

自石油污染严重地区（如钻井台、加油站、汽修厂等）采集的土样。

（2）仪器和试剂

参照土壤中分离筛选高效降解菌的器材和试剂。此外，还包括离心机，分光光度计，牛肉汤液体培养基，生理盐水，尿素，有机玻璃堆制池（长 100cm、宽 60cm、高 12.5cm，下铺设长方形的 PVC 管，相隔 10cm 打一直径 1cm 的孔，上覆尼龙网，防止土壤颗粒把孔堵塞，PVC 管接于池外，供通气用，池旁设有渗漏液出口管），50W 空压泵，电烘箱，pH 计。

【实验步骤与方法】

（1）高效石油烃降解菌的筛选

参照实验 5.10 从石油污染土壤中分离筛选出高效石油烃降解菌，将该菌种接种到牛肉汤液体培养基中，30℃下培养至对数期。离心后收集菌体，用生理盐水反复洗涤，最后菌体悬浮在生理盐水中，调节吸光度（OD_{660}）为 1.5。

（2）土壤堆制池的运转和管理

① 运转期间的管理。在待处理的石油污染土壤中，按比例加入肥料、水、菌液，充分搅拌后堆放在池中。具体为：100t 油土＋1.36kg 尿素＋0.5kg 菌悬液；另设一组不加菌悬液的对照组。在堆料 5cm 深处进行多点采样，混合均匀后于 105℃烘至恒重，由烘干前后的质量求得含水率。根据测定结果补加适量的水分，将两组土壤的含水率调节为 30%。空压泵通气 20min/d，实验共进行 40d，为避免挥发等因素的影响，实验应在 25℃以下进行。

② 运转期间的观察和测定。

a. 石油烃总量的测定：每天监测一次，并计算去除率（%）。

b. 微生物数量的测定：每天监测一次，采用平板计数法。

c. pH 值的测定：每天监测一次。

d. 含水量的测定：每天监测一次，根据测定结果补加适量水分，使两组土壤的含水率保持在 30%。

【实验结果与分析】

运转实验记录按日填入表 5-4。

表 5-4　实验数据记录表

时间/d	石油烃总量	石油烃去除率	微生物数量	pH 值	含水量
1					
2					
3					
⋮					
40					

【相关研究进展】

石油类化合物的污染越来越成为人们关心的环境问题。石油在开采、运输、冶炼和使用过程中产生的泄漏，给土壤和地下水带来很大的危害。由于石油类物质微溶于水，并且土壤对石油类污染物有较强的持留作用，因此泄漏的石油类物质就会长期残留在土壤中，这不仅会改变土壤的性质、降低土壤透水能力、使农作物及地表植被难以生长，而且土壤中的石油类物质会随着降水以及灌溉用水缓慢渗入包气带深部，以致造成地下水的污染。由于石油类污染物中含有多种致癌类物质，当饮用这样的地下水时，会给人体健康造成很大的危害。因此，研究去除土壤中的石油类污染物已成为当前的一个热门课题。

许多微生物能以烃类为唯一碳源和能源生长且在自然界分布广泛，约有 30 属 100 多种的微生物能利用烃类，主要有 *Pseudomonas*、*Achromobacter*、*Arthrobacter*、*Micrococcus*、*Nocardia*、*Vibrio*、*Acinetobacter*、*Brevibacterium*、*Corynebacterium*、*Flavobacterium*、*Candida*、*Rhodotorula* 和 *Sporobolomyces* 等属。在细菌、藻类、酵母和丝状真菌等分类群中皆发现了能降解石油烃类的种属。利用 rDNA 限制性酶切片段多态分析（RFLP）对一被烃类污染的含水土层的微生物区系组成进行了调查，结果表明，在已确定的 104 个序列类型中，94 个属于细菌，10 个属于古生菌。Varga 调查了铁还原条件下被石油污染的含水土层中氧化苯的微生物区系组成，发现 *Geobacter* 占优势，并利用 16S rDNA 的变性梯度凝胶电泳（DGGE）比较了污染土层和相邻地点未污染土层的区系组成，发现了显著差异。在真菌降解石油烃类的研究中，白腐菌受到极大的关注。

一般认为，不同烃类的微生物可降解性次序如下：小于 C_{10} 的直链烷烃＞C_{10}～C_{24} 或更长的直链烷烃＞小于 C_{10} 的支链烷烃＞C_{10}～C_{24} 或更长的支链烷烃＞单环芳烃＞多环芳烃＞杂环芳烃。芳烃类化合物由于其难溶于水，某些多环芳烃还有毒性，更难被微生物降解，近年在这方面的研究最多。对于杂环化合物，则对噻吩做了一些研究工作；对于氧杂环或氮杂环化合物的降解几乎没有报道。

石油烃类在水中的溶解度非常小，难以提供足够的量来维持微生物的生长繁殖。为此微生物进化出了两种机制以促进与烃类的接触：特异性的附着机制和烃类的乳化。前一种机制中，微生物通过菌毛或细胞膜表面的脂类或蛋白质使细胞形成疏水表面而附着于水中的油滴上，在此不做详述。后一种机制中，微生物可释放出乳化剂使油滴乳化成许多细小颗粒，以增大油滴可利用的表面积，有利于微生物的直接接触和利用。由于乳化剂或表面活性剂对微生物降解的广泛影响，近年来相关的研究很多。

乳化剂由一个疏水基团和一个亲水基团构成，具有两亲性质。其疏水基团为饱和烃、不饱和烃或经酯化的脂肪酸；其亲水基团更加多样化，可简单如脂肪酸的羧基，也可复杂如糖脂的多聚糖基。疏水基团和亲水基团可通过酯键、酰胺键或糖苷键结合。生物乳化剂根据亲水基团的性质可分为：糖脂、脂蛋白、磷脂和中性脂。许多降解烃类的微生物能产生生物乳化剂，有的微生物只在利用烃类等疏水性碳源时形成生物乳化剂，有一些微生物则只在利用水溶性碳源时才形成生物乳化剂，还有一些微生物则在两类碳源上都可合成乳化剂。

乳化剂对微生物降解烃类的影响，目前存在着截然相反的报道。一方面，乳化剂可以增大烃类在水中的溶解度或将烃类乳化成细小颗粒以增大表面积，而有利于烃类的降解；另一方面，由于某些乳化剂对一些微生物的毒害作用或作为碳源被优先利用及其他一些不明原因，而抑制烃类的降解。近 10 年来也有不少关于乳化剂对烃类降解影响的研究，研究表明，乳化剂对烃类降解的影响涉及所使用降解菌株的种类、烃类以及乳化剂类型、乳化剂浓度等诸多因素，在不同的条件下有不同的结果。生物乳化剂 Emulsan 可使纯培养或混合菌株对饱和烃类的降解减少 50%～90%，也可使混合菌株对芳香化合物的降解减少 90%，但对纯培养菌株降解芳香化合物影响很小。许多研究表明，乳化剂的临界胶团浓度是一个重要参数，乳化剂浓度在临界胶团浓度以上和以下对烃类的降解常有不同的影响。

当表面活性剂（乳化剂）溶液加入含有污染物的土壤以后，就会存在一系列的物理化学过程。如果表面活性剂的浓度大于临界胶束浓度，在溶液中就存在胶束相、水相、土壤相和污染物相 4 相。在这样的一个体系中，存在土壤对污染物的吸附作用、水相对污染物的溶解作用、土壤对表面活性剂的吸附作用、土壤吸附的表面活性剂对污染物的吸附作用，以及胶束对污染物的溶解作用。污染物从土壤表面解吸出来是这几种作用综合作用的结果。由于污染物在水中的溶解度非常小，其他几种作用就能决定解吸的效果。土壤胶体带负电荷，加入阴离子型表面活性剂后，由于同性相斥，土壤表面很难吸附阴离子表面活性剂，这样溶解于胶束中的石油就不易再被吸附在土壤颗粒表面，从而可有效地解吸出土壤所吸附的石油。阳离子表面活性剂的解吸效果不如清水效果显著。因为土壤胶体带负电荷，加入阳离子表面活性剂后，在土壤表面就会吸附部分的阳离子表面活性剂，溶解于水中的柴油就会重新被阳离子表面活性剂所吸附，使其解吸效率一般比清水还差。因此在土壤解吸中阳离子表面活性剂效果可忽略。

为提高治理效果，大面积受污染的土壤可采用联合方法治理，既经济又可靠。含油量高的土壤可用研究中最为先进的物理化学方法集中回收其中的石油类，处理后的土壤可与含油量低的土壤一并用生物恢复技术进行降解。在这个过程中，需要确定回收时最低含油量以保证费用经济合理，同时还要对生物降解过程人工强化，因为它是整个处理过程的控速步骤。于是人们寄希望于研究和开发出新的高效基因工程菌，以期利用其特异的基因或质粒将污染物快速降解。

5.17 假丝酵母的扩大培养及生物柴油的制备

【实验目的】
学会配制发酵用培养基，掌握假丝酵母扩大培养的工艺和利用脂肪酶在非水相系统中催化制备生物柴油的原理和方法。

【实验原理】
酯交换法生产生物柴油，采用油脂（脂肪酸甘油酯）与醇（多为甲醇）在催化剂（脂肪酶）存在下进行酯交换反应（又称醇解反应），产生脂肪酸甲酯（生物柴油）和甘油。

$$
\begin{array}{c}
CH_2OOCR^1 \\
| \\
CHOOCR^2 \\
| \\
CH_2OOCR^3
\end{array}
+ 3CH_3OH
\xrightarrow[\text{脂肪酶}]{NaOH}
\begin{array}{c}
CH_2OH \\
| \\
CHOH \\
| \\
CH_2OH
\end{array}
+
\begin{array}{c}
R^1COOCH_3 \\
R^2COOCH_3 \\
R^3COOCH_3
\end{array}
$$

【实验材料】
（1）菌种

解脂假丝酵母 AS2.1379。

(2) 试剂

菜籽油，橄榄油，玉米油，叔丁醇（分析纯），甲醇（分析纯），NaOH（分析纯），$CuSO_4$（分析纯），高纯氮气。

(3) 仪器

分光光度计，GC-14A 气相色谱仪，CRYOBANKTm 菌种保存管，DB1-ht 毛细管柱，摇床，电子天平，恒温培养箱，超净实验台，离心机，50mL 锥形瓶，培养皿，离心管，1mL 移液管，滴管，烧杯等。

【实验步骤与方法】

(1) 反应体系

用叔丁醇作为反应介质，利用解脂假丝酵母中的脂肪酶催化油脂原料，进行甲醇醇解反应制备生物柴油。消除甲醇和甘油对酶的负面影响，酶的使用寿命可显著延长。用菜籽油作原料，叔丁醇和油脂的体积比为 1:1，甲醇与油脂的物质的量比为 3:1（质量比约 1:3），4% 解脂假丝酵母（内含脂肪酶），35℃ 下 130r/min 反应 12h。离心分离出甘油和生物柴油（上层液），生物柴油得率可达 95%（生成 1g 甘油约产生 9g 生物柴油）。

(2) 产物鉴定与分析

① 甘油的鉴定（定性）　强碱条件下甘油和二价铜的络合物显绿蓝色。

取 3.5mL NaOH 溶液（0.05g/mL）使待测样品碱化，然后加入 1mL 的 $CuSO_4$ 溶液并充分振荡，保证甘油被完全络合。

② 甘油含量的测定　取 $CuSO_4$ 溶液（0.05g/mL）1mL 与碱液（0.05g/mL）3.5mL，摇匀，加入处理后的样品，振荡 12min，离心分离，取上层清液，在波长 630nm 处测定吸光度。

③ 生物柴油的分析　产物采用气相色谱法分析。

利用 GC-14A 气相色谱仪（日本岛津）　使用 DB1-ht 毛细管柱（0.25mm×15m，Agilent），高纯氮作载气，二阶程序升温，柱温由 100～300℃，升温速率 10℃/min；300～350℃，升温速率 5℃/min。利用氢火焰离子检测器，检测器温度 375℃，汽化室温度 370℃。

【实验结果】

① 计算所得产物甘油的含量。

② 根据气相色谱结果分析生物柴油的组成。

附录

附录1 实验注意事项

① 实验前应做好试剂配制、用品灭菌等准备工作。配制各种试剂必须使用重蒸水。

② 使用后的器皿必须认真清洗干净，洗完后还要用重蒸水冲洗三次。

③ 凡是可以进行灭菌的试剂与用具在使用前都必须经过高压蒸汽灭菌，防止其他杂质或酶对 DNA、RNA 或蛋白质的降解。

④ 凡操作所用的塑料器具（Eppendorf 管、吸嘴等），在使用前都应装入盒子和瓶子中灭菌，且装盒或装瓶过程中都应采用镊子，或戴上一次性手套进行操作，不能直接用手去拿，严防手上杂酶污染。

⑤ 对于 Eppendorf 管、吸嘴和非玻璃离心管等只能湿热灭菌，然后放置在 50℃ 箱中烘干后使用。

⑥ 实验中加入任何试剂后均应注意样品的混匀，保温等反应后的样品也应离心一下后再进行下步的实验。

⑦ 限制性内切酶等工具酶保存于 50% 的甘油中，−20℃ 可以长期保存。应自始至终将酶保持在 0℃ 以下，取酶时不能用手指接触储存酶的部分。在需要加酶的时候将酶从冰箱中取出，放在冰盒里，用完后立即放回冰箱。

⑧ 微量移液器的使用：微量移液器是连续可调的、计量和转移液体的专用仪器，其装有直接读数容量计，读数由三位拨号数字组成，在移液器容量范围内能连续调节，从上（最大数）到下（最小数）读取；移液器的型号即是其最大容量值；按钮向下压以及放的动作，速度要缓慢的平稳。

⑨ 电子天平的使用：

a. 注意在天平的最大称量范围内使用；

b. 天平应放在无振动、无空气对流处，使用前须先调节水平泡至中央位置；

c. 使用后应保持仪器的洁净。

⑩ 微波炉内不可使用金属容器以及不可空载。

⑪ 配制药品取试剂时，所用的药匙不能混用，否则会造成药品污染。

⑫ 实验过程中应做好每个样品的标记工作（如样品的名称、保存的时间），且一般在 Eppendorf管上用记号笔做标记时，应在两处重复做好标记。

附录 2 如何撰写实验报告

1. 通则

实验报告是完全根据自己的实验历程所撰写的，除小部分引用他人的文献之外，都必须是实实在在的实验结果与过程的记录。报告的长短与成绩不一定成正比。每个人都要写自己的实验报告，胶片等影像结果可以用影印附上，并尽可能使用计算机文字处理软件撰写报告。

2. 实验报告的结构

以下大致描述一般报告的构造与写法，但报告并无一定格式，只要写得合理、正确、一致，均为好的实验报告。

（1）封面及目录

第一页为封面及目录。上半页依序写入实验课代码、题目、组别、作者、交出日期等信息；下半页要整理出一张目录表，详细标出各项内容的页数。

（2）引言

简单描述实验的动机与目标，请用自己的话说出来，不要直接抄袭。若需要引用他人文献，请注明出处。

（3）材料与方法

请写出自己的实验步骤，完全记录所操作的流程与条件，而并非讲义或论文上所载的。若使用已知的报告或论文中的方法，加注出处即可，不必将原文再抄一次。

（4）结果

条理分明地写出实验结果，真实陈述观察所得结果。实验数据要经过整理后，做成图表以利于判读；不要将原始资料原封抄录。若重复尝试过多次实验，则去芜存菁，只写出有意义的实验结果，但切勿遗漏重要结果。

（5）讨论

由结果所得到的结论，进一步整合分析，说明由结果所透露出来的信息。若有与事实或已知不符的现象，请仔细讨论或解释。

（6）参考文献

报告中若有引用他人结果者，一定要列入参考文献。

（7）图表

图表一定要精确制作，正确而易懂的图表最有助于研究结果的判读。图表都要加说明文字，好的图表只要研读单独的图表即可了解其实验结果。虽不严格限定，但使用计算机软件作图已成为必要。

附录 3 常用的碱基、氨基酸符号及缓冲液

1. 碱基符号

项目	字母	碱基	全称	说明
单碱基	A	A	adenine	腺嘌呤
	C	C	cytosine	胞嘧啶
	G	G	guanine	鸟嘌呤
	I	I	isosine	次黄嘌呤
	T	T	thymine	胸腺嘧啶
	U	U	uracil	尿嘧啶
二碱基	K	G/T	keto	含酮基
	M	A/C	amino	含氨基
	R	A/G	purine	嘌呤
	S	G/C	strongpair	强配对
	W	A/T	weakpair	弱配对
	Y	C/T	pyrimidine	嘧啶
三碱基	B	C/G/T	notA	非 A
	D	A/G/T	notC	非 C
	H	A/C/T	notG	非 G
	V	A/C/G	notU(T)	非 U(T)
四碱基	N	A/C/G/T	any	任一碱基
	X	A/C/G/T	unknown	未知碱基

2. 氨基酸符号

符号	名称	英文名	简写	密码子	分子量	残基	A^3	A^2	溶解 1g 氨基酸所需水量/mL	丰度	pI	pK_a	亲水	疏水	侧链
A	丙氨酸	alanine	Ala	GCX	89.09	71.08	88.6	115	748	7.55	6.0		0.45	0.5	$-CH_3$
C	半胱氨酸	cystine	Cys	TGM	121.15	103.14	108.5	135	631	1.69	5.0	9.3	3.63	-2.8	$-CH_2SH$
D	天冬氨酸	asparicacid	Asp	AAM	132.12	114.11	117.7	160	619	4.52	5.4		13.31	-7.4	$-CH_2CONH_2$
E	谷氨酸	glutamicacid	Glu	GAP	147.13	129.12	138.4	190	643	6.32			12.58	-9.9	$-CH_2CH_2COO^-$
F	苯丙氨酸	phenylalanine	Phe	TTM	165.19	147.18	189.9	210	774	4.07	5.5		3.15	2.5	$CH_2(C_6H_5)$
G	甘氨酸	glycine	Gly	GGX	75.07	57.06	60.1	75	632	6.84	6.0		0	0	$-H$
H	组氨酸	histidine	His	CAM	155.16	137.15	153.2	195	670	2.24			12.62	0.5	$-CH_2(C_3N_2H_4)^+$
I	异亮氨酸	isoleucine	Ile	ATM,ATA	131.17	113.17	166.7	175	884	5.72		6.2	0.24	2.5	$-CH(CH_3)CH_2CH_3$
K	赖氨酸	lysine	Lys	AAP	146.19	128.18	168.6	200	789	5.93			11.91	-4.2	$-(CH_2)_4NH_3^+$
L	亮氨酸	luecine	Leu	CTX,TTP	131.17	113.17	166.7	170	885	9.33	6.0		0.11	1.8	$-CH_2CH(CH_3)_2$
M	蛋氨酸	methionine	Met	ATG	149.21	131.21	162.9	185	745	2.35	5.8	10.4	3.87	1.3	$-(CH_2)_2SCH_3$
N	天冬酰胺	asparagine	Asn	GAM	133.10	115.09	111.1	150	579	5.30		4.5	12.07	-0.2	$-CH_2COO^-$
P	脯氨酸	proline	Pro	CCX	115.13	97.12	122.7	145	758	4.92	6.3			-3.3	$-(CH_2)_3-$
Q	谷氨酰胺	glutamine	Gln	CAP	146.15	128.14	143.9	180	674	4.02	5.7	4.6	11.77	-0.3	$-CH_2CH_2CONH_2$
R	精氨酸	arginine	Arg	CGX,AGP	174.20	156.20	173.4	225	666	5.15		约12	22.31	-11.2	$-(CH_2)_3CH(NH_2)^+NH_2$
S	丝氨酸	serine	Ser	TCX,AGM	105.09	87.08	89.0	115	613	7.22	5.7		7.45	-0.3	$-CH_2OH$
T	苏氨酸	threonine	Thr	ACX	119.12	101.11	116.1	140	689	5.74	6.5		7.27	0.4	$-CH(OH)CH_3$
V	缬氨酸	valine	Val	GTX	117.15	99.14	140.0	155	847	6.52	6.0		0.40	1.5	$CH(CH_3)_2$
W	色氨酸	tryptophan	Trp	TGG	204.23	186.21	227.8	255	734	1.25			8.28	3.4	$-CH_2(C_8N_1H_6)$
Y	酪氨酸	tyrosine	Tyr	TAM	181.19	163.18	193.6	230	712	3.19		9.7	8.50	2.3	$CH_2(C_6H_4)OH$

3. 缓冲液配制

（1）甘氨酸-盐酸缓冲液（0.05mol/L）

X mL 0.2mol/L 甘氨酸＋Y mL 0.2mol/L HCl，再加水稀释至 200mL。

pH	X/mL	Y/mL	pH	X/mL	Y/mL
2.2	50	44.0	3.0	50	11.4
2.4	50	32.4	3.2	50	8.2
2.6	50	24.2	3.4	50	6.4
2.8	50	16.8	3.6	50	5.0

甘氨酸分子量＝75.07；0.2mol/L 甘氨酸溶液含甘氨酸 15.01g/L。

（2）邻苯二甲酸-盐酸缓冲液（0.05mol/L）

X mL 0.2mol/L 邻苯二甲酸氢钾＋Y mL 0.2mol/L HCl，加水稀释至 20mL。

pH(20℃)	X/mL	Y/mL	pH(20℃)	X/mL	Y/mL
2.2	5	4.670	3.2	5	1.470
2.4	5	3.960	3.4	5	0.990
2.6	5	3.295	2.6	5	0.597
2.8	5	2.642	3.8	5	0.263
3.0	5	2.032			

邻苯二甲酸氢钾分子量＝204.23；0.2mol/L 邻苯二甲酸氢钾溶液含邻苯二甲酸氢钾 40.85g/L。

（3）磷酸氢二钠-柠檬酸缓冲液

pH	0.2mol/L Na$_2$HPO$_4$/mL	0.1mol/L 柠檬酸/mL	pH	0.2mol/L Na$_2$HPO$_4$/mL	0.1mol/L 柠檬酸/mL
2.2	0.40	19.60	5.2	10.72	9.28
2.4	1.24	18.76	5.4	11.15	8.85
2.6	2.18	17.82	5.6	11.60	8.40
2.8	3.17	16.83	5.8	12.09	7.91
3.0	4.11	15.89	6.0	12.63	7.37
3.2	4.94	15.06	6.2	13.22	6.78
3.4	5.70	14.30	6.4	13.85	6.15
3.6	6.44	13.56	6.6	14.55	5.45
3.8	7.10	12.90	6.8	15.45	4.55
4.0	7.71	12.29	7.0	16.47	3.53
4.2	8.28	11.72	7.2	17.39	2.61
4.4	8.82	11.18	7.4	18.17	1.83
4.6	9.35	10.65	7.6	18.73	1.27
4.8	9.86	10.14	7.8	19.15	0.85
5.0	10.30	9.70	8.0	19.45	0.55

Na$_2$HPO$_4$ 分子量＝141.98；0.2mol/L Na$_2$HPO$_4$ 溶液含 Na$_2$HPO$_4$ 28.40g/L。

Na$_2$HPO$_4$·2H$_2$O 分子量＝178.05；0.2mol/L Na$_2$HPO$_4$·2H$_2$O 溶液含 Na$_2$HPO$_4$·2H$_2$O 35.61g/L。

Na$_2$HPO$_4$·12H$_2$O 分子量＝358.22；0.2mol/L Na$_2$HPO$_4$·12H$_2$O 溶液含 Na$_2$HPO$_4$·12H$_2$O 71.64g/L。

C$_6$H$_8$O$_7$·H$_2$O 分子量＝210.14；0.1mol/L C$_6$H$_8$O$_7$·H$_2$O 溶液含 C$_6$H$_8$O$_7$·H$_2$O 21.01g/L。

（4）柠檬酸-氢氧化钠-盐酸缓冲液

pH	钠离子浓度 /(mol/L)	柠檬酸 (C$_6$H$_8$O$_7$·H$_2$O)/g	氢氧化钠 [NaOH(97%)]/g	盐酸 [HCl(浓)]/mL	最终体积[1] /L
2.2	0.20	210	84	160	10
3.1	0.20	210	83	116	10
3.3	0.20	210	83	106	10
4.3	0.20	210	83	45	10
5.3	0.35	245	144	68	10
5.8	0.45	285	186	105	10
6.5	0.38	266	156	126	10

[1] 使用时可以每升加入 1g 酚，若最后 pH 值有变化，再用少量 50%氢氧化钠溶液或浓盐酸调节，冰箱保存。

（5）柠檬酸-柠檬酸钠缓冲液（0.1mol/L）

pH	0.1mol/L 柠檬酸/mL	0.1mol/L 柠檬酸钠/mL	pH	0.1mol/L 柠檬酸/mL	0.1mol/L 柠檬酸钠/mL
3.0	18.6	1.4	5.0	8.2	11.8
3.2	17.2	2.8	5.2	7.3	12.7
3.4	16.0	4.0	5.4	6.4	13.6
3.6	14.9	5.1	5.6	5.5	14.5
3.8	14.0	6.0	5.8	4.7	15.3
4.0	13.1	6.9	6.0	3.8	16.2
4.2	12.3	7.7	6.2	2.8	17.2
4.4	11.4	8.6	6.4	2.0	18.0
4.6	10.3	9.7	6.6	1.4	18.6
4.8	9.2	10.8			

柠檬酸：C$_6$H$_8$O$_7$·H$_2$O 分子量＝210.14；0.1mol/L 柠檬酸溶液含柠檬酸 21.01g/L。

柠檬酸钠：Na$_3$C$_6$H$_5$O$_7$·2H$_2$O 分子量＝294.12；0.1mol/L 柠檬酸钠溶液含柠檬酸钠 29.41g/L。

（6）乙酸-乙酸钠缓冲液（0.2mol/L）

pH (18℃)	0.2mol/L NaAc/mL	0.2mol/L HAc/mL	pH (18℃)	0.2mol/L NaAc/mL	0.2mol/L HAc/mL
3.6	0.75	9.35	4.8	5.90	4.10
3.8	1.20	8.80	5.0	7.00	3.00
4.0	1.80	8.20	5.2	7.90	2.10
4.2	2.65	7.35	5.4	8.60	1.40
4.4	3.70	6.30	5.6	9.10	0.90
4.6	4.90	5.10	5.8	6.40	0.60

NaAc·3H₂O 分子量＝136.09；0.2mol/L NaAc·3H₂O 溶液含 NaAc·3H₂O 27.22g/L。

冰醋酸 11.8mL 稀释至 1L（需标定）。

（7）磷酸二氢钾-氢氧化钠缓冲液（0.05mol/L）

X mL 0.2mol/L KH₂PO₄＋YmL 0.2mol/L NaOH，加水稀释至 20mL。

pH(20℃)	X/mL	Y/mL	pH(20℃)	X/mL	Y/mL
5.8	5	0.372	7.0	5	2.963
6.0	5	0.570	7.2	5	3.500
6.2	5	0.860	7.4	5	3.950
6.4	5	1.260	7.6	5	4.280
6.6	5	1.780	7.8	5	4.520
6.8	5	2.365	8.0	5	4.680

（8）磷酸盐缓冲液

磷酸氢二钠-磷酸二氢钠缓冲液（0.2mol/L）

pH	0.2mol/L Na₂HPO₄/mL	0.2mol/L NaH₂PO₄/mL	pH	0.2mol/L Na₂HPO₄/mL	0.2mol/L NaH₂PO₄/mL
5.8	8.0	92.0	7.0	61.0	39.0
5.9	10.0	90.0	7.1	67.0	33.0
6.0	12.3	87.7	7.2	72.0	28.0
6.1	15.0	85.0	7.3	77.0	23.0
6.2	18.5	81.5	7.4	81.0	19.0
6.3	22.5	77.5	7.5	84.0	16.0
6.4	26.5	73.5	7.6	87.0	13.0
6.5	31.5	68.5	7.7	89.5	10.5
6.6	37.5	62.5	7.8	91.5	8.5
6.7	43.5	56.5	7.9	93.0	7.0
6.8	49.0	51.0	8.0	94.7	5.3
6.9	55.0	45.0			

Na₂HPO₄·2H₂O 分子量＝178.05；0.2mol/L Na₂HPO₄·2H₂O 溶液含 Na₂HPO₄·2H₂O 35.61g/L。

Na₂HPO₄·12H₂O 分子量＝358.22；0.2mol/L Na₂HPO₄·12H₂O 溶液含 Na₂HPO₄·12H₂O 71.64g/L。

NaH₂PO₄·H₂O 分子量＝138.01；0.2mol/L NaH₂PO₄·H₂O 溶液含 NaH₂PO₄·H₂O 27.6g/L。

NaH₂PO₄·2H₂O 分子量＝156.03；0.2mol/L NaH₂PO₄·2H₂O 溶液含 NaH₂PO₄·2H₂O 31.21g/L。

（9）巴比妥钠-盐酸缓冲液

pH (18℃)	0.04mol/L 巴比妥钠/mL	0.2mol/L HCl/mL	pH (18℃)	0.04mol/L 巴比妥钠/mL	0.2mol/L HCl/mL
6.8	100	18.4	8.4	100	5.21
7.0	100	17.8	8.6	100	3.82

pH (18℃)	0.04mol/L 巴比妥钠/mL	0.2mol/L HCl/mL	pH (18℃)	0.04mol/L 巴比妥钠/mL	0.2mol/L HCl/mL
7.2	100	16.7	8.8	100	2.52
7.4	100	15.3	9.0	100	1.65
7.6	100	13.4	9.2	100	1.13
7.8	100	11.47	9.4	100	0.70
8.0	100	9.39	9.6	100	0.35
8.2	100	7.21			

巴比妥钠分子量=206.18；0.04mol/L 巴比妥钠溶液含巴比妥钠 8.25g/L。

（10）Tris-HCl 缓冲液（0.05mol/L）

50mL 0.1mol/L 三羟甲基氨基甲烷（Tris）溶液与 X mL 0.1mol/L 盐酸混匀并稀释至 100mL。

pH(25℃)	X/mL	pH(25℃)	X/mL
7.10	45.7	8.10	26.2
7.20	44.7	8.20	22.9
7.30	43.4	8.30	19.9
7.40	42.0	8.40	17.2
7.50	40.3	8.50	14.7
7.60	38.5	8.60	12.4
7.70	36.6	8.70	10.3
7.80	34.5	8.80	8.5
7.90	32.0	8.90	7.0
8.00	29.2		

Tris 分子量=121.14；0.1mol/L Tris 溶液含 Tris 12.114g/L。Tris 溶液可从空气中吸收二氧化碳，使用时注意将瓶盖严。

（11）硼酸-硼砂缓冲液（0.2mol/L 硼酸根）

pH	0.05mol/L 硼砂/mL	0.2mol/L 硼酸/mL	pH	0.05mol/L 硼砂/mL	0.2mol/L 硼酸/mL
7.4	1.0	9.0	8.2	3.5	6.5
7.6	1.5	8.5	8.4	4.5	5.5
7.8	2.0	8.0	8.7	6.0	4.0
8.0	3.0	7.0	9.0	8.0	2.0

硼砂：$Na_2B_4O_7 \cdot 10H_2O$ 分子量=381.43；0.05mol/L 硼砂溶液（等于 0.2mol/L 硼酸根）含 $Na_2B_4O_7 \cdot 10H_2O$ 19.07g/L。

硼酸：H_3BO_3 分子量=61.84；0.2mol/L 的硼酸溶液含 H_3BO_3 12.37g/L。

硼砂易失去结晶水，必须在带塞的瓶中保存。

（12）甘氨酸-氢氧化钠缓冲液（0.05mol/L）

X mL 0.2mol/L 甘氨酸＋Y mL 0.2mol/L NaOH，加水稀释至 200mL。

pH	X/mL	Y/mL	pH	X/mL	Y/mL
8.6	50	4.0	9.6	50	22.4
8.8	50	6.0	9.8	50	27.2
9.0	50	8.8	10	50	32.0
9.2	50	12.0	10.4	50	38.6
9.4	50	16.8	10.6	50	45.5

甘氨酸分子量＝75.07；0.2mol/L 甘氨酸溶液含甘氨酸 15.01g/L。

（13）硼砂-氢氧化钠缓冲液（0.05mol/L 硼酸根）

X mL 0.05mol/L 硼砂＋Y mL 0.2mol/L NaOH，加水稀释至 200mL。

pH	X/mL	Y/mL	pH	X/mL	Y/mL
9.3	50	6.0	9.8	50	34.0
9.4	50	11.0	10.0	50	43.0
9.6	50	23.0	10.1	50	46.0

硼砂：$Na_2B_4O_7 \cdot 10H_2O$ 分子量＝381.43；0.05mol/L 硼砂溶液（等于 0.2mol/L 硼酸根）含 $Na_2B_4O_7 \cdot 10H_2O$ 19.07g/L。

（14）碳酸钠-碳酸氢钠缓冲液（0.1mol/L）

pH		0.1mol/L Na_2CO_3 /mL	0.1mol/L $NaHCO_3$ /mL
20℃	37℃		
9.16	8.77	1	9
9.40	9.22	2	8
9.51	9.40	3	7
9.78	9.50	4	6
9.90	9.72	5	5
10.14	9.90	6	4
10.28	10.08	7	3
10.53	10.28	8	2
10.83	10.57	9	1

注：此缓冲液在 Ca^{2+}、Mg^{2+} 存在时不得使用。

$Na_2CO_3 \cdot 10H_2O$ 分子量＝286.2；0.1mol/L 碳酸钠溶液含 $Na_2CO_3 \cdot 10H_2O$ 28.62g/L。
$NaHCO_3$ 分子量＝84.0；0.1mol/L $NaHCO_3$ 溶液含 $NaHCO_3$ 8.40g/L。

4. 硫酸铵饱和度的常用表

（1）调整硫酸铵溶液饱和度计算表（25℃）

硫酸铵初浓度(饱和度)/%	\ 硫酸铵终浓度(饱和度)/% 每升溶液加固体硫酸铵的质量/g[①]																
	10	20	25	30	33	35	40	45	50	55	60	65	70	75	80	90	100
0	56	114	144	176	196	209	243	277	313	351	390	430	472	516	561	662	767
10	0	57	86	118	137	150	183	216	251	288	326	365	406	449	494	592	694
20		0	29	59	78	91	123	155	189	225	262	300	340	382	424	520	619
25			0	30	49	61	93	125	158	193	230	267	307	348	390	485	583
30				0	19	30	62	94	127	162	198	235	273	314	356	449	546
33					0	12	43	74	107	142	177	214	252	292	333	426	522
35						0	31	63	94	129	164	200	238	278	319	411	506
40							0	31	63	97	132	168	205	245	285	375	469
45								0	32	65	99	134	171	210	250	339	431
50									0	33	66	101	137	176	214	302	392
55										0	33	67	103	141	179	264	353
60											0	34	69	105	143	227	314
65												0	34	70	107	190	275
70													0	35	72	153	237
75														0	36	115	198
80															0	77	157
90																0	79

① 在 25℃ 下硫酸铵溶液由初浓度调到终浓度时,每升溶液所加固体硫酸铵的质量。

(2) 调整硫酸铵溶液饱和度计算表（0℃）

硫酸铵初浓度(饱和度)/%	\ 硫酸铵终浓度(饱和度)/% 每100mL溶液加固体硫酸铵的质量/g[①]																
	20	25	30	35	40	45	50	55	60	65	70	75	80	85	90	95	100
0	10.6	13.4	16.4	19.4	22.6	25.8	29.1	32.6	36.1	39.8	43.6	47.6	51.6	55.9	60.3	65.0	69.7
5	7.9	10.8	13.7	16.6	19.7	22.9	26.2	29.6	33.1	36.8	40.5	44.4	48.4	52.6	57.0	61.5	66.2
10	5.3	8.1	10.9	13.9	16.9	20.0	23.3	26.6	30.1	33.7	37.4	41.2	45.2	49.3	53.6	58.1	62.7
15	2.6	5.4	8.2	11.1	14.1	17.2	20.4	23.7	27.1	30.6	34.3	38.1	42.0	46.0	50.3	54.7	59.2
20	0	2.7	5.5	8.3	11.3	14.3	17.5	20.7	24.1	27.6	31.2	34.9	38.7	42.7	46.9	51.2	55.7
25		0	2.7	5.6	8.4	11.5	14.6	17.9	21.1	24.5	28.0	31.7	35.5	39.5	43.6	47.8	52.2
30			0	2.8	5.6	8.6	11.7	14.8	18.1	21.4	24.9	28.5	32.3	36.2	10.2	44.5	48.8
35				0	2.8	5.7	8.7	11.8	15.1	18.4	21.8	25.4	29.1	32.9	36.9	41.0	45.3
40					0	2.9	5.8	8.9	12.0	15.3	18.7	22.2	25.8	29.6	33.5	37.6	41.8
45						0	2.9	5.9	9.0	12.3	15.6	19.0	22.6	26.3	30.2	34.2	38.3
50							0	3.0	6.0	9.2	12.5	15.9	19.4	23.0	26.3	30.8	34.8
55								0	3.0	6.1	9.3	12.7	16.1	19.7	23.5	27.3	31.3
60									0	3.1	6.2	9.5	12.9	16.4	20.1	23.1	27.9

硫酸铵终浓度(饱和度)/%																
	20	25	30	35	40	45	50	55	60	65	70	75	80	85	90	95	100

每100mL溶液加固体硫酸铵的质量/g[①]

硫酸铵初浓度(饱和度)/%																	
65									0	3.1	6.3	9.7	13.2	16.8	20.5	24.4
70										0	3.2	6.5	9.9	13.4	17.1	20.9
75											0	3.2	6.6	10.1	13.7	17.4
80												0	3.3	6.7	10.3	13.9
85													0	3.4	6.8	10.5
90														0	3.4	7.0
95															0	3.5
100																0

① 在0℃下硫酸铵溶液由初浓度调到终浓度时，每100mL溶液所加固体硫酸铵的质量。

（3）不同温度下的饱和硫酸铵溶液

温度/℃	0	10	20	25	30
每1000mL水中含硫酸铵物质的量/mol	5.35	5.53	5.73	5.82	5.91
质量百分数/%	41.42	42.22	43.09	43.47	43.85
1000mL水用硫酸铵饱和所需质量/g	706.8	730.5	755.8	766.8	777.5
每1000mL饱和溶液含硫酸铵质量/g	514.8	525.2	536.5	541.2	545.9

（4）氨基酸的一些理化常数

氨基酸名称	分子量	熔点[①]/℃	等电点(pI)	溶解度(25℃)/%	[a][②]
甘氨酸(glycine)(Gly)	75.07	292d	5.97	24.99	
L-丙氨酸(L-alanine)(Ala)	89.07	295d	6.00	16.6	A——+14.6 B——+1.8
L-丝氨酸(L-serine)(Ser)	105.09	223d	5.68	25	A——+15.1 B——−7.5
L-苏氨酸(L-tnreonine)(Thr)	119.12	253d	6.16	易溶	A——−15.0 B——−28.5
L-缬氨酸(L-valine)(Val)	117.15	315d	5.96	8.85	A——+28.3 B——+5.63
L-亮氨酸(L-leucine)(Leu)	131.17	337d	5.98	2.19	A——+16.0 B——−11.0
L-异亮氨酸(L-isoleucine)(Ileu)	131.17	285d	6.02	4.12	A——+39.5 B——+12.4
L-半胱氨酸(L-cysteine)(Cys)	121.15		5.07	易溶	A——+6.5
L-胱氨酸(L-cystine)(Cyss)	240.29	258	5.05	0.011	A——−23.2
L-蛋氨酸(L-Methionine)(Met)	149.21	283d	5.74	易溶	A——+23.2 B——−10.0
L-天冬氨酸(L-aspatticacid)(Asp)	133.10	269~271	2.77	0.5	A——+25.4 B——+5.05

氨基酸名称	分子量	熔点[①]/℃	等电点 pI	溶解度(25℃)/%	[a][②]
L-天冬酰胺(L-asparagin)(Asn)	132.12	236d (水合物)	—	2.98	A——+28.6 B——+5.4
L-谷氨酸(L-glutamicacid)(Glu)	147.13	247 (208d)	3.22	0.864	A——+31.8 B——+12.0
L-谷氨酰胺(L-glutamine)(Gln)	146.15	184	—	3.6	A——+31.8 B——+6.3
L-精氨酸(L-arginine)(Arg)	174.20	244	10.76	15.0	A——+27.6 B——+12.5
L-赖氨酸(L-lysine)(Lys)	146.19	224d	9.74	易溶	A——+25.9 B——+13.5
L-苯丙氨酸(L-phenylalanin)(Phe)	165.19	283d	5.48	2.96	A———4.47 B———34.5
L-酪氨酸(L-tyrosine)(Tyr)	181.19	342(295d)	5.66	0.045	A———10.0
L-组氨酸(L-histidine)(His)	155.16	277d	4.16		A——+11.8 B———38.5
L-色氨酸(L-tryptopnane)(Try)	204.22	281 (289)	5.89	1.14	A——+2.8 B———33.7
L-脯氨酸(L-proline)(Pro)	115.13	220d	6.30	162.3	A———60.4 B———86.2
L-羟脯氨酸(L-hydroxy-proline) (Pro-OH)	131.13	270d	5.83	36.11	A———50.5 B———76.0
L-瓜氨酸(L-citrμline)(Cit)	175.19	234 N237d		易溶	A——+24.2 B——+4.0
L-鸟氨酸(L-ornithine)(Orn)	132.16			易溶	A——+28.4 B——+12.1

① d 代表到达熔点后分解。
② A：于 5mol/L HCl 中；B：于水中。

(5) 常用酸碱和固态化合物的一些数据

a. 实验室中常用酸碱的相对密度和浓度的关系

名称	分子式	分子量	相对密度	质量分数/%	物质的量浓度 (粗略)/(mol/L)	配 1L 1mol/L 溶液 所需体积/mL
盐酸	HCl	36.47	1.19	37.2	12.0	
			1.18	35.4	11.8	8.4
			1.10	20.0	6.0	
硫酸	H_2SO_4	98.09	1.84	95.6	18.0	
			1.18	24.8	3.0	28
硝酸	HNO_3	63.02	1.42	70.98	16.0	
			1.40	65.3	14.5	63
			1.20	32.36	6.1	
冰醋酸	CH_3COOH	60.05	1.05	99.5	17.4	59
乙酸	CH_3COOH	60.05	1.075	80.0	14.3	70

名称	分子式	分子量	相对密度	质量分数/%	物质的量浓度（粗略）/(mol/L)	配 1L 1mol/L 溶液所需体积/mL
磷酸	H_3PO_4	98.06	1.71	85.0	15	67
氨水	$NH_3 \cdot H_2O$	35.05	0.90		15	67
			0.904	27.0	14.3	70
			0.91	25.0	13.4	
			0.96	10.0	5.6	
氢氧化钠溶液	NaOH	40.0	1.54	50.0	19.3	53
氢氧化钾溶液	KOH	56.10	1.538	50.0	13.7	73

b. 常用固态化合物的物质的量浓度及质量浓度配制参考表

名称		分子量	浓度	
			mol/L	g/L
草酸	$H_2C_2O_4 \cdot 2H_2O$	126.08	1	63.04
柠檬酸	$H_3C_6H_5O_7 \cdot H_2O$	210.14	0.1	7.00
氢氧化钾	KOH	56.10	5	280.50
氢氧化钠	NaOH	40.00	1	40.00
碳酸钠	Na_2CO_3	106.00	0.5	53.00
磷酸氢二钠	$Na_2HPO_4 \cdot 12H_2O$	358.20	1	358.20
磷酸二氢钾	KH_2PO_4	136.10	1/15	9.08
重铬酸钾	$K_2Cr_2O_7$	294.20	1/60	4.9035
碘化钾	KI	166.00	0.5	83.00
高锰酸钾	$KMnO_4$	158.00	0.05	3.16
乙酸钠	$NaC_2H_3O_2$	82.04	1	82.04
硫代硫酸钠	$Na_2S_2O_3 \cdot 5H_2O$	248.20	0.1	24.82

附录4　培养基与试剂的配制

1. 稀释液

稀释液包括胰蛋白胨生理盐水溶液（TPS）、磷酸盐缓冲液（PBS，0.03mol/L，pH 7.2）、中和剂溶液、标准硬水（硬度 342mg/L）、生理盐水等。

（1）胰蛋白胨生理盐水溶液（TPS）

胰蛋白胨	1.0g
氯化钠	8.5g

先用 900mL 以上蒸馏水溶解，并调节 pH 值为 7.0±0.2(20℃)，最后用蒸馏水加至 1000mL，分装后，经 121℃压力蒸汽灭菌后使用。

（2）磷酸盐缓冲液（PBS，0.03mol/L，pH 7.2）

无水磷酸氢二钠	2.83g
磷酸二氢钾	1.36g
蒸馏水	1000mL

将各成分加入到 1000mL 蒸馏水中，待完全溶解后，调 pH 值至 7.2，于 121℃压力蒸汽灭菌 20min 备用。

（3）标准硬水（硬度 342mg/L）

氯化钙（$CaCl_2$）	0.304g
氯化镁（$MgCl_2 \cdot 6H_2O$）	0.139g
蒸馏水	1000mL

将各成分加入到 1000mL 蒸馏水中，待完全溶解后，于 121℃压力蒸气灭菌 20min 备用。

（4）生理盐水

氯化钠	8.5g
蒸馏水	1000mL

将氯化钠加入到 1000mL 蒸馏水中，待完全溶解后，于 121℃压力蒸气灭菌 20min 备用。

2. 革兰氏染色液

第 1 液：结晶紫溶液

结晶紫乙醇饱和溶液	100mL
结晶紫	4～8g
95%乙醇	100mL

1%草酸铵溶液

第 2 液：卢戈碘液

碘化钾	2g
碘	1g
蒸馏水	200mL

第 3 液：脱色剂

（1）95%乙醇

（2）丙酮乙醇溶液 100mL

95%乙醇　　　　　70mL

丙酮　　　　　　　30mL

第4液：稀释石炭酸复红液

碱性复红乙醇饱和溶液　　　10mL

碱性复红　　　　　　　5～10g

5%石炭酸溶液　　　　90mL

蒸馏水　　　　　　　900mL

3. 孔雀绿与沙黄芽孢染色液

第1液：5.00%孔雀绿水溶液

第2液：0.5%沙黄水溶液

4. 有机干扰物溶液

牛血清白蛋白　　　30g 或 3g

蒸馏水　　　　　1000mL

溶解后用微孔滤膜（孔径为 0.45μm）滤过除菌，冰箱保存备用。

5. 营养琼脂培养基

蛋白胨　　　　10g

牛肉膏　　　　5g

氯化钠　　　　5g

琼脂　　　　　15g

蒸馏水　　　　1000mL

除琼脂外其他成分溶解于蒸馏水中，调 pH 值至 7.2～7.4，加入琼脂，加热溶解，分装，于 121℃压力蒸汽灭菌 20min 备用。

6. 营养肉汤培养基

蛋白胨　　　　10g

牛肉膏　　　　5g

氯化钠　　　　5g

蒸馏水　　　　1000mL

将各成分溶解于蒸馏水中，调 pH 值至 7.2～7.4，分装，于 121℃压力蒸汽灭菌 20min 备用。

7. 胰蛋白胨大豆肉汤培养基（TSB）

胰蛋白胨　　　1.5g/100mL

大豆蛋白胨　　0.5g/100mL

氯化钠　　　　0.5g/100mL

用蒸馏水配制而成，调节 pH 值为 7.2±0.2，经 121℃压力蒸汽灭菌后使用。

8. 胰蛋白胨大豆琼脂培养基（TSA）

胰蛋白胨　　　1.5g/100mL

大豆蛋白胨　　0.5g/100mL

氯化钠　　　　0.5g/100mL

琼脂　　　　　　1.6g/100mL

用蒸馏水配制而成，调节 pH 值为 7.2±0.2，经 121℃压力蒸汽灭菌后使用。

9. 品红亚硫酸钠培养基

蛋白胨	10g
酵母浸膏	5g
牛肉膏	5g
乳糖	10g
琼脂	15～20g
磷酸氢二钾	3.5g
无水亚硫酸钠	5g
5％碱性品红乙醇溶液	20mL
蒸馏水	1000mL

以上各成分用蒸馏水溶解，调 pH 值至 7.2～7.4，装瓶，经 121℃压力蒸汽灭菌后使用。

10. 溴甲酚紫蛋白胨培养液

蛋白胨	10g
葡萄糖	7.5g
蔗糖	2.0g
可溶性淀粉	1.5g
1％溴甲酚紫乙醇溶液	1.3mL
蒸馏水	1000mL

将蛋白胨、葡萄糖、蔗糖溶解于蒸馏水中，调 pH 值至 7.2～7.4，加入 1％溴甲酚紫乙醇溶液，摇匀后分装，每管 5mL，于 115℃压力蒸汽灭菌 30min，置 4℃冰箱备用。

11. 嗜热脂肪杆菌恢复琼脂培养基

蛋白胨	10g
牛肉膏	3g
可溶性淀粉	1g
葡萄糖	1g
琼脂	20g
蒸馏水	1000mL

以上各成分用蒸馏水溶解，调 pH 值至 7.0～7.2，装瓶，经 115℃压力蒸汽灭菌 30min后使用。

12. 沙堡琼脂培养基

葡萄糖	40g
蛋白胨	10g
琼脂	20g
蒸馏水	1000mL

将上述成分混合后，加热至完全溶解，调 pH 值至 5.6±0.2，于 115℃压力蒸汽灭菌 30min 备用。

13. 沙堡液体培养基

葡萄糖	40g
蛋白胨	10g
蒸馏水	1000mL

将上述成分混合后，加热至完全溶解，调 pH 值至 5.6±0.2，于 115℃压力蒸汽灭菌 30min 备用。

14. 麦芽浸膏琼脂培养基（MEA）

麦芽浸膏	30g
大豆蛋白胨	3g
琼脂	15g
双蒸馏水加至	1000mL

将上述成分制成溶液，于 121℃灭菌 15min，灭菌后无菌调节 pH 值至 6.9±0.2 备用。

15. 麦芽浸膏肉汤培养基（MEB）

麦芽浸膏	30g
双蒸馏水加至	1000mL

将上述成分制成溶液，于 121℃灭菌 15min，灭菌后无菌调节 pH 值至 5.6±0.2 备用。

16. 人淋巴细胞维持培养基

1640 干粉培养基	10×10.4g
L-谷氨酰胺	2.93g
丙酮酸钠	1.004g
青霉素	80 万单位
链霉素	100 万单位
碳酸氢钠	20.0g
HEPES（4-羟乙基哌嗪乙磺酸）	23.9g
去离子水	10000mL

除青霉素、链霉素外，其余各成分溶于去离子水中，调 pH 值至 7.0～7.2，115℃压力蒸汽灭菌 20min 备用。临用前加入青霉素、链霉素灭菌溶液。

17. 人淋巴细胞完全培养基

在人淋巴细胞维持培养基中加入 10％无菌小牛血清。

附录5 质粒抽提试剂与步骤

1. 试剂准备

① 溶液Ⅰ：50mmol/L 葡萄糖，25mmol/L Tris-HCl(pH 8.0)，10mmol/L EDTA(pH 8.0)。1mol/L Tris-HCl(pH 8.0) 12.5mL，0.5mol/L EDTA(pH 8.0)10mL，葡萄糖4.730g，加 ddH$_2$O 至500mL，在121℃高压灭菌15min，储存于4℃。

1mol/L Tris-HCl：800mL H$_2$O 中溶解121g Tris 碱，用浓盐酸（约42mL）调pH值，混匀后加水到1L；

0.5mol/L EDTA(乙二胺四乙酸)：700mL H$_2$O 中溶解186.1g Na$_2$-EDTA·2H$_2$O，用 NaOH(约20g)调 pH 8.0，补 H$_2$O 到1L。

② 溶液Ⅱ：0.4mol/L NaOH，2% SDS，分开配制。

③ 溶液Ⅲ：乙酸钾（KAc）缓冲液，pH 4.8。5mol/L KAc300mL，冰醋酸57.5mL，加 ddH$_2$O 至500mL，4℃保存备用。

④ 无水乙醇。

⑤ 70%乙醇。

⑥ RNA 酶 A 母液：将 RNA 酶 A 溶于10mmol/L Tris-Cl(pH 7.5)、15mmol/L NaCl 中，配成10mg/mL 的溶液，于100℃加热15min，使混有的 DNA 酶失活。冷却后用1.5mL Eppendorf 管分装成小份，保存于−20℃。

⑦ 灭菌双蒸水（ddH$_2$O）。

2. 质粒提取操作步骤

① 挑取 LB 固体培养基上生长的单菌落，接种于2mL LB(含抗生素) 液体培养基中，37℃、250r/min 振荡培养过夜（约12～14h）。

② 取1.5mL 培养液倒入1.5mL Eppendorf 管中，12000r/min 离心1min，弃上清液。

③ 菌体沉淀重悬浮于200μL 溶液Ⅰ中（需剧烈振荡，使菌体分散混匀）。

④ 加入2%SDS 100μL，盖紧管口，混匀，然后加入0.4mol/L NaOH 100μL 快速温和颠倒 Eppendorf 管数次，以混匀内溶物（千万不要振荡）。

⑤ 加入280μL 预冷的溶液Ⅲ，盖紧管口，将管温和颠倒数次混匀，见白色絮状沉淀。12000r/min 离心10min。

⑥ 取600μL 上清液移入加有600μL 无水乙醇的 Eppendorf 管，颠倒数次混匀，12000r/min 离心10min。（先加无水乙醇，后加上清液）

⑦ 弃上清液，加入1mL 70%乙醇，颠倒数次，然后直接倒掉乙醇，不需要离心。

⑧ 将管倒置于卫生纸上使液体流尽，室温干燥30min。

⑨ 将沉淀溶于50μL TE 缓冲液（pH 8.0）或灭菌双蒸水 ddH$_2$O（含20μg/mL RnaseA，约4μL）中，37℃水浴30min 或者室温放置过夜以降解 RNA 分子，然后储于−20℃冰箱中。

附录 6　DNA 操作原理

① CTAB(十六烷基三甲基溴化铵)：是一种阳离子去污剂，具有从低离子强度溶液中沉淀核酸与酸性多聚糖的特性。在高离子强度的溶液中（＞0.7mol/L NaCl），CTAB 与蛋白质和多聚糖形成复合物，只是不能沉淀核酸。通过有机溶剂抽提，去除蛋白质、多糖、酚类等杂质后加入乙醇沉淀即可使核酸分离出来。(注：CTAB 溶液在低于 15℃时会形成沉淀析出，因此在将其加入冰冷的植物材料之前必须预热，且离心时温度不要低于 15℃。)

② Tris-HCl：提供一个缓冲环境，防止核酸被破坏。

③ EDTA：螯合 Mg^{2+} 或 Mn^{2+}，抑制 DNase 活性。

④ NaCl：提供一个高盐环境，使 DNA 充分溶解，存在于液相中。

⑤ β-巯基乙醇：抗氧化剂，有效地防止酚氧化成醌，避免褐变，使酚容易去除。

⑥ PVP(聚乙烯吡咯烷酮)：酚的络合物，能与多酚形成一种不溶的络合物质，有效去除多酚，减少 DNA 中酚的污染；同时它也能和多糖结合，有效去除多糖。

⑦ 氯仿：使蛋白质变性并有助于液相与有机相的分离，抑制 RNA 酶的活性，除去蛋白质污染。

⑧ 异戊醇：它的作用是消除抽提过程中出现的泡沫。

⑨ 溶菌酶：它是糖苷水解酶，能水解菌体细胞壁的主要化学成分肽聚糖中的 β-1,4-糖苷键。

⑩ SDS：SDS 是离子型表面活性剂，能溶解膜蛋白而破坏细胞膜，解聚细胞中的核蛋白，使蛋白质变性而沉淀下来。

⑪ 3mol/L NaAc：有利于变性的大分子染色体 DNA、RNA 以及 SDS-蛋白质复合物凝聚而沉淀。

⑫ 无水乙醇：乙醇会夺去 DNA 周围的水分子，使 DNA 失水而易于聚合。

⑬ 蛋白质的去除：酚/氯仿抽提，使用变性剂变性（SDS，异硫氰酸胍等）。

多糖的去除（高盐法）：用乙醇沉淀时，在待沉淀溶液中加入 1/2 体积的 5mol/L NaCl，高盐可溶解多糖。

多酚的去除：在抽提液中加入防止酚类氧化的试剂（如 β-巯基乙醇、抗坏血酸、半胱氨酸、二硫苏糖醇等），加入易与酚类结合的试剂［如 PVP、PEG(聚乙二醇)］，它们与酚类有较强的亲和力，可防止酚类与 DNA 的结合。

盐离子的去除：70％的乙醇洗涤核酸吸附，沉淀和溶解使用合适的吸附材料吸附核酸。

⑭ 为什么用无水乙醇沉淀 DNA？

用无水乙醇沉淀 DNA，这是实验中最常用的沉淀 DNA 的方法。乙醇的优点是可以任意比和水相混溶，乙醇与核酸不会起任何化学反应，对 DNA 很安全，因此是理想的沉淀剂。DNA 溶液是 DNA 以水合状态稳定存在，当加入乙醇时，乙醇会夺去 DNA 周围的水分子，使 DNA 失水而易于聚合。一般实验中，是加 2 体积的无水乙醇与 DNA 相混合，其乙醇的最终含量占 67％左右，因而也可改用 95％乙醇来替代无水乙醇（因为无水乙醇的价格远远比 95％乙醇昂贵）。但是加 95％的乙醇使总体积增大，而 DNA 在溶液中有一定程度的溶解，因而 DNA 损失也增大，尤其用多次乙醇沉淀时，就会影响收得率。折中的做法是初次沉淀 DNA 时可用 95％乙醇代替无水乙醇，最后的沉淀步骤要使用无水乙醇。也可以用 0.6 体积的异丙醇选择性沉淀 DNA，一般在室温下放置 15～30min 即可。

⑮ 在用乙醇沉淀 DNA 时，为什么一定要加 NaAc 或 NaCl 至最终浓度达 0.1～0.25mol/L？

在 pH 值为 8 左右的溶液中，DNA 分子是带负电荷的，加一定浓度的 NaAc 或 NaCl，能使 Na^+ 中和 DNA 分子上的负电荷，减少 DNA 分子之间的同性电荷相斥力，易于互相聚合而形成 DNA 钠盐沉淀。当加入的盐溶液浓度太低时，只有部分 DNA 形成 DNA 钠盐而聚合，这样就造成 DNA 沉淀不完全；当加入的盐溶液浓度太高时，其效果也不好。在沉淀的 DNA 中，由于过多的盐杂质存在，影响 DNA 的酶切等反应，必须要进行洗涤或重沉淀。

⑯ 加核糖核酸酶降解核糖核酸后，为什么要用 SDS 与 KAc 来处理？

加进去的 RNase 本身是一种蛋白质，为了纯化 DNA 又必须去除，加 SDS 可使它们成为 SDS-蛋白质复合物沉淀，再加 KAc 可使这些复合物转变为溶解度更小的钾盐形式的 SDS-蛋白质复合物，使沉淀更加完全。也可用饱和酚、氯仿抽提再沉淀，去除 RNase。在溶液中，有人以 NaAc 代替 KAc，也可以收到较好效果。

⑰ 为什么在保存或抽提 DNA 过程中，一般采用 TE 缓冲液？

在基因操作实验中，选择缓冲液的主要原则是考虑 DNA 的稳定性及缓冲液成分不产生干扰作用。磷酸盐缓冲系统（$pK_a＝7.2$）和硼酸系统（$pK_a＝9.24$）等虽然也都符合细胞内环境的生理范围（pH 值），可作 DNA 的保存液，但在转化实验时，磷酸根离子将与 Ca^{2+} 产生 $Ca_3(PO_4)_2$ 沉淀。在 DNA 反应时，不同的酶对辅助因子的种类及数量要求不同，有的要求高离子浓度，有的则要求低盐浓度，采用 Tris-HCl($pK_a＝8.0$) 的缓冲系统，由于缓冲液是 $Tris-H^+$/Tris，不存在金属离子的干扰作用，故在提取或保存 DNA 时，大都采用 Tris-HCl 系统，而 TE 缓冲液中的 EDTA 更能稳定。

附录 7 RNA 操作试剂与步骤

1. 试剂盒（Trizol）试剂配方

试剂名称	体积比	400mL 体系	500mL 体系
solution D	1	174mL	217.5mL
0.2mol/L NaCl(pH 值为 4.2~4.5)	0.1	17.4mL	21.75mL
phenol 水饱和酚	1	174mL	217.5mL
choloform 氯仿	0.2	34.8mL	43.5mL
2-mercaptoethaol(β-硫基乙醇)	每 200mL Trizol 加 600μL	1.2mL	1.5mL

注：Trizol 试剂配好后于 4℃保存，每次使用前须剧烈摇匀，以免发生分层。

2. Solution D 配方

500mL 体系	600mL 体系	最终浓度
236.25g	283.5g	4mol/L
2.5g	3.0g	0.5%
50mL	60mL	25mmol/L
To 500mL	To 600mL	

注：Trizol 试剂配好后于 4℃保存，每次使用前须剧烈摇匀，以免发生分层。

3. 质粒 DNA 提取所用试剂

① STE 溶液：0.1mol/L NaCl，0.001mol/L EDTA(pH 8.0)，0.01mol/L Tris-HCl(pH 8.0)。

② Solution I 溶液：50mmol/L 葡萄糖，10mmol/L EDTA(pH8.0)，50mmol/L Tris-HCl(pH 8.0)。

③ Solution II 溶液：1g/100mL SDS，0.2mol/L NaOH，现用现配。

④ Solution III 溶液：11.5mL 冰醋酸，60mL 5mol/L 乙酸钠，28.5mL 蒸馏水。

⑤ TE 缓冲液（pH 8.0）：100mmol/L Tris-HCl(pH 8.0)，10mmol/L EDTA(pH 8.0)。

⑥ 1mol/L Tris-HCl(pH 8.0)。

4. 碱裂解法提取质粒

① 挑取重组 DH5α 单菌落接种于 5mL LB/Amp 培养基中，37℃、200r/min 振荡培养过夜。

② 吸取菌液于 2mL 离心管中，12000r/min 离心 5min，收集菌体细胞。

③ 用 500μL STE 重悬菌体细胞，12000r/min 离心 5min，去掉上清液。

④ 用 300μL 冰预冷的 Solution I 溶液重悬菌体细胞，在振荡器上振荡 1min，冰浴 5min。

⑤ 加入 600μL 新配制的 Solution II 溶液，温和地上下颠倒离心管 6~8 次，使之充分混匀，冰浴 5min。

⑥ 加入 450μL Solution III 溶液，立即温和地上下颠倒离心管 6~8 次，使之充分混匀，冰浴 10min。

⑦ 12000r/min 离心 10min，取上清液，加入等体积的酚-氯仿-异戊醇（25：24：1），颠倒混匀，室温静置 2min，12000r/min 离心 5min。

⑧ 取上清液，加入等体积的酚-氯仿-异戊醇（25：24：1），颠倒混匀，室温静置 2min，12000r/min 离心 5min。

⑨ 取上清液，加入等体积的异丙醇，－80℃沉淀 30min。

⑩ 12000r/min 离心 5min，去掉上清液，加入 75％乙醇，弹起沉淀洗涤，12000r/min 离心 2min，去掉上清液，再用 75％乙醇漂洗沉淀，去掉上清液。

⑪ 将质粒自然晾干，用 20μL 超纯水溶解质粒，加入 1μL RNaseA，于 37℃消化 30min；取部分质粒进行 1％琼脂糖凝胶电泳检测，其余于－20℃保存。

参 考 文 献

[1] （美）Weaver R F. 分子生物学. 郑用链，等译. 第 4 版. 北京：科学出版社，2009.

[2] （美）克拉克（Clark D P）. 基因组学与基因表达、蛋白质组学、蛋白质重组与蛋白质工程. 北京：科学出版社，2009.

[3] （美）克罗茨（Kreuzer H）. Molecular Biology and Biotechnology. 北京：科学出版社，2011.

[4] （美）沃森（Watson J D），等. 基因的分子生物学. 杨焕明，等译. 北京：科学出版社，2009.

[5] （英）豪（Howe C）. 基因克隆与操作. 李慎涛，程杉，等译. 第 2 版. 北京：科学出版社，2010.

[6] 萨姆布鲁克 J.（Sambrook J），拉塞尔 D W. 分子克隆实验指南. 黄培堂，等译. 第 3 版. 北京：科学出版社，2002.

[7] 怀特曼 R M. 蛋白质组学原理. 王恒梁，袁静，刘先凯，等译. 北京：化学工业出版社，2007.

[8] Brown T A. Gene Cloning and DNA analysis-An introduction. 6th ed. WILEY BLACKWELL，2010.

[9] Turdy Makee，James R Mckee. Biochemistry：An Introduction. 2nd ed. 北京：科学出版社，2000.

[10] 包木太，田艳敏，陈庆国. 海藻酸钠包埋固定化微生物处理含油废水研究. 环境科学与技术，2012，35（20）：162-172.

[11] 鲍新华. 生物工程. 北京：化学工业出版社，2008.

[12] 陈守文. 酶工程. 第 2 版. 北京：科学出版社，2015..

[13] 窦敏娜. 环境微生物多样性研究方法进展. 环境研究与监测，2010，1（23）：60-63.

[14] 杜涛，黄小毛，侯明生，等. 从土壤中提取 DNA 用于 PCR 扩增. 微生物学通报，2003，30（6）：1-5.

[15] 郭勇. 酶工程. 第 2 版. 北京：科学出版社，2004.

[16] 韩贻仁，等. 分子细胞生物学. 第 2 版. 北京：科学出版社，2001.

[17] 郝福英，朱玉贤，等. 分子生物学式样技术. 北京：高等教育出版社，2002.

[18] 何水林. 基因工程. 北京：科学出版社，2008.

[19] 黄德双. 基因表达谱数据挖掘方法研究. 北京：科学出版社，2009.

[20] 蒋俊，李秀艳，赵雅萍. 2 株分别降解壬基酚和双酚 A 细菌的分离、鉴定和降解特性. 环境科学研究，2010，23（9）：1196-1203.

[21] 静国忠. 基因工程及其分子生物学基础：基因工程分册. 第 2 版. 北京：北京大学出版社，2009.

[22] 李方卉，徐莉，张腾昊，等. 一株 PCBs 降解菌的降解特性及发酵条件优化. 微生物学通报，2014，41（7）：1299-1307.

[23] 李凤敏，王继华，崔迪，等. 低温高效苯酚降解菌的分离与降解特性. 微生物学通报，2010，37（4）：534-542.

[24] 李集临，徐香玲. 细胞遗传学. 北京：科学出版社，2006.

[25] 梁国栋. 最新分子生物学实验技术. 北京：科学出版社，2001.

[26] 刘玮琦，茆振川，杨宇红，等. 应用 16S rRNA 基因文库技术分析土壤细菌群落的多样性. 微生物学报，2008，48（10）：1344-1350.

[27] 刘祥林，聂刘旺. 基因工程. 北京：科学出版社，2005.

[28] 刘志国，屈伸. 基因克隆的分子基础与工程原理. 北京：化学工业出版社，2003.

[29] 楼士林，等. 基因工程. 北京：科学出版社，2002.

[30] 卢圣栋. 现代分子生物学实验技术. 北京：高等教育出版社，1993.

[31] 罗贵民. 酶工程. 北京：化学工业出版社，2002..

[32] 聂国兴. 酶工程. 北京：科学出版社，2013..

[33] 聂俊，杨冬芝，杨晶. 细胞分子生物学. 北京：化学工业出版社，2009.

[34] 潘学峰. 现代分子生物学教程. 北京：科学出版社，2009.

[35] 沈倍奋. 分子文库. 北京：科学出版社，2001.

[36] 苏俊峰，马放，侯宁，等. 活性污泥总 DNA 不同提取方法的比较. 生态环境 2007，16（1）：42-49.

[37] 苏晓梅，丁林贤，沈超峰. 活的但非可培养功能菌群对多氯联苯降解的探索进展. 微生物学报，2013，53（9）：908-914.

[38] 孙明. 基因工程. 第 2 版. 北京：高等教育出版社，2013.

[39] 陶兴无. 生物工程概论. 第2版. 北京：化学工业出版社，2015.

[40] 田雅楠，王红旗. Biolog法在环境微生物功能多样性研究中的应用. 环境科学与技术，2011，34（3）：50-57.

[41] 童克中. 基因及其表达. 第2版. 北京：科学出版社，2001.

[42] 王傲雪. 基因工程原理与技术. 北京：高等教育出版社，2015.

[43] 王关林，方宏筠. 植物基因工程原理与技术. 北京：科学出版社，1998.

[44] 王强，戴九兰，吴大千，等. 微生物生态研究中基于BIOLOG方法的数据分析. 生态学报，2010，30（3）：0817-0823.

[45] 王曙光，侯彦林. 磷脂脂肪酸方法在土壤微生物分析中的应用. 微生物学通报，2004，31（1）：114-117.

[46] 王廷华，等. 基因克隆理论与技术. 北京：科学出版社，2005.

[47] 基因克隆和DNA分析. 魏群，等译. 第5版. 北京：高等教育出版社，2001.

[48] 吴福顺，王龙，黄泽瑜，等. 海洋石油降解菌的筛选鉴定及其功能基因研究. 中国海洋大学学报，2014，44（9）：058-065.

[49] 吴敏娜，张惠文，李新宇，等. 提取北方土壤真菌DNA的一种方法. 生态学杂志，2007，26（4）：611-616.

[50] 吴乃虎. 基因工程原理（下册）. 第2版. 北京：科学出版社，2001.

[51] 肖骏，陈春梅. 固定化微生物细胞技术的特点及其在废水处理中的应用. 资源与环境，2013，03（下）：185.

[52] 肖琳，杨柳燕，尹大强，等. 环境微生物实验技术. 北京：中国环境科学出版社，2004.

[53] 肖亚中，张书祥，胡乔彦，等. 壳聚糖固定化真菌漆酶及其用于处理酚类污染物的研究. 微生物学报，2003，43（2）：245-250.

[54] 徐晋麟，陈淳，徐沁. 基因工程原理. 北京：科学出版社，2007.

[55] 颜慧，蔡祖聪，钟文辉. 磷脂脂肪酸分析方法及其在土壤微生物多样性研究中的应用. 土壤学报，2006，43（5）：851-859.

[56] 杨安钢，等. 生物化学与分子生物学实验技术. 北京：高等教育出版社，2001.

[57] 杨建雄. 分子生物学. 第2版. 北京：科学出版社，2015.

[58] 杨晓，黄培堂，黄翠芬. 基因打靶技术. 北京：科学出版社，2003.

[59] 叶棋浓. 现代分子生物学技术与实验技巧. 北京：化学工业出版社，2015.

[60] 印莉萍，祁晓廷，李鹏. 细胞分子生物学技术教程. 第3版. 北京：科学出版社，2009.

[61] 袁利娟，姜立春，彭正松，等. 一株高效苯酚降解菌的选育及降酚性能研究. 微生物学通报，2009，36（4）：582-592.

[62] 张弛. 复合硫杆菌与MT基因工程菌对污泥重金属的联合生物淋滤. 太原：太原理工大学，2012.

[63] 张今，曹淑桂，罗桂民. 分子酶学工程导论. 北京：科学出版社，2003..

[64] 张琴，荚荣，豆长明，等. 重金属污染土壤总DNA提取方法的研究——土壤预处理和硫酸铵铝在DNA提取中的应用. 微生物学通报，2014，41（1）：191-199.

[65] 张瑞福，曹慧，崔中利，等. 土壤微生物总DNA的提取和纯化. 微生物学报，2003，43（2）：276-281.

[66] 赵裕栋，周俊，何璟. 土壤微生物总DNA提取方法的优化. 微生物学报，2012，52（9）：1143-1150.

[67] 郑平，环境微生物学实验指导. 浙江大学出版社，2005.

[68] 分子生物学. 郑用琏，张富春，等译. 第3版. 北京：科学出版社，2008.

[69] 朱旭芬，吴敏，向太和. 基因工程. 北京：高等教育出版社，2014.

[70] 鲍腾，彭书传，陈冬，等. 凹凸棒石粘土固定辣根过氧化物酶处理含酚废水. 环境工程学报，2012，6（9）：3179-3185.

[71] 王翠，姜艳军，周丽亚，等. 纳米氧化硅固定辣根过氧化物酶处理苯酚废水. 化工学报，2011，62（7）：2027-2032.

[72] 邢薇，左剑恶，孙寓姣，等. 利用FISH和DGGE对产甲烷颗粒污泥中微生物种群的研究. 环境科学，2006，27（11）：2268-2270.

[73] 张新宇，高燕宁. PCR引物设计及软件使用技巧. 生物信息学，2004（04）：15-18＋46.

[74] Parthasarathy R V, Martin C R. Nature. Synthesis of Polymeric Microcapsule Arrays and Their Use for Enzyme Immobilization. 1994，369（6478）：298-301.

[75] Munko P A, Dunill P, lilly M D. Preparation of Magnetically Susceptible Polyacrylamide/Magntite Beads for Use in

Magnetically Stabilized Fluid Bed Chromelograph. Biotech Bioen，1997，19：101-105.

[76] Yoshimoto T，Chemical Modification of Enzymes with Activated Magnetic Modifier. Biochem Biophy Res Commu，1987，145 (2)：908.

[77] Klibanov A M. Enzymes that Work in Organic Solvents. Chem Tech，1986，6：354-359.

[78] Boon N，De Windt W，Verstraete W，et al. Evaluation of Nested PCR-DGGE (Denaturing Gradient Gel Electrophoresis) with Group-Specific 16S rRNA Primers for the Analysis of Bacterial Communities from Different Wastewater Treatment Plants. FEMS Microbiology Ecology，2002，39 (2)：101-112.

[79] Rooney Varga J N，Anderson R T，Fraga J L，et al. Microbial Communities Associated with Anaerobic Benzene Degradation in a Petroleum-Contaminated Aquifer. Appl Environ Microbiol，1999，65 (7)：3056-3063.